ホップ代数

ホップ代数

阿部英一著

岩波書店

はしがき

有限群 G 上の体 k に値をもつ関数の全体の集合 $A=\mathrm{Map}(G,k)$ は関数のスカラー倍，和，積を

$$(\alpha f)(x)=\alpha f(x),\qquad (f+g)(x)=f(x)+g(x),$$
$$(fg)(x)=f(x)g(x),\qquad f,g\in A,\ \alpha\in k,\ x\in G$$

と定義することによって，k 代数になっている．一般に，k 代数 A は k 線型空間 A と 2 つの k 線型写像

$$\mu: A\otimes_k A\to A,\qquad \eta: k\to A$$

があたえられていて，これらが結合法則および単位元の性質に対応する公理をみたすものとして特徴づけられる．k 代数 $A=\mathrm{Map}(G,k)$ は $A\otimes_k A\cong\mathrm{Map}(G\times G,k)$ を同一視して，G の演算によって，k 線型写像

$$\varDelta: A\to A\otimes_k A,\qquad \varepsilon: A\to k$$

を $\varDelta f(x,y)=f(xy)$，$\varepsilon f=f(e)$ $(x,y\in G$，e は G の単位元$)$ で定義すると，$\varDelta,\varepsilon$ は k 代数の準同型写像で μ,η と双対的な性質をもっている．一般に，このような k 線型写像 $\mu,\eta,\varDelta,\varepsilon$ をもつ k 線型空間 A を k 双代数とよぶ．さらに，$A=\mathrm{Map}(G,k)$ には k 線型写像

$$S: A\to A,\qquad (Sf)(x)=f(x^{-1}),\qquad f\in A,\ x\in G$$

が定義され，

$$\mu(1\otimes S)\varDelta=\mu(S\otimes 1)\varDelta=\eta\circ\varepsilon$$

が成り立っている．このような k 線型写像 S をもつ k 双代数が k ホップ代数とよばれるものである．このように，k ホップ代数は k 代数の構造とそれと双対的な構造とを同時にもち，これら 2 つの構造が一定の法則で結びついている代数系である．有限群 G の体 k 上の群環 kG は k 線型空間 $A=\mathrm{Map}(G,k)$ の双対 k 線型空間で，k 代数の構造は $\varDelta,\varepsilon$ の双対 k 線型写像であたえられている．さらに，μ,η,S の双対 k 線型写像をとって，kG は k ホップ代数の構造をもつ．いいかえると，kG は $\mathrm{Map}(G,k)$ の双対 k ホップ代数である．

有限群 G を位相群，k を実数体または複素数体に，または G を代数的閉体 k 上の代数群におきかえ，A を G 上の連続表現関数または正則関数の全体のなす k 代数におきかえると，全く同じようにして A は k ホップ代数の構造をもち，これらは G の構造を調べる上で重要な役割りをはたす代数系になっている．また，k リー代数の包絡環にも自然に k ホップ代数の構造が定義され，半単純代数群のリー代数の包絡環は上記のホップ代数の(ある意味で)双対になっている．これらは，k ホップ代数のもっとも自然な例であるが，近年代数群の理論への応用，純非分離拡大のガロア理論への応用などと関連して，このような代数系の一般的な構造が注目され，多くの研究がなされつつある．

このように，ホップ代数が1つの代数系として，代数的な立場から研究対象になったのはここ7,8年以来のことであるが，Hochschild–Mostow によるリー群の表現環を使っての表現論の研究(Ann. of Math. **66**(1957), 495–542, **68**(1958), 295–313)から出発して，その後の研究(第3章の参考文献[4]，[7]，[8]など)では代数系としてのホップ代数が積極的にとり入れられて応用されている．一方，代数的位相幾何学ではこれより早く，H. Hopf のリー群の位相幾何学的研究(Ann. of Math. **42**(1941), 22–52)の中から公理化して次数のついたホップ代数の概念がえられた．これがホップ代数の名のおこりでもある．たとえば，G を連結リー群とするとき，位相空間 G の体 k に係数をもつコホモロジー群 $H^*(G)$ またはホモロジー群 $H_*(G)$ は対角写像 $d\colon G\to G\times G$ ($d(x)=(x, x)$, $x\in G$) から誘導された積(カップ積)または双対積(キャップ積)をもち可換 k 代数になっている．さらにリー群の積で定義される写像 $m: G\times G\to G$ は写像 $\Delta: H^*(G)\to H^*(G)\otimes H^*(G)$ または $\Delta: H_*(G)\to H_*(G)\otimes H_*(G)$ を誘導し，$H^*(G)$ または $H_*(G)$ は k ホップ代数になる．これらは次数のついたホップ代数で，このような構造は等質空間，H 空間などでも定義され，A. Borel, J. Leray などによって一般化されている(A. Borel : Ann. of Math. **57**(1953), 115–207)．また，このようなホップ代数の代数的な解説として，J. Milnor–J. C. Moore : Ann. of Math. **81**(1965), 211–264 がある．

本書は代数的な応用を目標にしながら，(次数のついていない)ホップ代数の基本的な性質をなるべく予備知識なしで読めるように解説を試みたものである．ホップ代数については Sweedler の好著 Hopf-algebra (Benjamin, 1969) がある．

本書もそれに負うところが多いが，ここでは，位相群の表現環や代数群への応用などを中心に話題をとりあげ，その後の研究成果もとり入れた．

本書は5つの章と1つの附録からなる．第1章は本論への準備で加群や代数に関する必要な事項をまとめてある．群や体，位相空間に関する簡単な性質は証明なしに使用した．問および有限生成可換代数に関するいくつかの重要な定理など証明を省略したものについては他の専門書で補ってほしい．第2章で余代数，双代数およびホップ代数などが定義され，その基本的な性質が述べられる．第3章はホップ加群の構造定理，位相群の表現環と類似のホップ代数の性質について考察する．可換ホップ代数の積分の存在と一意性の証明は J. B. Sullivan によるものである．第4章ではアフィン代数群の基礎的な性質をホップ代数の理論を応用して証明する．剰余群の構成法，可解群の分解定理の証明，完全可約群に関する定理の証明は，それぞれ，竹内光弘，J. B. Sullivan, M. E. Sweedler によってあたえられたものである．アフィン代数群の表現に関する性質などはこのような立場からよく説明できるが，一般論をこのような立場でおしすすめることは一長一短があって，見通しを悪くしているところもあるかも知れない．線型代数群で重要な Borel 部分群の理論など，ここでは触れなかった性質がどのように整理されるかは一つの試みとして興味がもたれる．第5章では純非分離拡大のガロア理論に簡単にふれた．ガロア理論に関しては多くの研究者による種々の試みがあるが，ここでは1つの例として D. Winter によるものを紹介した．附録で，各章で使った，圏と関手の定義および圏での群対象，余群対象などに簡単にふれておいた．

可換ホップ代数はアフィン群スキームを表現する可換代数にほかならず，ホップ代数の応用も当然この方向に発展していくことになる．これらについては，参考文献などを参照されることを希望する．

本書の執筆は東京大学理学部岩堀長慶教授のおすすめによるもので，同教授に心から感謝の意を表したい．また原稿を書くにあたり，福井大学土井幸雄氏，筑波大学竹内光弘氏には種々有益な助言をいただいた．これらの方々に心から感謝の意を表する．

1976年10月　　　　著　者

記　　号

集　合

$a \in M$ または $M \ni a$	a は集合 M の元である.
$M \subset N$ または $N \supset M$	$a \in M$ ならば $a \in N$, すなわち M は N に含まれる.
$M \cup N$, $\bigcup_{\lambda \in \Lambda} M_\lambda$	M と N の合併集合, $M_\lambda\,(\lambda \in \Lambda)$ の合併集合
$M \cap N$, $\bigcap_{\lambda \in \Lambda} M_\lambda$	M と N の共通部分, $M_\lambda\,(\lambda \in \Lambda)$ の共通部分
ϕ	空集合
$\boldsymbol{Z}$	有理整数の全体の集合
$\boldsymbol{N}$	自然数の全体の集合

写　像

$f\colon M \to N$	集合 M から集合 N への写像
$x \mapsto y$	$x \in M$ の f による像 $f(x)$ が $y \in N$ である.

$f(M)=N$ のとき f を全射という.

$x, x' \in M, x \neq x'$ ならば $f(x) \neq f(x')$ のとき f を単射という.

f が全射かつ単射のとき全単射という.

$M' \subset M$ のとき, f の M' への制限を $f|_{M'}$ とかく.

$f\colon M \to N$, $g\colon N \to P$ を2つの写像とするとき,

$g \circ f\colon M \to P$　　写像 f, g の結合

$x \mapsto g(f(x))$

論理記号

$A \Rightarrow B$	命題 A が成り立てば命題 B が成り立つ
$A \Leftrightarrow B$	$A \Rightarrow B$ かつ $B \Rightarrow A$
$\forall x \in M$	任意の M の元 x について

目　　次

はしがき

記　号

第1章　加群と代数 …… 1

§1　加　　群 …… 1

§2　可換環上の代数 …… 12

§3　リー代数 …… 18

§4　半単純代数 …… 31

§5　有限生成可換代数 …… 39

第2章　ホップ代数 …… 42

§1　双代数とホップ代数 …… 42

§2　半群の表現双代数 …… 51

§3　代数と余代数の双対性 …… 61

§4　既約双代数 …… 71

§5　既約余可換双代数 …… 83

第3章　ホップ代数と群の表現 …… 95

§1　余加群と双加群 …… 95

§2　双加群と双代数 …… 106

§3　ホップ代数の積分 …… 112

§4　双対定理 …… 123

第4章　代数群への応用 …… 127

§1　アフィンk多様体 …… 127

§2 アフィン k 群 ……133
§3 アフィン k 代数群のリー代数 ……145
§4 剰余群 ……156
§5 ユニポテント群と可解群 ……164
§6 完全可約群 ……174

第5章 体の理論への応用 ……179

§1 K/k 双代数 ……179
§2 Jacobson の定理 ……190
§3 modular 拡大 ……197

附録 圏と関手 ……207

A.1 圏 ……207
A.2 関手 ……210
A.3 随伴関手 ……213
A.4 表現可能な関手 ……213
A.5 $\mathscr{C}$ 群と $\mathscr{C}$ 余群 ……216

参考文献 ……219
索引 ……221

第1章　加群と代数

§1　加　　群

この節では加群の直和，直積，テンソル積，射影的および帰納的極限などの解説をする．基本的な性質を問の中で述べ証明を省略したものもある．それらは参考文献[1]，[3]などで補ってほしい．

1.1　加　　群

集合 A が2つの算法——加法と乗法——をもち，次の条件を満たすとき，Aを**単位元をもつ環**という．本書では，このような環のみを扱うので，単に**環**とよぶことにする．

(1)　加法＋に関して可換群をなす．

(2)　乗法・に関して，単位元1をもつ半群をなす．

(3)　分配法則が成り立つ．すなわち，$a, b, c \in A$ のとき，

$$a\cdot(b+c) = a\cdot b+a\cdot c, \qquad (a+b)\cdot c = a\cdot c+b\cdot c.$$

乗法が可換であるような環を**可換環**という．以後 $a, b \in A$ の積 $a\cdot b$ を ab と書く．A, B を環とするとき，写像 $u: A\to B$ が

$$u(a+b) = u(a)+u(b), \qquad u(ab) = u(a)u(b), \qquad u(1) = 1, \qquad a, b \in A$$

を満たすとき，u を A から B への環射という．環(または可換環)のなす圏を $\boldsymbol{Alg}$(または $\boldsymbol{M}$)と書き，A から B への環射の全体の集合を $\boldsymbol{Alg}(A, B)$(A, B が可換環のときは，$\boldsymbol{M}(A, B)$)と書く．

A を環，M をアーベル群とし，写像 $\varphi: A\times M\to M$(または $\psi: M\times A\to M$)があたえられているとする．群 M の演算を加法＋であらわし，$a\in A, x\in M$ のとき，$\varphi(a, x)=ax$(または $\psi(x, a)=xa$)と書く．$a, b\in A$，$x, y\in M$ のとき，

(1)　$a(x+y) = ax+ay$　または　(1′)　$(x+y)a = xa+ya$

(2) $(a+b)x = ax+bx$ (2′) $x(a+b) = xa+xb$

(3) $(ab)x = a(bx)$ (3′) $x(ab) = (xa)b$

(4) $1x = x$ (4′) $x1 = x$

が成り立つとき，M を左 A 加群(または右 A 加群)といい，φ(またはψ)を左(または右)A 加群の**構造射**という．また，A, B を環とするとき，M が左 A 加群かつ右 A 加群で，

$$(ax)b = a(xb), \quad a \in A,\ b \in B,\ x \in M$$

が成り立つとき，M を(A, B)**両側加群**といい，(A, A)両側加群を単に**両側 A 加群**という．A が可換環ならば左 A 加群は右 A 加群とみることができ，単に A 加群ということもある．たとえば，アーベル群は $\boldsymbol{Z}$ 加群で，環 A はその乗法を定義する写像 $\mu: A\times A \to A$ $(\mu(a,b)=ab,\ a,b\in A)$ を構造射として，左 A 加群でありかつ右 A 加群で，両側 A 加群にもなっている．k が体のとき，k 加群を k 線型空間または k ベクトル空間ともいう．

M, N を左 A 加群とするとき，写像 $f: M\to N$ が

$$f(ax+by) = af(x)+bf(y), \quad a, b \in A,\ x, y \in M$$

を満たすとき，f を M から N への**左 A 加群射**という．k が体のとき，k 加群射を **k 線型写像**，**k 1 次写像**などということもある．左 A 加群のなす圏を ${}_A\boldsymbol{Mod}$ と書き，M から N への左 A 加群射の全体の集合を ${}_A\boldsymbol{Mod}(M, N)$ と書く．同様に，M, N を右 A 加群とするとき，右 A 加群射が定義でき，M から N への右 A 加群射の全体の集合を $\boldsymbol{Mod}_A(M, N)$ とかく．とくに，$\boldsymbol{Mod}_A(M, M)$ を $\mathrm{End}_A(M)$ と書く．$f\in {}_A\boldsymbol{Mod}(M, N)$ または $f\in \boldsymbol{Mod}_A(M, N)$ が全単射のとき，f を**同型射**という．M から M への恒等射は同型射で，これを 1_M または単に 1 と書く．$f, g\in {}_A\boldsymbol{Mod}(M, N)$ のとき，

$$(f\pm g)(x) = f(x)\pm g(x), \quad a\in A,\ x\in M$$

と定義すると，$f\pm g$ は M から N への左 A 加群射で，この演算で ${}_A\boldsymbol{Mod}(M, N)$ はアーベル群になる．さらに，N が両側 A 加群ならば

$$(fa)(x) = f(x)a, \quad a\in A,\ x\in M$$

と定義すると，$fa\in {}_A\boldsymbol{Mod}(M, N)$ で ${}_A\boldsymbol{Mod}(M, N)$ は右 A 加群になる．とくに，$N=A$ のとき，N は両側 A 加群で，右 A 加群 ${}_A\boldsymbol{Mod}(M, A)$ を左 A 加群 M の**双対右 A 加群**といい，M^* と書く．A が可換ならば ${}_A\boldsymbol{Mod}(M, N)$ は左 A 加群

とみてもよい．

問 1.1　左 A 加群射 $f:M\to N$ について，

f が同型射

$\Leftrightarrow$左 A 加群射 $g:N\to M$ で $f\circ g=1_N$ かつ $g\circ f=1_M$ をみたすものが存在する．

問 1.2　A を可換環，M, M', N, N' を左 A 加群，$g:M\to M'$，$h:N\to N'$ を左 A 加群射とすると，写像

$$g^*: {}_A\boldsymbol{Mod}(M', N) \to {}_A\boldsymbol{Mod}(M, N), \qquad f\mapsto f\circ g$$
$$h_*: {}_A\boldsymbol{Mod}(M, N) \to {}_A\boldsymbol{Mod}(M, N'), \qquad f\mapsto h\circ f$$

は左 A 加群射である．

左 A 加群 M の部分群 N が

$$x\in N,\ a\in A \Rightarrow ax\in N$$

を満たすならば，N は左 A 加群になる．このような N を M の**部分左 A 加群**という．また，剰余群 M/N も自然に左 A 加群になり，M/N を**剰余左 A 加群**という．環 A を左 A 加群(または右，両側 A 加群)とみたとき，A の部分 A 加群は左イデアル(または右，両側イデアル)にほかならない．

左 A 加群 M の部分左 A 加群が $\{0\}$ か M のみであるとき，M を**単純**(または**既約**)左 A 加群という．$f:M\to N$ を左 A 加群射とするとき，

$$\mathrm{Ker}\, f = \{x\in M;\ f(x)=0\},$$
$$\mathrm{Im}\, f = \{f(x)\in N;\ x\in M\}$$

はそれぞれ M, N の部分左 A 加群で，f の**核**，f の**像**という．左 A 加群 M の部分集合 S を含む最小の部分左 A 加群を $\langle S\rangle$ と書き，S から生成される部分左 A 加群という．

Λ を有限または無限個の連続した整数の列とし，$M_i\ (i\in\Lambda)$ を左 A 加群とする．$f_i:M_i\to M_{i+1}\ (i, i+1\in\Lambda)$ を左 A 加群射とするとき，左 A 加群射の列

$$\cdots \to M_i \to M_{i+1} \to M_{i+2} \to \cdots \tag{1.1}$$

について，$\mathrm{Ker}\, f_{i+1}=\mathrm{Im}\, f_i\ (i, i+1\in\Lambda)$ が成り立つとき，(1.1) を**完全列**であるという．たとえば $0\to M\xrightarrow{f}N$ ($M\xrightarrow{f}N\to 0$ または $0\to M\xrightarrow{f}N\to 0$) が完全列ならば f は単射(全射または全単射)で逆も成り立つ．

問 1.3　A を可換環とする．A 加群射の列 $M'\xrightarrow{f}M\xrightarrow{g}M''\to 0$ が完全列であるためには，任意の左 A 加群 N について，

$$0\to {}_A\boldsymbol{Mod}(M'', N)\xrightarrow{g^*} {}_A\boldsymbol{Mod}(M, N)\xrightarrow{f^*} {}_A\boldsymbol{Mod}(M', N)$$

が完全列であることが必要充分である．

また，左 A 加群射の列 $0\to N'\xrightarrow{f}N\xrightarrow{g}N''$ が完全列であるためには，任意の左 A 加群 M について，

$$0 \to {}_A\boldsymbol{Mod}(M, N') \xrightarrow{f_*} {}_A\boldsymbol{Mod}(M, N) \xrightarrow{g_*} {}_A\boldsymbol{Mod}(M, N'')$$

が完全列であることが必要充分である．(問1.2参照.)

1.2　直積と直和

$\{M_\lambda\}_{\lambda\in\Lambda}$ を左 A 加群の族とする．各 M_λ から1つずつ元 x_λ をとり，それらの集合を $x=\{x_\lambda\}_{\lambda\in\Lambda}$ と書き，x_λ を x の λ 成分という．このような $x=\{x_\lambda\}_{\lambda\in\Lambda}$ の全体の集合を P とおく．$x=\{x_\lambda\}_{\lambda\in\Lambda}$，$y=\{y_\lambda\}_{\lambda\in\Lambda}\in P$，$a\in A$ のとき，

$$x+y = \{x_\lambda+y_\lambda\}_{\lambda\in\Lambda}, \qquad ax = \{ax_\lambda\}_{\lambda\in\Lambda}$$

と定義して，P は左 A 加群になる．P の元 $x=\{x_\lambda\}_{\lambda\in\Lambda}$ に x の λ 成分 x_λ を対応させる写像 $p_\lambda:P\to M_\lambda$ は左 A 加群射で p_λ を P から M_λ への標準的な射影という．P と標準的な射影 $p_\lambda(\lambda\in\Lambda)$ との組 $(P, \{p_\lambda\}_{\lambda\in\Lambda})$ を左 A 加群の族 $\{M_\lambda\}_{\lambda\in\Lambda}$ の**直積**といい，$P=\prod_{\lambda\in\Lambda}M_\lambda$ と書く．$\Lambda=\{1, 2, \cdots, n\}$ のとき，$M_1\times\cdots\times M_n$ と書くこともある．直積 $(P, \{p_\lambda\}_{\lambda\in\Lambda})$ は次の性質をもつ．

(P)　任意の左 A 加群 N と左 A 加群射 $q_\lambda:N\to M_\lambda\ (\lambda\in\Lambda)$ との組 $(N, \{q_\lambda\}_{\lambda\in\Lambda})$ に対して，左 A 加群射 $f:N\to P$ で $p_\lambda\circ f=q_\lambda\ (\lambda\in\Lambda)$ を満たすものがただ1つ存在する．

したがって，$f\in{}_A\boldsymbol{Mod}(N, P)$ に $\{p_\lambda\circ f\}_{\lambda\in\Lambda}\in\prod_{\lambda\in\Lambda}{}_A\boldsymbol{Mod}(N, M_\lambda)$ を対応させる写像は全単射で，A が可換環ならば左 A 加群として，

$${}_A\boldsymbol{Mod}(N, P) \cong \prod_{\lambda\in\Lambda}{}_A\boldsymbol{Mod}(N, M_\lambda)$$

が成り立つ．$\{f_\lambda\}_{\lambda\in\Lambda}\in\prod_{\lambda\in\Lambda}{}_A\boldsymbol{Mod}(N, M_\lambda)$ に対応する ${}_A\boldsymbol{Mod}(N, P)$ の元を $\prod_{\lambda\in\Lambda}f_\lambda$ と書き，A 加群射 $\{f_\lambda\}_{\lambda\in\Lambda}$ の直積という．このような性質をもつ左 A 加群 P は同型を除いてただ1つで左 A 加群の族 $\{M_\lambda\}_{\lambda\in\Lambda}$ の直積は性質(P)で特徴づけられる．

P の元で有限個の λ 成分を除いて他の成分がすべて0であるようなものの全体のなす P の部分集合を S とおく．S は P の部分左 A 加群になる．Λ が有限集合ならば $S=P$ である．$x_\lambda\in M_\lambda$ のとき，λ 成分が x_λ で，他のすべての成分が0であるような S の元を $i_\lambda(x_\lambda)$ とおくと，写像 $i_\lambda:M_\lambda\to S$ は左 A 加群単射で i_λ を M_λ の S の中への標準的な埋め込みという．$i_\lambda(x_\lambda)$ と x_λ を同一視して，M_λ を S の部分左 A 加群とみなすと，S の元 $x=\{x_\lambda\}_{\lambda\in\Lambda}$ は $\sum_{\lambda\in\Lambda}x_\lambda$(定義から有限和である)と書ける．$S$ と左 A 加群射 $i_\lambda\ (\lambda\in\Lambda)$ の組$(S, \{i_\lambda\}_{\lambda\in\Lambda})$を A 加群の族 $\{M_\lambda\}_{\lambda\in\Lambda}$

の**直和**といい，$S=\coprod_{\lambda\in\Lambda}M_\lambda$ または $S=\bigoplus_{\lambda\in\Lambda}M_\lambda$ と書く．直和 $(S,\{i_\lambda\}_{\lambda\in\Lambda})$ は次の性質をもつ．

(S)　任意の左 A 加群 N と左 A 加群射 $j_\lambda:M_\lambda\to N$ の組 $(N,\{j_\lambda\}_{\lambda\in\Lambda})$ に対して，左 A 加群射 $f:S\to N$ で $f\circ i_\lambda=j_\lambda\ (\lambda\in\Lambda)$ を満たすものがただ 1 つ存在する．

したがって，$f\in {}_A\boldsymbol{Mod}(S,N)$ に $\{f\circ i_\lambda\}_{\lambda\in\Lambda}\in\prod_{\lambda\in\Lambda}{}_A\boldsymbol{Mod}(M_\lambda,N)$ を対応させる写像は全単射で，A が可換環ならば，左 A 加群として，

$$_A\boldsymbol{Mod}(S,N)\cong\prod_{\lambda\in\Lambda}{}_A\boldsymbol{Mod}(M_\lambda,N)$$

が成り立つ．$\{f_\lambda\}_{\lambda\in\Lambda}\in\prod_{\lambda\in\Lambda}{}_A\boldsymbol{Mod}(M_\lambda,N)$ に対応する ${}_A\boldsymbol{Mod}(S,N)$ の元を $\coprod_{\lambda\in\Lambda}f_\lambda$ と書き，A 加群射 $\{f_\lambda\}_{\lambda\in\Lambda}$ の直和という．このような性質をもつ左 A 加群 S は同型を除いてただ 1 つで，左 A 加群の族 $\{M_\lambda\}_{\lambda\in\Lambda}$ の直和は性質 (S) をもつ左 A 加群として特徴づけられる．

自由 A 加群　集合 Λ の各元 λ に環 A と同型な左 A 加群 A_λ を対応させ，左 A 加群の族 $\{A_\lambda\}_{\lambda\in\Lambda}$ の直和を $F_A(\Lambda)=\coprod_{\lambda\in\Lambda}A_\lambda$ とおく．A_λ の単位元 1_λ の i_λ による像を λ と同一視すると，$\Lambda\subset F_A(\Lambda)$ で $F_A(\Lambda)$ の元 x は $x=\sum_{\lambda\in\Lambda}x_\lambda\lambda$ ($x_\lambda\in A$，有限個の λ を除いて $x_\lambda=0$) と一意的に書ける．$F_A(\Lambda)$ を Λ から生成される**自由左 A 加群**という．Λ から左 A 加群 M への写像の全体の族を $\mathrm{Map}(\Lambda,M)$ とおくと，

$$_A\boldsymbol{Mod}(F_A(\Lambda),M)\cong\mathrm{Map}(\Lambda,M)$$

なる全単射対応がえられる．$\mathrm{Map}(\Lambda,M)$ は左 A 加群の構造をもち，A が可換環ならば，この対応でこれら 2 つの左 A 加群は左 A 加群として同型になる．

基底　A を環とし，S を左 A 加群 M の部分集合とする．S について，

(1)　任意の S の有限部分集合 $\{s_1,\cdots,s_n\}$ に対して，

$$\sum_{i=1}^n a_is_i=0,\ (a_i\in A,1\leqq i\leqq n)\Rightarrow a_i=0\quad(1\leqq i\leqq n)$$

(2)　任意の $x\in M$ に対して，S の有限部分集合 $\{s_1,\cdots,s_n\}$ を適当にとって，$x=\sum_{i=1}^n a_is_i\ (a_i\in A,1\leqq i\leqq n)$ と書ける．

が成り立つとき，S を A 加群 M の**基底**という．また，(1) を満たす S を A 上 **1 次独立**な集合，(2) を満たす S を M の A 上の**生成系**という．とくに，有限個の元からなる生成系をもつ左 A 加群を**有限生成**であるという．Λ 上の自由 A 加群 $F_A(\Lambda)$ について，Λ を $F_A(\Lambda)$ の部分集合とみて，Λ は $F_A(\Lambda)$ の基底である．逆に，基底 S をもつ A 加群は自由 A 加群 $F_A(S)$ と同型である．したがって，左 A 加群が自由 A 加群であるためには基底をもつことが必要充分である．A

が可換環ならば有限生成自由 A 加群の基底の個数は基底のとり方にかかわらず一定で，これを自由 A 加群の**階数**という．k を体とすると，k ベクトル空間は基底をもち，自由 k 加群である．有限生成 k ベクトル空間 V の階数を**次元**とよび $\dim V$ と書く．

問 1.4 有限次元 k ベクトル空間 V の部分空間 V_1, V_2 について，

(i) $V_1 \subset V_2 \Rightarrow \dim V_1 \leqq \dim V_2$

(ii) $V_1 \subset V_2$ かつ $\dim V_1 = \dim V_2 \Rightarrow V_1 = V_2$

(iii) $\dim V_1 + \dim V_2 = \dim(V_1 + V_2) + \dim(V_1 \cap V_2)$,

ここで $V_1 + V_2$ は $V_1 \cup V_2$ から生成される V の部分空間である．

問 1.5 $f: V \to V'$ を k 線型写像とすると，

$$\dim V = \dim(\mathrm{Im}\, f) + \dim(\mathrm{Ker}\, f).$$

完全可約群 M を左 A 加群とするとき，任意の M の部分左 A 加群 N に対して，$M = N \oplus N'$ (N と N' の直和) となるような M の部分左 A 加群 N' が存在するとき，M を**完全可約**であるという．完全可約な左 A 加群はその既約部分左 A 加群の直和であらわされる．また，完全可約左 A 加群の部分左 A 加群も完全可約である．(たとえば服部[1] 定理 15.7, 15.8 参照.)

1.3 テンソル積

A を環とし，M を右 A 加群，N を左 A 加群とする．集合 $M \times N = \{(x, y);\ x \in M, y \in N\}$ から生成される自由 $\boldsymbol{Z}$ 加群を $F(M \times N)$ とし，次のような元

$$(x + x', y) - (x, y) - (x', y),$$
$$(x, y + y') - (x, y) - (x, y'),$$
$$(xa, y) - (x, ay), \qquad x, x' \in M,\ \ y, y' \in N,\ \ a \in A$$

から生成される $F(M \times N)$ の部分 $\boldsymbol{Z}$ 加群を $K(M \times N)$ とおく．このとき，剰余群 $F(M \times N)/K(M \times N)$ を M と N の A 上の**テンソル積**といい，$M \otimes_A N$ または単に $M \otimes N$ と書く．また，(x, y) を含む剰余類を $x \otimes y$ と書く．定義から，$x, x' \in M,\ \ y, y' \in N,\ \ a \in A$ のとき，

$$(x + x') \otimes y = x \otimes y + x' \otimes y,$$
$$x \otimes (y + y') = x \otimes y + x \otimes y',$$
$$xa \otimes y = x \otimes ay$$

が成り立ち，$M \otimes_A N$ の元は $\sum_{i=1}^{n} x_i \otimes y_i$ ($x_i \in M, y_i \in N$) と書ける．M が (B, A) 両側加群(または N が (A, C) 両側加群)ならば

$$b(x \otimes y) = bx \otimes y, \quad b \in B,\ x \in M,\ y \in N$$

または
$$(x \otimes y)c = x \otimes yc, \quad c \in C,\ x \in M,\ y \in N$$

と定義して，$M \otimes_A N$ は左 B 加群(または，右 C 加群)になる．とくに，A が可換環ならば

$$a(x \otimes y) = ax \otimes y = x \otimes ay, \quad a \in A,\ x \in M,\ y \in N$$

と定義して，$M \otimes_A N$ は A 加群になる．

双 1 次写像　A を可換環とし，M, N, T を A 加群とする．$M \times N$ から T への写像 $f: M \times N \to T$ が

$$\begin{aligned} f(ax+by, z) &= af(x,z)+bf(y,z), \quad x,\ y \in M,\ z \in N, \\ f(x, ay+bz) &= af(x,y)+bf(x,z), \quad x \in M,\ y, z \in N, \end{aligned} \qquad a, b \in A$$

を満たすとき，f を**双 1 次写像**という．$M \times N$ から T への双 1 次写像の全体の集合を $B_A(M \times N, T)$ とおく．テンソル積の定義から $M \times N$ から A 加群 $M \otimes_A N$ への写像

$$\varphi: M \times N \to M \otimes_A N, \quad (x, y) \mapsto x \otimes y$$

は双 1 次写像で，これを自然な双 1 次写像という．A 加群 T と A 加群射 $g: M \otimes_A N \to T$ があたえられたとき，$f = g \circ \varphi$ とおくと，$f: M \times N \to T$ は双 1 次写像で，g に f を対応させる写像

$$\Phi: {}_A\boldsymbol{Mod}(M \otimes_A N, T) \to B_A(M \times N, T)$$

は全単射である．実際，$f \in B_A(M \times N, T)$ に対して，$g(x \otimes y) = f(x, y)$ と定義して，A 加群射 $g: M \otimes_A N \to T$ がえられ，f に g を対応させる写像は Φ の逆写像になる．$B_A(M \times N, T)$ は Φ が A 加群同型射になるような A 加群の構造をもつ．また，任意の A 加群 T に対して，Φ が全単射になるような A 加群 $M \otimes_A N$ は同型を除いて一意的にきまり，テンソル積 $M \otimes_A N$ はこのような性質で特徴づけられる．M が基底 $\{e_\lambda\}_{\lambda \in \Lambda}$ をもつ自由 A 加群ならば $M \otimes_A N$ の元は $\sum_{\lambda \in \Lambda} e_\lambda \otimes y_\lambda$ ($y_\lambda \in N, \lambda \in \Lambda$, 有限個を除いて $y_\lambda = 0$) と一意的に書ける．M, N がともに自由 A 加群ならば $M \otimes_A N$ も自由 A 加群である．

問 1.6　A を可換環，M, N, P を A 加群とするとき，

(i)　$A \otimes_A M \cong M$　　(ii)　$M \otimes_A N \cong N \otimes_A M$

(iii)　$(M \otimes_A N) \otimes_A P \cong M \otimes_A (N \otimes_A P)$

を証明せよ．

問1.7 Aを可換環とし，M, NをA加群，M^*, N^*をその双対A加群とするとき，

$$ {}_A\boldsymbol{Mod}(M, N^*) \cong {}_A\boldsymbol{Mod}(N, M^*) \cong B_A(M\times N, A) $$

を証明せよ．

注意 圏${}_A\boldsymbol{Mod}$からそれ自身への対応$F: M\mapsto M^*$は反変関手でFはそれ自身と随伴である．

問1.8 kを体とし，M, Nをkベクトル空間，M^*, N^*をそれぞれM, Nの双対kベクトル空間とする．

(i) 写像$\varphi: M^*\otimes N\to\boldsymbol{Mod}_k(M, N)$を$f\in M^*$, $y\in N$, $x\in M$のとき，$\varphi(f\otimes y)(x)=f(x)y$で定義すると，$\varphi$は$k$線型単射で，$M$または$N$が有限次元ならば$k$線型同型射である．

(ii) 写像$\rho: M^*\otimes N^*\to(M\otimes N)^*$を$f\in M^*, g\in N^*, x\in M, y\in N$のとき，$\rho(f\otimes g)(x\otimes y)=f(x)g(y)$で定義すると，$\rho$は$k$線型単射で，$M, N$がともに有限次元ならば$k$線型同型射である．

問1.9 V, V'をkベクトル空間とし，W, W'をそれぞれV, V'の部分空間とすると，

(i) 自然な埋め込み$W\otimes W'\to V\otimes V'$は$k$線型単射である．

(ii) $(V\otimes W')\cap(W\otimes V')=W\otimes W'$

(iii) 自然な射影$f: V\otimes V'\to V/W\otimes V'/W'$の核は

$$ \operatorname{Ker} f = V\otimes W'+W\otimes V' $$

である．

基礎環の変換 A, Bを環とし，Fを(A, B)両側加群とする．右A加群Nに対して，$N\otimes_A F$は右B加群である．また，右B加群Mに対して，$\boldsymbol{Mod}_B(F, M)$は

$$ (u+v)(x) = u(x)+v(x), \qquad (ua)(x) = u(ax), $$
$$ u, v\in\boldsymbol{Mod}_B(F, M), \qquad a\in A $$

と定義して，右A加群になる．このようにして，$\boldsymbol{Mod}_A$から$\boldsymbol{Mod}_B$への対応および$\boldsymbol{Mod}_B$から$\boldsymbol{Mod}_A$への対応

$$ (1.2) \qquad \Phi: N\mapsto N\otimes_A F, \qquad \Psi: M\mapsto \boldsymbol{Mod}_B(F, M) $$

がえられる．このとき，全単射対応

$$ (1.3) \qquad \boldsymbol{Mod}_A(N, \boldsymbol{Mod}_B(F, M)) \cong \boldsymbol{Mod}_B(N\otimes_A F, M) $$

がえられる．実際，右A加群射$g: N\to\boldsymbol{Mod}_B(F, M)$に対して，

$$ f(y, x) = g(y)(x), \qquad y\in N, \ x\in F $$

で定義される写像$f: N\times F\to M$は

(1) $f(y+y', x) = f(y, x)+f(y', x)$

(2)　$f(y, x+x') = f(y, x)+f(y, x')$

(3)　$f(ya, x) = f(y, ax)$

(4)　$f(y, xb) = f(y, x)b,\quad x, x' \in F,\ y, y' \in N,\ a \in A,\ b \in B$

を満たす．したがって，右 B 加群射 $\varphi(g): N\otimes_A F\to M$ が一意的にきまり写像

$$\varphi: \boldsymbol{Mod}_A(N, \boldsymbol{Mod}_B(F, M)) \to \boldsymbol{Mod}_B(N\otimes_A F, M)$$

がえられる．同様にして，φ の逆写像がつくれることから，φ が全単射であることがわかる．

注意　Φ, Ψ はそれぞれ $\boldsymbol{Mod}_A$ から $\boldsymbol{Mod}_B$，および $\boldsymbol{Mod}_B$ から $\boldsymbol{Mod}_A$ への共変関手で互いに随伴である．

問 1.10　A を可換環とし，$M'\to M\to M''\to 0$ を A 加群射の完全列とすると，任意の A 加群 N について，

$$M'\otimes_A N \to M\otimes_A N \to M''\otimes_A N \to 0$$

は A 加群射の完全列である．

問 1.11　A を可換環とし，$M_\lambda(\lambda\in\Lambda), N$ を A 加群とするとき，

$$\left(\coprod_{\lambda\in\Lambda} M_\lambda\right)\otimes N \cong \coprod_{\lambda\in\Lambda}(M_\lambda\otimes N).$$

A, B を環とし，$u: A\to B$ を環射とする．左(または右) B 加群 M は $\varphi(a, x)=u(a)x$ (または，$\varphi(x, a)=xu(a)$) で定義される写像 $\varphi: A\times M\to M$ (または $\varphi: M\times A\to M$) を構造射として，左(または右) A 加群になる．この A 加群を u_*M と書く．一方，B は環の積に関して，両側 B 加群であるが，左 B 加群とみて，左 A 加群 u_*B がえられる．したがって，$F=u_*B$ は (A, B) 両側加群とみることができる．右 A 加群 N に対して，右 B 加群 $u^*N=N\otimes_A F$ をつくる．このとき，右 B 加群 M と右 A 加群 N について，全単射対応

$$\boldsymbol{Mod}_A(N, u_*M) \cong \boldsymbol{Mod}_B(u^*N, M) \tag{1.4}$$

がえられる．実際，右 B 加群 M に対して，写像

$$f: \boldsymbol{Mod}_B(F, M) \to u_*M$$

を $f(v)=v(1)\ (v\in \boldsymbol{Mod}_B(F, M))$ で定義すると，f は A 加群同型射で，$\boldsymbol{Mod}_B(F, M)\cong u_*M$ がえられる．ゆえに，(1.3) により全単射対応 (1.4) がえられる．$u_*: \boldsymbol{Mod}_B\to \boldsymbol{Mod}_A$，$u^*: \boldsymbol{Mod}_A\to \boldsymbol{Mod}_B$ は互いに随伴な共変関手である．

A, B を可換環とし，$u: A\to B$ を環射とするとき，A 加群 N と B 加群 M に対して，A 加群射 $f: N\to u_*M$ を A-u 半線型射ということもある．

問 1.12　$\mathfrak{a}$ を可換環 A のイデアルとし，$u: A\to A/\mathfrak{a}$ を自然な環射とする．M を A 加

群とするとき，

$$\mathfrak{a}M = \{\sum_i a_i x_i \text{(有限和)}\,;\, a_i \in \mathfrak{a},\, x_i \in M\}$$

は M の部分 A 加群で，$u^*M \cong M/\mathfrak{a}M$ であることを証明せよ．(問1.10を参照せよ．)

A 加群射のテンソル積 M, M' を右 A 加群，N, N' を左 A 加群，$f: M \to M'$，$g: N \to N'$ を A 加群射とするとき，写像

$$\varphi: M \times N \to M' \otimes_A N'$$

を $\varphi(x, y) = f(x) \otimes g(y)$ $(x \in M, y \in N)$ で定義すると，

$$\varphi(x+x', y) = \varphi(x, y) + \varphi(x', y),$$
$$\varphi(x, y+y') = \varphi(x, y) + \varphi(x, y'), \qquad x, x' \in M,\ y, y' \in N,\ a \in A,$$
$$\varphi(xa, y) = \varphi(x, ay)$$

を満たす．したがって，$h(x \otimes y) = f(x) \otimes g(y)$ $(x \in M, y \in N)$ で定義される $\boldsymbol{Z}$ 加群射

$$h: M \otimes_A N \to M' \otimes_A N'$$

が一意的にきまる．h を f と g のテンソル積といい，$f \otimes g$ と書く．定義から，

$$(f \otimes g)(x \otimes y) = f(x) \otimes g(y), \qquad x \in M,\ y \in N$$

である．とくに，A が可換環ならば $f \otimes g$ は A 加群射である．

問1.13 M, M', M'' を右 A 加群，N, N', N'' を左 A 加群とする．$u: M \to M'$，$u': M' \to M''$，$v: N \to N'$，$v': N' \to N''$ を A 加群射とすると，$(u' \circ u) \otimes (v' \circ v) = (u' \otimes v') \circ (u \otimes v)$ である．

問1.14 k を体とし，M, M', N, N' を k 線型空間とする．M, N または M', N' が有限次元ならば

$$\boldsymbol{Mod}_k(M, M') \otimes \boldsymbol{Mod}_k(N, N') \cong \boldsymbol{Mod}_k(M \otimes N, M' \otimes N')$$

である．

1.4 射影的極限と帰納的極限

A を可換環とし，Λ を順序集合とする．$\lambda, \mu \in \Lambda$ に対して，$\lambda \leqq \nu$, $\mu \leqq \nu$ を満たす $\nu \in \Lambda$ が存在するとき，Λ を有向集合という．Λ を有向集合とする．A 加群の族 $\{M_\lambda\}_{\lambda \in \Lambda}$ と Λ 加群射の族 $\{u_{\lambda\mu}: M_\mu \to M_\lambda\}_{(\lambda,\mu) \in \Lambda \times \Lambda, \lambda \leqq \mu}$ があって，

(1) $\lambda \leqq \mu \leqq \nu$ $(\lambda, \mu, \nu \in \Lambda)$ ならば $u_{\lambda\nu} = u_{\lambda\mu} \circ u_{\mu\nu}$

(2) $u_{\lambda\lambda} = 1_{M_\lambda}$ (M_λ の恒等写像)

を満たすとき，$\{M_\lambda, u_{\lambda\mu}\}_{\lambda, \mu \in \Lambda, \lambda \leqq \mu}$ を A 加群の**射影系**という．このような射影系に対して，

$$M=\{x=\{x_\lambda\}_{\lambda\in\Lambda}\in\prod_{\lambda\in\Lambda}M_\lambda;\ u_{\lambda\mu}(x_\mu)=x_\lambda\,(\lambda\leqq\mu)\}$$

とおくと，M は A 加群 $P=\prod_{\lambda\in\Lambda}M_\lambda$ の部分 A 加群である．標準的な射影 $p_\lambda:P\to M_\lambda$ の M への制限を $u_\lambda:M\to M_\lambda$ とおくと，A 加群 M と A 加群射の族 $\{u_\lambda:M\to M_\lambda\}_{\lambda\in\Lambda}$ は次の性質を満たす．

(1)　$u_\lambda=u_{\lambda\mu}\circ u_\mu\quad(\lambda\leqq\mu)$

(2)　A 加群 N と A 加群射の族 $v_\lambda:N\to M_\lambda\ (\lambda\in\Lambda)$ が $v_\lambda=u_{\lambda\mu}\circ v_\mu\ (\lambda\leqq\mu)$ を満たすならば，各 $\lambda\in\Lambda$ について，$v_\lambda=u_\lambda\circ v$ を満たす A 加群射 $v:N\to M$ がただ1つ存在する．

A 加群 M と A 加群射の族 $\{u_\lambda\}_{\lambda\in\Lambda}$ との組を射影系 $\{M_\lambda,u_{\lambda\mu}\}_{\lambda,\mu\in\Lambda,\lambda\leqq\mu}$ の**射影的極限**といい $M=\varprojlim_\lambda M_\lambda$ と書く．

$\{M_\lambda,u_{\lambda\mu}\}_{\lambda,\mu\in\Lambda,\lambda\leqq\mu}$ が A 加群の射影系ならば，任意の A 加群 N について，$\{{}_A\boldsymbol{Mod}(N,M_\lambda),(u_{\lambda\mu})_*\}_{\lambda,\mu\in\Lambda,\lambda\leqq\mu}$ も A 加群の射影系で，

$${}_A\boldsymbol{Mod}(N,\varprojlim_\lambda M_\lambda)\cong\varprojlim_\lambda{}_A\boldsymbol{Mod}(N,M_\lambda)$$

が成り立つ．

これと双対的に，A 加群の族 $\{M_\lambda\}_{\lambda\in\Lambda}$ と A 加群射の族 $\{u_{\mu\lambda}:M_\lambda\to M_\mu\}_{\lambda,\mu\in\Lambda,\lambda\leqq\mu}$ があって，

(1)　$\lambda\leqq\mu\leqq\nu\quad(\lambda,\mu,\nu\in\Lambda)$　ならば　$u_{\nu\lambda}=u_{\nu\mu}\circ u_{\mu\lambda}$

(2)　$u_{\lambda\lambda}=1_{M_\lambda}$　　(M_λ の恒等写像)

を満たすとき，$\{M_\lambda,u_{\mu\lambda}\}_{\lambda,\mu\in\Lambda,\lambda\leqq\mu}$ を A 加群の**帰納系**という．$S=\coprod_{\lambda\in\Lambda}M_\lambda$ に次のように関係～を定義しよう．$x=\sum_\lambda x_\lambda$，$y=\sum_\lambda y_\lambda\in S$ に対して，$x_\lambda\neq0$ または $y_\lambda\neq0$ ならば $\lambda\leqq\mu$ を満たす $\mu\in\Lambda$ をとり M_μ の中で $\sum_{\lambda\in\Lambda}u_{\mu\lambda}(x_\lambda)=\sum_{\lambda\in\Lambda}u_{\mu\lambda}(y_\lambda)$ が成り立つとき，$x\sim y$ と定義する．この関係～は μ のとり方にかかわらずきまり，同値律を満たす．さらに，$x\sim y$, $x'\sim y'$ ならば $x+x'\sim y+y'$, $ax\sim ay\ (a\in A)$ が成り立つ．ゆえに，同値類の集合を $M=S/\sim$ とおくと，M は A 加群になる．標準的な埋め込み $i_\lambda:M_\lambda\to S$ と自然な射影 $\pi:S\to M$ との結合を $u_\lambda:M_\lambda\to M$ とおくと，A 加群 M と A 加群射の族 $\{u_\lambda:M_\lambda\to M\}_{\lambda\in\Lambda}$ との組は次の性質をもつ．

(1)　$u_\lambda=u_\mu\circ u_{\mu\lambda}\qquad(\lambda\leqq\mu)$

(2)　任意の A 加群 N と A 加群射の族 $\{v_\lambda:M_\lambda\to N\}_{\lambda\in\Lambda}$ が $v_\lambda=v_\mu\circ u_{\mu\lambda}$ を満たすならば，各 $\lambda\in\Lambda$ について，$v_\lambda=v\circ u_\lambda\,(\lambda\in\Lambda)$ をみたす A 加群射 $v:M\to N$ がた

だ1つ存在する.

A 加群 M と A 加群射の族 $\{u_\lambda\}_{\lambda\in\Lambda}$ との組を帰納系 $\{M_\lambda, u_{\mu\lambda}\}_{\lambda,\mu\in\Lambda,\lambda\leqq\mu}$ の**帰納的極限**といい，$M=\varinjlim_{\lambda} M_\lambda$ と書く.

$\{M_\lambda, u_{\mu\lambda}\}_{\lambda,\mu\in\Lambda,\lambda\leqq\mu}$ が帰納系ならば，任意の A 加群 N について，$\{{}_A\boldsymbol{Mod}(M_\lambda, N), (u_{\mu\lambda})^*\}_{\lambda,\mu\in\Lambda,\lambda\leqq\mu}$ は射影系で

$$ {}_A\boldsymbol{Mod}(\varinjlim_{\lambda} M_\lambda, N) \cong \varprojlim_{\lambda} {}_A\boldsymbol{Mod}(M_\lambda, N) $$

が成り立つ.

注意　射影系，帰納系とその極限は可換環，群などの代数系に対しても同様に定義できる.（附録 A.3 参照.）

例 1.1　p を素数とし，自然数の全体の集合 $\boldsymbol{N}$ を数の大小関係で順序集合とみる. $n\in\boldsymbol{N}$ のとき，$A_n=\boldsymbol{Z}/p^n\boldsymbol{Z}$ とし，$m, n\in\boldsymbol{N}$, $m\leqq n$ のとき，$u_{mn}: A_n\to A_m$ を自然な環射とすると，$\{A_n, u_{mn}\}_{m,n\in\boldsymbol{N},m\leqq n}$ は可換環の射影系で可換環 $\varprojlim_{n} A_n$ が定義できる. この環の元を p 進整数という.

例 1.2　G を群とし，$\{N_\lambda\}_{\lambda\in\Lambda}$ を G の有限指数正規部分群の全体の集合とする. $N_\mu\subseteq N_\lambda$ のとき，$\lambda\leqq\mu$ として Λ は順序集合になる. $G_\lambda=G/N_\lambda$ とおき，$\lambda\leqq\mu$ のとき，$u_{\lambda\mu}: G_\mu\to G_\lambda$ を自然な群射とすると，$\{G_\lambda, u_{\lambda\mu}\}_{\lambda,\mu\in\Lambda,\lambda\leqq\mu}$ は群の射影系で $\hat{G}=\varprojlim_{\lambda} G_\lambda$ を G の射有限完備化という. $\hat{G}$ は $\{N_\lambda\}_{\lambda\in\Lambda}$ を単位元の基本近傍系として，位相群になる. $\bigcap_{\lambda\in\Lambda} N_\lambda=\{e\}$ ならば G は Hausdorff の分離公理を満たし G は $\hat{G}$ の 稠密な部分群と同一視できる. 一般に，有限群の射影的極限になっているような群を位相群とみて射有限群という. たとえば，無限次ガロア群は射有限群である. 射有限群は完全不連結なコンパクト位相群で，逆に，このような位相群は射有限群である.

§2　可換環上の代数

この節では可換環 A 上の代数とその例をあげ，テンソル代数，対称代数，外積代数について述べる. A 上の代数はその構造射とよばれる A 加群射をあたえて定義される. 次章で定義される余代数は自然にこの定義と双対的な関係になっている. 体上の代数については §4, §5 でもふれる.

2.1　可換環上の代数

A を可換環とする．環 B と環射 $\eta_B:A\to B$ があたえられたとき，環の積に関して，B を左 B 加群とみて左 A 加群 $(\eta_B)_*B$ をつくり，その作用を $ax\ (a\in A,\ x\in B)$ と書く．

$$(ax)y = x(ay) = a(xy), \qquad a\in A,\ \ x, y\in B$$

を満たすとき，B を A **代数**という．このとき，写像 $f:B\times B\to B$ を $f(x,y)=xy$ と定義すると，B を A 加群とみて，f は双1次写像になる．したがって，A 加群射

$$\mu_B: B\otimes_A B\to B$$

がえられる．このことから A 代数 B を次のように定義することができる．A 加群 B と A 加群射 $\eta_B:A\to B$, $\mu_B:B\otimes_A B\to B$ とがあたえられていて，

(1)（結合律）

$$\begin{array}{ccc}
B\otimes_A B\otimes_A B & \xrightarrow{1\otimes\mu_B} & B\otimes_A B \\
{\scriptstyle \mu_B\otimes 1}\downarrow & & \downarrow{\scriptstyle \mu_B} \\
B\otimes_A B & \xrightarrow{\mu_B} & B
\end{array}$$

(2)（単位元の性質）

$$\begin{array}{ccccc}
A\otimes_A B & \xrightarrow{\eta_B\otimes 1} & B\otimes_A B & \xleftarrow{1\otimes\eta_B} & B\otimes_A A \\
& {\scriptstyle\sim}\searrow & \downarrow{\scriptstyle \mu_B} & \swarrow{\scriptstyle\sim} & \\
& & B & &
\end{array}$$

が可換図式である．すなわち，$B\otimes_A A$, $A\otimes_A B$ と B とを同一視して，

$$\mu_B(1\otimes\mu_B) = \mu_B(\mu_B\otimes 1), \qquad \mu_B(1\otimes\eta_B) = \mu_B(\eta_B\otimes 1) = 1_B$$

が成り立つとき，B を A 代数という．μ_B を B の積写像，η_B を B の単位写像といい，μ_B, η_B を A 代数 B の**構造射**という．

B, C を A 代数とするとき，写像 $u:B\to C$ が A 加群射でかつ環射のとき，u を A 代数射という．A 代数 B, C の構造射をそれぞれ $\mu_B, \eta_B, \mu_C, \eta_C$ とおくと，A 加群射 $u:B\to C$ が A 代数射であるためには

$$\begin{array}{ccc}
B\otimes_A B & \xrightarrow{\mu_B} & B \\
{\scriptstyle u\otimes u}\downarrow & & \downarrow{\scriptstyle u} \\
C\otimes_A C & \xrightarrow{\mu_C} & C
\end{array}
\qquad\qquad
\begin{array}{ccc}
A & \xrightarrow{\eta_B} & B \\
\| & & \downarrow{\scriptstyle u} \\
A & \xrightarrow{\eta_C} & C
\end{array}$$

が可換図式であること，すなわち

$$\mu_C(u\otimes u) = u\circ\mu_B, \qquad \eta_C = u\circ\eta_B$$

が成り立つことが必要充分である．A 代数，可換 A 代数の全体を対象とする圏をそれぞれ $\boldsymbol{Alg}_A, \boldsymbol{M}_A$ と書き，B, C を(可換)A 代数とするとき，B から C への A 代数射の全体の集合を $\boldsymbol{Alg}_A(B, C)$ $(\boldsymbol{M}_A(B, C))$ と書く．

B, C を A 代数とするとき，A 加群 $B\otimes_A C$ は

$$\mu_{B\otimes C} = (\mu_B\otimes\mu_C)(1\otimes\tau\otimes 1), \qquad \eta_{B\otimes C} = \eta_B\otimes\eta_C$$

を構造射として A 代数になる．ここで，τ は $x\otimes y\mapsto y\otimes x$ で定義される A 加群同型射 $C\otimes B\to B\otimes C$ である．A 代数 $B\otimes_A C$ を B と C のテンソル積という．$B\otimes_A C$ の積は

$$(b\otimes c)(b'\otimes c') = bb'\otimes cc', \qquad b, b'\in B,\ \ c, c'\in C,$$

単位元は $1\otimes 1$ であたえられる．

例 1.3 A を可換環とし $\{X_\lambda\}_{\lambda\in\Lambda}$ を不定元とするとき，A の元を係数とする X_λ $(\lambda\in\Lambda)$ に関する多項式の全体 $A[X_\lambda]_{\lambda\in\Lambda}$ は和，積を自然に定義して可換環であるが，自然な埋め込み $A\to A[X_\lambda]_{\lambda\in\Lambda}$ に関して A 代数になる．

例 1.4 可換環 A の元を係数にもつ n 次正方行列の全体の集合 $M_n(A)$ は行列の和，積に関して環で，スカラー倍に関して A 加群である．$\eta_{M_n(A)}: a\mapsto ae^{(n)}$ ($e^{(n)}$ は n 次単位行列) と定義して，$M_n(A)$ は A 代数である．

例 1.5 集合 S から可換環 A への写像の全体の集合 $B=\mathrm{Map}(S, A)$ は $u, v\in B$ のとき，

$$(u+v)(x) = u(x)+v(x), \qquad (uv)(x) = u(x)v(x), \qquad x\in S$$

と定義して，環で，

$$(au)(x) = au(x), \qquad a\in A,\ \ x\in S$$

と定義して，A 加群である．このとき，A 加群射 $\eta_B: A\to B$ を $\eta_B(a)(x)=a$ $(x\in S)$ と定義して，B は A 代数になる．

例 1.6 A を可換環，G を群(または半群)とするとき，G から生成される自由 A 加群を AG とおく．AG に積を

$$\Big(\sum_{x\in G} a_x x\Big)\Big(\sum_{y\in G} b_y y\Big) = \sum_{z\in G}\Big(\sum_{xy=z} a_x b_y\Big)z$$

と定義して，AG は環で，$\eta_{AG}: A\to AG$ を $\eta_{AG}(a)=a1$ (1 は G の単位元) と定義して，AG は A 代数になる．AG を G の群(または半群)A 代数という．——

A を可換環とし，B, C を A 代数とする．写像 $i_1{:}B\to B\otimes C$，$i_2{:}C\to B\otimes C$ を $i_1(b)=b\otimes 1\ (b\in B)$，$i_2(c)=1\otimes c\ (c\in C)$ で定義すると，i_1, i_2 は A 代数射で，これを標準的な埋め込みという．可換 A 代数 T と A 代数射 $f{:}B\to T$ および $g{:}C\to T$ があたえられたとき，A 代数射 $h{:}B\otimes_A C\to T$ で $h\circ i_1=f$ かつ $h\circ i_2=g$ を満たすものがただ1つ存在する．実際，写像 $\varphi{:}B\times C\to T$ を $\varphi(b,c)=f(b)g(c)\ (b\in B, c\in C)$ で定義すると，φ は双1次写像になるから，$h(b\otimes c)=f(b)g(c)$ と定義して，A 加群射 $h{:}B\otimes_A C\to T$ がえられる．このとき，

$$h(i_1(b)) = h(b\otimes 1) = f(b)g(1) = f(b), \qquad b\in B$$
$$h(i_2(c)) = h(1\otimes c) = f(1)g(c) = g(c), \qquad c\in C,$$

ゆえに，$h\circ i_1=f$，$h\circ i_2=g$ となる．また，

$$\begin{aligned} h((b\otimes c)(b'\otimes c')) &= h(bb'\otimes cc') = f(bb')g(cc') \\ &= f(b)g(c)f(b')g(c') = h(b\otimes c)h(b'\otimes c'). \end{aligned}$$

ゆえに，h は A 代数射になる．h が f と g に対して，一意的にきまることも明らかである．したがって，任意の可換 A 代数 T に対して，全単射対応

$$\boldsymbol{Alg}_A(B\otimes_A C, T) \cong \boldsymbol{Alg}_A(B, T)\times \boldsymbol{Alg}_A(C, T)$$

がえられる．

注意　B, C が可換 A 代数のとき，A 代数 $B\otimes_A C$ は可換 A 代数の圏 $\boldsymbol{M}_A$ での B, C の直和である．

$\{B_\lambda\}_{\lambda\in\Lambda}$ を A 代数とするとき，A 加群としての直積 $\prod_{\lambda\in\Lambda} B_\lambda$ に積を

$$\{b_\lambda\}_{\lambda\in\Lambda}\{b_\lambda'\}_{\lambda\in\Lambda} = \{b_\lambda b_\lambda'\}_{\lambda\in\Lambda}$$

と定義して，$\prod_{\lambda\in\Lambda} B_\lambda$ は A 代数になる．これを A 代数 $\{B_\lambda\}_{\lambda\in\Lambda}$ の**直積**という．$\Lambda=\{1, 2, \cdots, n\}$ のとき，$\prod_{i=1}^{n} B_i$ を $B_1\times\cdots\times B_n$ と書くこともある．

2.2　フィルター代数と次数代数

$I=\{0\}\cup\boldsymbol{N}$ とおく．I は和に関して半群である．A を可換環とし，B を A 代数とするとき，B の部分 A 加群の族 $\{B_i\}_{i\in I}$ が

$$B_0\subset B_1\subset B_2\subset\cdots, \qquad B_iB_j\subset B_{i+j}, \qquad \bigcup_{i\in I} B_i = B, \quad 1\in B_0$$

を満たすとき，B を**フィルター A 代数**といい，$\{B_i\}_{i\in I}$ を B の**フィルター**という．また，A 代数 B の部分 A 加群の族 $\{B_{(i)}\}_{i\in I}$ が

$$B = \coprod_{i\in I} B_{(i)}, \qquad B_{(i)}B_{(j)}\subset B_{(i+j)}$$

を満たすとき，B を**次数 A 代数**という．

B, C をフィルター A 代数とし，$\{B_i\}_{i\in I}$，$\{C_i\}_{i\in I}$ をそのフィルターとする．A 代数射 $u:B\to C$ が $u(B_i)\subset C_i\ (i\in I)$ を満たすとき，u を**フィルター A 代数射**という．また，$B=\coprod_{i\in I} B_{(i)}$, $C=\coprod_{i\in I} C_{(i)}$ が次数 A 代数のとき，A 代数射 $u:B\to C$ が $u(B_{(i)})\subset C_{(i)}\ (i\in I)$ を満たすとき，u を**次数 A 代数射**という．定義から B_0 または $B_{(0)}$ は B の部分 A 代数である．

B がフィルター A 代数で $\{B_i\}_{i\in I}$ をそのフィルターとするとき，$B_{(0)}=B_0$, $B_{(i)}=B_i/B_{i-1}\ (i\in I, i>0)$ とおき，A 加群の直和 $\mathrm{gr}\, B=\coprod_{i\in I} B_{(i)}$ に次のように積を定義する．A 加群の自然な射影を $g_i:B_i\to B_{(i)}=B_i/B_{i-1}$ とおき，写像 f_{ij}: $B_{(i)}\times B_{(j)}\to B_{(i+j)}$ を

$$f_{ij}(g_i(x), g_j(y)) = g_{i+j}(xy), \qquad x\in B_i,\ y\in B_j$$

と定義すると，f_{ij} は双1次写像である．ゆえに，A 加群射

$$\mu_{ij}: B_{(i)}\otimes_A B_{(j)} \to B_{(i+j)}$$

がえられる．したがって，$x=\sum_{i\in I} g_i(x_i)$，$y=\sum_{j\in I} g_j(y_j)\in \mathrm{gr}\, B$ のとき，

$$\mu_{\mathrm{gr}\, B}(x\otimes y) = \mu_{\mathrm{gr}\, B}\Bigl(\sum_{i,j} g_i(x_i)\otimes g_j(y_j)\Bigr) = \sum \mu_{ij}(g_i(x_i)\otimes g_j(y_j))$$

と定義して，A 加群射 $\mu_{\mathrm{gr}\, B}:\mathrm{gr}\, B\otimes \mathrm{gr}\, B\to \mathrm{gr}\, B$ がえられる．また，A 代数 B の単位写像 η_B の像は $\eta_B(A)\subset B_0=B_{(0)}\subset \mathrm{gr}\, B$ で A 加群射 $\eta_{\mathrm{gr}\, B}:A\to \mathrm{gr}\, B$ がえられる．$\mu_{\mathrm{gr}\, B}, \eta_{\mathrm{gr}\, B}$ を構造射として，$\mathrm{gr}\, B$ は次数 A 代数になる．$\mathrm{gr}\, B$ を**フィルター A 代数 B に属する次数 A 代数**という．

テンソル代数　A を可換環とし，M を A 加群とする．

$$T_{(0)}(M) = A, \qquad T_{(n+1)}(M) = T_{(n)}(M)\otimes M, \qquad n\in I$$

とおいて，任意の $n\in I$ に対して A 加群 $T_{(n)}(M)$ を定義し，$T(M)=\coprod_{n\in I} T_{(n)}(M)$ とおく．$T_{(n)}(M)$ を $T(M)$ の n 次斉次成分という．$p, q\in \boldsymbol{N}$ のとき，$x=x_1\otimes\cdots\otimes x_p\in T_{(p)}(M)$，$y=y_1\otimes\cdots\otimes y_q\in T_{(q)}(M)\ (x_i\in M, y_j\in M, 1\leqq i\leqq p, 1\leqq j\leqq q)$ に対して，

$$x\otimes y = x_1\otimes\cdots\otimes x_p\otimes y_1\otimes\cdots\otimes y_q \in T_{(p+q)}(M)$$

とおく．また，p または $q=0$ のとき，$a\in T_{(0)}(M)$, $x\in T_{(p)}(M)$ に対して $a\otimes x=ax$，$p=q=0$ のとき，$a, b\in T_{(0)}(M)$ に対して $a\otimes b=ab$ とおくと，任意の $(p, q)\in I\times I$ に対して，A 加群射

$$\mu_{pq}: T_{(p)}(M) \otimes T_{(q)}(M) \to T_{(p+q)}(M)$$

がえられる．ゆえに，自然に A 加群射

$$\mu: T(M) \otimes T(M) \to T(M)$$

が定義される．また，標準的な埋め込み $i_0: T_{(0)}(M) = A \to T(M)$ を η とおくと，$T(M)$ は μ, η を構造射として次数 A 代数になる．$T(M)$ を M 上のテンソル A 代数という．

任意の A 代数 B と A 代数射 $f: T(M) \to B$ に対して，f の $T_{(1)}(M) = M$ への制限は M から B への A 加群射である．逆に，任意の A 加群射 $g: M \to B$ に対して写像 $g_n: T_{(n)}(M) \to B$ を

$$g_n(x_1 \otimes \cdots \otimes x_n) = f(x_1)f(x_2)\cdots f(x_n), \qquad x_i \in M \ (1 \leqq i \leqq n),\ n \in \boldsymbol{N},$$

$$g_0(a) = a1$$

と定義すると，$g_n\,(n \in I)$ は A 加群射で A 加群射 $f = \coprod_{n \in I} g_n: T(M) \to B$ がえられ，f は A 代数射になる．したがって，任意の A 代数 B に対して，全単射対応

$$(1.5) \qquad \boldsymbol{Alg}_A(T(M), B) \cong \boldsymbol{Mod}_A(M, B)$$

がえられる．

問 1.15 $f: M \to N$ を A 加群射とするとき，写像 $T_{(n)}(f): T_{(n)}(M) \to T_{(n)}(N)$ を $T_{(n)}(f)(x_1 \otimes \cdots \otimes x_n) = f(x_1) \otimes \cdots \otimes f(x_n)\ (x_i \in M, 1 \leqq i \leqq n)$ で定義すると，$T_{(n)}(f)$ は A 加群射で，A 加群射 $T(f): T(M) \to T(N)$ がえられる．$T(f)$ は次数 A 代数射である．

問 1.16 M, N を A 加群とし，M と N の直和を $M \oplus N$ とおくと，

$$T(M \oplus N) \cong T(M) \otimes_A T(N)$$

であることを証明せよ．

注意 対応 $M \mapsto T(M)$ は圏 $\boldsymbol{Mod}_A$ から $\boldsymbol{Alg}_A$ への共変関手で A 代数 B を単に A 加群とみる対応であたえられる圏 $\boldsymbol{Alg}_A$ から $\boldsymbol{Mod}_A$ への共変関手と互いに随伴になっている．

対称代数 n 個の文字 $\{1, 2, \cdots, n\}$ の置換の全体のなす群（n 次対称群）を S_n とおく．$T_{(n)}(M)$ の中で

$$x_1 \otimes x_2 \otimes \cdots \otimes x_n - x_{\sigma(1)} \otimes x_{\sigma(2)} \otimes \cdots \otimes x_{\sigma(n)}, \qquad x_i \in M \ (1 \leqq i \leqq n),\ \sigma \in S_n$$

で生成される部分 A 加群を $\mathfrak{a}_{(n)}$ とおき，$\mathfrak{a} = \coprod_{n \in \boldsymbol{N}} \mathfrak{a}_{(n)}$ とおくと $\mathfrak{a}$ は $T(M)$ のイデアルで，$S(M) = T(M)/\mathfrak{a}$ は可換 A 代数になる．これを M 上の**対称 A 代数**という．$S_{(n)}(M) = T_{(n)}(M)/\mathfrak{a}_{(n)}\ (n \in \boldsymbol{N})$，$S_{(0)}(M) = A$ とおくと，$S(M) = \coprod_{n \in I} S_{(n)}(M)$ で $S(M)$ は次数 A 代数になる．$S_{(0)}(M) = A$，$S_{(1)}(M) = M$ は $S(M)$

の部分 A 加群と同一視できる.

任意の可換 A 代数 C と A 代数射 $f:S(M)\to C$ に対して, f の M への制限 $g:M\to C$ は A 加群射である. 逆に, $g:M\to C$ を A 加群射とすると, (1.5)により, g は A 代数射 $f:T(M)\to C$ に一意的に延長できる. C は可換 A 代数だから, $\mathfrak{a}\subset \operatorname{Ker} f$. ゆえに, f は $S(M)=T(M)/\mathfrak{a}$ から C への A 代数射をひきおこす. したがって, 全単射対応

(1.6) $$\boldsymbol{M}_A(S(M), C)\cong \boldsymbol{Mod}_A(M, C)$$

がえられる.

外積代数 $n\geqq 2$ のとき, $T_{(n)}(M)$ の中で或る相異なる $i,j\,(1\leqq i,j\leqq n)$ に対して $x_i=x_j$ であるような元 $x_1\otimes\cdots\otimes x_n\ (x_i\in M, 1\leqq i\leqq n)$ から生成される部分 A 加群を $\mathfrak{b}_{(n)}$ とおき, $\mathfrak{b}_{(0)}=\mathfrak{b}_{(1)}=\{0\}$ とおく. $\mathfrak{b}=\coprod_{n\in I}\mathfrak{b}_{(n)}$ は $T(M)$ のイデアルで, A 代数 $\wedge(M)=T(M)/\mathfrak{b}$ を M 上の**外積代数**という. $\wedge_{(n)}(M)=T_{(n)}(M)/\mathfrak{b}_{(n)}$ とおくと, $\wedge(M)=\coprod_{n\in I}\wedge_{(n)}(M)$ となり, $\wedge(M)$ は次数 A 代数である. $\wedge_{(0)}(M)=A$, $\wedge_{(1)}(M)=M$ を $\wedge(M)$ の部分 A 加群と同一視する. また, $T_{(n)}(M)$ の元 $x_1\otimes\cdots\otimes x_n$ の $\wedge_{(n)}(M)$ への自然な射影を $x_1\wedge\cdots\wedge x_n$ と書く. $x,y,z\in M$ のとき,

$$x\wedge x=0 \qquad (\text{したがって, } x\wedge y=-y\wedge x)$$
$$(ax+by)\wedge z=a(x\wedge z)+b(y\wedge z), \qquad a,b\in A$$

が成り立つ. M が階数 n の自由 A 加群ならば $\wedge_{(i)}(M)$ は階数 $\binom{n}{i}$ の自由 A 加群(ただし, $i>n$ ならば $\binom{n}{i}=0$ とおく)である. ゆえに, $\wedge(M)$ は階数 2^n の自由 A 加群になる. また, $\{x_1,\cdots,x_n\}$ を M の1つの基底とし, $y_i=\sum_{j=1}^{n}a_{ij}x_j$ $(a_{ij}\in A)$ ならば

$$y_1\wedge\cdots\wedge y_n=\det(a_{ij})x_1\wedge\cdots\wedge x_n$$

となる. ここで, $\det(a_{ij})$ は n 次正方行列 (a_{ij}) の行列式である.

§3 リー代数

リー代数の包絡代数は群環とともに, ホップ代数の重要な例になっている. ここでは主に包絡代数について述べる. リー代数の基本的な性質は[6], [7]な

どを参照してほしい．p リー代数の表現の完全可約性に関する Hochschild の定理 1.3.5 は，第5章で代数群の表現に関する類似の定理の証明などに応用される．

3.1 リー代数

$\boldsymbol{Z}$ 加群 L に対して，次の条件を満たす $\varphi: L\times L\to L$ が存在するとき，L を**リー環**という．$x, y\in L$ に対して，$\varphi(x, y)$ を $[x, y]$ と書くとき $x, y, z\in L$ ならば，

(1) $[x+y, z] = [x, z]+[y, z],\qquad [x, y+z] = [x, y]+[x, z]$

(2) $[x, x] = 0$ (巾零律)

(3) $[[x, y], z]+[[z, x], y]+[[y, z], x] = 0$ (Jacobi 律)

が成り立つ．

A を可換環とする．L がリー環でかつ A 加群で

(4) $[ax, y] = [x, ay] = a[x, y],\qquad x, y\in L,\ a\in A$

を満たすとき，L を A **リー代数**という．このとき，φ は双1次写像で，A 加群射 $\mu_L: L\otimes L\to L$ をひきおこす．μ_L を A リー代数の**構造射**という．$\mu_L(x\otimes y)$ を x と y の積ということもある．

例 1.7 B を環とするとき，$x, y\in B$ に対して，$[x, y]=xy-yx$ と定義すると，B はリー環になる．このようなリー環を B_L と書く．A を可換環とし，B が A 代数ならば，B_L は A リー代数である．実際，

$$[ax, y] = (ax)y-y(ax) = x(ay)-(ay)x = [x, ay] = a[x, y]$$

が成り立つ．任意の $x, y\in L$ について $[x, y]=0$ となるリー環を可換であるという．B が可換環ならば B_L は可換リー環である．

例 1.8 B を環とし，M を両側 B 加群とする．写像 $D: B\to M$ が

(1) $D(x+y) = D(x)+D(y),$

(2) $D(xy) = xD(y)+D(x)y$

$x, y\in B$

を満たすとき，D を B から M への**導分**(**微分作用素**)[1]という．(2)で $x=y=1$ とおくと，$D(1)=2D(1)$．ゆえに，$D(1)=0$ である．A を可換環とし，B が A 代数のとき，導分 D がさらに，A 加群射ならば，D を B から M への A **導分**という．このとき，$a\in A, x\in B$ ならば，

1) 一般に微分作用素とよばれているが，本書では中井氏の訳語にしたがって導分とよぶことにする．

$$D(ax) = aD(x)+D(a1)x = aD(x).$$

ゆえに，$D(a1)=0\ (a\in A)$ となる．$u\in M$ のとき，$D_u: B\to M$ を $D_u(x)=xu-ux$ と定義すると，D_u は B から M への A 導分になる．これを**内部的導分**という．B から M への A 導分の全体の集合を $\mathrm{Der}_A(B, M)$ とおく．とくに，$M=B$ のとき，単に，$\mathrm{Der}_A(B)$ と書く．$D_1, D_2\in \mathrm{Der}_A(B, M), a\in A$ ならば

$$(D_1+D_2)(x) = D_1(x)+D_2(x), \qquad (aD)(x) = aD(x), \qquad x\in B$$

と定義して，$\mathrm{Der}_A(B, M)$ は A 加群になる．さらに，$D_1, D_2\in \mathrm{Der}_A(B)$ ならば，$[D_1, D_2]=D_1D_2-D_2D_1\in \mathrm{Der}_A(B)$ で $[D_1, D_2]$ を D_1, D_2 の積として，$\mathrm{Der}_A(B)$ は A リー代数になる．

B が一般に結合律を満たさない A 代数のときも，同様に，$\mathrm{Der}_A(B)$ が定義できて，$\mathrm{Der}_A(B)$ は A リー代数になる．たとえば L が A リー代数のとき，$\mathrm{Der}_A(L)$ の元 D は

$$D([x, y]) = [D(x), y]+[x, D(y)], \qquad x, y\in L$$

を満たす L から L への A 加群射である．とくに，$x\in L$ のとき，$D_x(y)=[x, y]\ (y\in L)$ とおくと，Jacobi 律により $D_x\in\mathrm{Der}_A(L)$ で，このような A 導分を内部的であるという．

問 1.17 k を体とし，A を k 代数とする．

(i) $D\in\mathrm{Der}_k(A)$ ならば，$D^n(xy)=\sum_{i=0}^{n}\binom{n}{i}D^i(x)D^{n-i}(y),\ \ x, y\in A,$

とくに，k の標数が $p>0$ ならば $D^p\in\mathrm{Der}_k(A)$ である．

(ii) k の標数が 0 で，$D\in\mathrm{Der}_k(A)$ が巾零(すなわち，$D^n=0$ を満たす自然数 n が存在する)ならば，

$$\exp D = 1+D+\frac{1}{2}D^2+\frac{1}{3!}D^3+\cdots$$

は k 代数 A の自己同型射(A から A の上への k 代数同型射)である．

L, L' を A リー代数とするとき，A 加群射 $f: L\to L'$ が

$$f([x, y]) = [f(x), f(y)], \qquad x, y\in L$$

を満たすならば，f を **A リー代数射**という．f が全単射のとき，f を **A リー代数同型射**という．このとき，L と L' は同型であるといい，$L\cong L'$ と書く．L から L' への A リー代数射の全体の集合を $\boldsymbol{Lie}_A(L, L')$ と書き，A リー代数のなす圏を $\boldsymbol{Lie}_A$ とおく．

A リー代数 L の部分 A 加群 M が

$$x, y \in M \Rightarrow [x, y] \in M$$

を満たすとき，M は L と同じ演算で A リー代数になる．このような M を L の**部分 A リー代数**という．L の部分 A 加群 N が

$$x \in N, y \in L \Rightarrow [x, y] \in N$$

を満たすとき，N を L の**イデアル**という．このとき，剰余加群 L/N は自然に A リー代数となり，自然な射影 $\pi: L \to L/N$ は A リー代数射になる．L/N を**剰余 A リー代数**という．$f: L \to L'$ を A リー代数射とすると，

$$\mathrm{Ker}\, f = \{x \in L;\ f(x)=0\}, \qquad \mathrm{Im}\, f = \{f(x) \in L';\ x \in L\}$$

はそれぞれ L のイデアル，L' の部分 A リー代数で，$L/\mathrm{Ker}\, f \cong \mathrm{Im}\, f$ である．

L をリー環，M を $\boldsymbol{Z}$ 加群とするとき．写像 $f: L \times M \to M$ が次の条件を満たすとき，M を **L 加群**という．$f(x, s) = xs$ $(x \in L, s \in M)$ と書くとき，

(1)　$x(s+t) = xs + xt \qquad x, y \in L,\ s, t \in M$

(2)　$(x+y)s = xs + ys$

(3)　$[x, y]s = x(ys) - y(xs).$

A を可換環とする．A リー代数 L と A 加群 M について，写像 $f: L \times M \to M$ が (1), (2), (3) および

(4)　$(ax)s = a(xs) = x(as), \qquad a \in A,\ x \in L,\ s \in M$

を満たすとき，M を L 加群という．このとき，f は双1次写像で，A 加群射

$$\varphi: L \otimes_A M \to M$$

がえられる．これを L 加群 M の構造射という．M が L 加群ならば $\rho(x)s = xs$ と定義して，A 加群射

$$\rho: L \to \mathrm{End}_A(M)$$

がえられる．ρ は L から $\mathrm{End}_A(M)_L$ への A リー代数射で，このような ρ を L の**表現**という．A リー代数 L はその構造射 μ_L によって L 加群で，これによってえられる L の表現を L の**随伴表現**という．

3.2　リー代数の包絡代数

A を可換環，L を A リー代数とし，$T(L)$ を A 加群 L 上のテンソル A 代数とし，$T_n(L) = \coprod_{i=0}^{n} T_{(i)}(L)$ とする．

$x \otimes y - y \otimes x - [x, y]$ $(x, y \in L)$ から生成される $T(L)$ のイデアルを $\mathfrak{c}$ とおく．A 代数 $U(L) = T(L)/\mathfrak{c}$ を L の**包絡 A 代数**といい，自然な射影 $T(L) \to U(L)$ の

L への制限 $i:L\to U(L)$ を標準的な埋め込みという．定義から $i([x,y])=i(x)i(y)-i(y)i(x)$ $(x,y\in L)$ が成り立つから i は L から $U(L)_L$ への A リー代数射になる．$\mathfrak{c}_n=\mathfrak{c}\cap T_n(L)$ $(n\in I)$ は $T_n(L)$ の部分 A 加群で $\mathfrak{c}=\bigcup_{n\in I}\mathfrak{c}_n$．したがって，$U_n(L)=T_n(L)/\mathfrak{c}_n$ とおくと，$U_n(L)$ は $U(L)$ の部分 A 加群と同一視できて，$U(L)=\bigcup_{n\in I}U_n(L)$．また，$T(L)$ の積写像 $\mu: T(L)\otimes_A T(L)\to T(L)$ の $T_i(L)\otimes_A T_j(L)$ への制限を μ_{ij} とおくと，$\mu_{ij}(\mathfrak{c}_i\otimes\mathfrak{c}_j)\subset\mathfrak{c}_{i+j}$．ゆえに，$\mu_{ij}$ は写像

$$\bar{\mu}_{ij}: U_i(L)\otimes_A U_j(L)\to U_{i+j}(L)$$

をひきおこす．$\bar{\mu}_{ij}$ は $U(L)$ の積写像の $U_i(L)\otimes U_j(L)$ への制限にほかならない．ゆえに，$\{U_n(L)\}_{n\in I}$ は A 代数 $U(L)$ のフィルターで，$U(L)$ はフィルター A 代数である．L の包絡 A 代数とその標準的な埋め込み $i:L\to U(L)$ は次の性質をもつ．

(U)　任意の A 代数 B と A リー代数射 $\varphi: L\to B_L$ があたえられたとき，A 代数射 $\psi: U(L)\to B$ で $\psi\circ i=\varphi$ を満たすものがただ1つ存在する．

したがって，ψ に $\psi\circ i$ を対応させる写像で全単射対応

$$\boldsymbol{Alg}_A(U(L),B)\cong\boldsymbol{Lie}_A(L,B_L) \tag{1.7}$$

がえられる．このような性質をもつ $(U(L),i)$ は同型を除いてただ1つで，L の包絡 A 代数はこのような性質で特徴づけられる．

L, L' を A リー代数とし，$f:L\to L'$ を A リー代数射とする．$(U(L),i)$, $(U(L'),i')$ をそれぞれ L, L' の包絡 A 代数とする．A 加群射 $i'\circ f$ は L から $U(L')_L$ への A リー代数射だから性質(U)により A 代数射 $\varphi: U(L)\to U(L')$ で $\varphi\circ i=i'$ を満たすものがただ1つ存在する．

対応 $L\mapsto U(L)$ は $\boldsymbol{Lie}_A$ から $\boldsymbol{Alg}_A$ への共変関手で $\boldsymbol{Alg}_A$ から $\boldsymbol{Lie}_A$ への共変関手 $B\mapsto B_L$ と互いに随伴である．

L_1, L_2 を A 代数とし，A 加群としての直和 $L_1\oplus L_2$ に A リー代数の積を成分ごとに，

$$[(x_1,x_2),(y_1,y_2)]=([x_1,y_1],[x_2,y_2]),\qquad x_1,y_1\in L_1,\ \ x_2,y_2\in L_2$$

と定義すると，$L=L_1\oplus L_2$ は A リー代数になる．これを A リー代数 L_1 と L_2 の直和という．(U,i), (U_1,i_1), (U_2,i_2) をそれぞれ，L, L_1, L_2 の包絡 A 代数とする．標準的な埋め込み $f_1:L_1\to L$, $f_2:L_2\to L$ に対して，A 代数射 $\varphi_1: U_1\to U$, $\varphi_2: U_2\to U$ で $\varphi_1\circ i_1=i$, $\varphi_2\circ i_2=i$ を満たすものがそれぞれただ1つ存在する．そ

こで，A 加群射 $\varphi: U_1 \otimes_A U_2 \to U$ を

$$\varphi(x \otimes y) = \varphi_1(x)\varphi_2(y), \quad x \in U_1, \quad y \in U_2$$

で定義すると，φ は A 代数射である．一方，A 加群射 $f: L \to U_1 \otimes_A U_2$ を

$$f(x_1, x_2) = f_1(x_1) \otimes 1 + 1 \otimes f_2(x_2), \qquad x_1 \in L_1, \quad x_2 \in L_2$$

で定義すると，f は L から $(U_1 \otimes_A U_2)_L$ への A リー代数射になる．したがって，A 代数射 $U \to U_1 \otimes_A U_2$ で $\psi \circ i = f$ を満たすものがただ1つ存在する．このとき，$\varphi \circ f = i$ だから $\varphi \circ \psi \circ i = \varphi \circ f = i$．また，$\psi \circ \varphi \circ f = \psi \circ i = f$．ゆえに，$\varphi \circ \psi$，$\psi \circ \varphi$ は恒等写像で φ は A 代数同型射である．したがって，

$$U(L_1 \oplus L_2) \cong U(L_1) \otimes_A U(L_2)$$

が成り立つ．今後 $U(L_1 \oplus L_2)$ と $U(L_1) \otimes_A U(L_2)$ とをこの同型対応で同一視する．

問 1.18 M, N を k リー代数とし，$\rho: M \to \mathrm{Der}_k(N)$ を k リー代数射とする．k 線型空間としての直和 $N \oplus M$ に積を

$$[(a, x), (b, y)] = ([a, b] + \rho(x)b - \rho(y)a, [x, y]), \qquad a, b \in N, \quad x, y \in M$$

と定義すると，$N \oplus M$ は k リー代数になることを証明せよ．これを，M と N の半直和とよび $N \oplus_\rho M$ と書く．

A リー代数 L およびその部分 A リー代数 M の包絡 A 代数をそれぞれ $(U(L), i)$，$(U(M), i')$ とする．自然な埋め込み $f: M \to L$ に対応して A 代数射 $\varphi: U(M) \to U(L)$ は次の定理 1.3.1 から単射で $U(M)$ は $U(L)$ の部分 A 代数と同一視できる．このとき，$U(M)$ は $U(L)$ の中で 1 と $i(M)$ から生成される部分 A 代数である．

M を A リー代数 L のイデアルとする．$i(M)$ から生成される $U(L)$ の左イデアルは $i(M)$ から生成される右イデアルと一致し，$U(L)$ の両側イデアルになる．これを N とおく．このとき，自然な A リー代数射 $f: L \to L/M$ に対応する A 代数射 $\varphi: U(L) \to U(L/M)$ は全射で $\mathrm{Ker}\,\varphi = N$ であることを示そう．$i(M) \subset \mathrm{Ker}\,\varphi$ だから $N \subset \mathrm{Ker}\,\varphi$．ゆえに，$\varphi$ は自然な射影 $\pi: U(L) \to U(L)/N$ と A 代数射 $\psi: U(L)/N \to U(L/M)$ との結合として，$\varphi = \psi \circ \pi$ と書ける．また，$M \subset \mathrm{Ker}\,(\pi \circ i)$ だから $\pi \circ i = \sigma \circ f$ を満たす A リー代数射 $\sigma: L/M \to (U(L)/N)_L$ が存在する．一方，$(U(L/M), i')$ の性質(U)から A 代数射 $\psi': U(L/M) \to U(L)/N$ で $\sigma = \psi' \circ i'$ を満たすものがただ1つ存在する．

$$\begin{array}{ccccc} U(L) & \xrightarrow{\pi} & U(L)/N & \underset{\psi'}{\overset{\psi}{\rightleftarrows}} & U(L/M) \\ i\uparrow & & \sigma\uparrow & \nearrow_{i'} & \\ L & \xrightarrow{f} & L/M & & \end{array}$$

このとき，$\psi\circ\sigma\circ f=\psi\circ\pi\circ i=\varphi\circ i=i'\circ f$．ゆえに，$\psi\circ\sigma=i'$．したがって，$\psi'\circ\psi\circ\sigma=\psi'\circ i'=\sigma$，$\psi\circ\psi'\circ i'=\psi\circ\sigma=i'$ となり，$\psi'\circ\psi, \psi\circ\psi'$ は恒等写像であることがわかる．ゆえに，

$$U(L)/N \cong U(L/M)$$

が成り立つことが示された．

B を A 代数とするとき，A 加群として B をとり，B の元 x, y の積を $(xy)^{op}=yx$ と定義してえられる A 代数を B^{op} と書き，B の**逆 A 代数**という．同様に，L を A リー代数とするとき，A 加群として L をとり L の元 x, y の積を $[x, y]^{op}=[y, x]$ と定義してえられる A リー代数を L^{op} と書き，L の**逆 A リー代数**という．A リー代数 L の包絡 A 代数について，$U(L^{op})\cong U(L)^{op}$ が成り立つことを示そう．標準的な埋め込み $i:L\to U(L)$ は A リー代数射 $i^{op}:L^{op}\to U(L)^{op}_{L}$ をひきおこす．ゆえに性質(U)により，A 代数射 $\varphi':U(L^{op})\to U(L)^{op}$ で，$\varphi'\circ i=i^{op}$ を満たすものがただ1つ存在する．φ' は $U(L^{op})^{op}$ から $U(L)$ への A 代数射とみることができる．L^{op} を L におきかえて，A 代数射 $\psi':U(L)^{op}\to U(L^{op})$ がえられる．このとき，$i^{op}=\varphi'\circ i=\varphi'\circ\varphi\circ i^{op}$，$i=\varphi\circ\varphi'\circ i=\varphi\circ i^{op}=i$．ゆえに，$\varphi'\circ\varphi, \varphi\circ\varphi'$ は恒等写像で

$$U(L^{op}) \cong U(L)^{op}$$

が成り立つ．A 加群射 $f:L\to L^{op}$ を $f(x)=-x\ (x\in L)$ と定義すると，f は A リー代数の同型射になる．したがって，対応する A 代数射 $\varphi: U(L)\to U(L^{op})$ は同型射で，$U(L^{op})\cong U(L)^{op}$ だから φ は A 代数 $U(L)$ の逆自己同型射 ϕ をひきおこす．これを $U(L)$ の**主逆自己同型**という．定義から

$$\phi(i(x_1)i(x_2)\cdots i(x_n)) = (-1)^n i(x_1)i(x_2)\cdots i(x_n), \qquad x_j\in L\ (1\leqq j\leqq n)$$

である．

3.3 Poincaré–Birkhoff–Witt の定理

定理 1.3.1 A リー代数 L の包絡 A 代数 $U(L)$ をフィルター A 代数とみて $U(L)$ に属する次数 A 代数を $\mathrm{gr}\,U(L)$ とおく．L が自由 A 加群ならば

$$\mathrm{gr}\,U(L) \cong S(L)$$

かつ，標準的な埋め込み $i: L \to U(L)$ は単射である．——

定理を証明するために，補題を準備する．$\{x_\lambda\}_{\lambda\in\Lambda}$ を自由 A 加群 L の1つの基底とする．Λ に1つの順序を入れて固定し，全順序集合とみる．A 上の $\{z_\lambda\}_{\lambda\in\Lambda}$ に関する多項式環を $P=A[z_\lambda]_{\lambda\in\Lambda}$ とおく．また，Λ の元の有限個の列 $M=\{\lambda_1, \cdots, \lambda_n\}$ に対して，$x_M=x_{\lambda_1}\otimes\cdots\otimes x_{\lambda_n}\in T_{(n)}(M)$, $|x_M|=\sum_{i=1}^{n}\lambda_i$ とおき，$z_M=z_{\lambda_1}z_{\lambda_2}\cdots z_{\lambda_n}\in P$, $z_\phi=1$ とおく．$\{z_M; M=\{\lambda_1, \cdots, \lambda_n\}, \lambda_1\leqq\lambda_2\leqq\cdots\leqq\lambda_n\}$ は A 加群 P の基底で

$$P_n = \{f\in A[z_\lambda]_{\lambda\in\Lambda};\ f=\sum_M a_M z_M,\ a_M\in A, \max|z_M| \leqq n\}$$

とおくと，$\{P_n\}_{n\in I}$ は P のフィルターで，P はフィルター A 代数になり $P\cong S(L)$ である．

補題 1.3.2 任意の整数 $n\geqq 0$ に対して，次の条件を満たす A 加群射 $f_n: L\otimes P_n\to P$ がただ1つ存在する．ただし，$M=\{\lambda_1, \cdots, \lambda_n\}$, $\lambda\leqq\lambda_i\ (1\leqq i\leqq n)$ のとき，$\lambda\leqq M$ とかく．

(α_n) $f_n(x_\lambda\otimes z_M) = z_\lambda z_M,\quad \lambda\leqq M,\ z_M\in P_n$

(β_n) $f_n(x_\lambda\otimes z_M)-z_\lambda z_M\in P_m,\quad z_M\in P_n,\ m\leqq n$

(γ_n) $f_n(x_\lambda\otimes f_n(x_\mu\otimes z_N))$

$$= f_n(x_\mu\otimes f_n(x_\lambda\otimes z_N))+f_n([x_\lambda, x_\mu]\otimes z_N),\quad z_N\in P_{n-1}$$

かつ，f_n の $L\otimes P_{n-1}$ への制限は f_{n-1} と一致する．

証明 f_n の $L\otimes P_{n-1}$ への制限は $(\alpha_{n-1}), (\beta_{n-1}), (\gamma_{n-1})$ を満たす．f_n の存在を n に関する帰納法で示そう．

$n=0$ のとき，$f_0(x_\lambda\otimes 1)=z_\lambda$ とおくと (α_0) が成り立ち，$(\beta_0), (\gamma_0)$ は自明である．f_{n-1} の存在と一意性が証明されたとして，f_{n-1} が f_n に一意的に延長できることを示せばよい．

$\lambda\leqq M$ のとき，$f_n(x_\lambda\otimes z_M)=z_\lambda z_M$ とおくと，(α_n) が成り立つことは明らか．$M<\lambda$ のとき，M の最小元 μ をとり $N=M-\{\mu\}$ とおくと，$M=\{\mu, N\}$, $\mu<\lambda$, $\mu\leqq N$ となる．このとき，(α_{n-1}) により，$z_M=z_\mu z_N=f_{n-1}(x_\mu\otimes z_N)$, (β_{n-1}) により，$f_n(x_\lambda\otimes z_N)=f_{n-1}(x_\lambda\otimes z_N)=z_\lambda z_N+w$, $w\in P_{n-1}$．したがって，

$$f_n(x_\mu\otimes f_n(x_\lambda\otimes z_N))+f_n([x_\lambda, x_\mu]\otimes z_N)$$
$$= z_\mu z_\lambda z_N+f_{n-1}(x_\mu\otimes w)+f_{n-1}([x_\lambda, x_\mu]\otimes z_N),$$
$$f_n(x_\lambda\otimes z_M) = f_n(x_\lambda\otimes f_{n-1}(x_\mu\otimes z_N)).$$

ゆえに，$f_n(x_\lambda\otimes z_M)=z_\mu z_\lambda z_N+f_{n-1}(x_\mu\otimes w)+f_{n-1}([x_\lambda, x_\mu]\otimes z_N)$ と定義すると，(α_n), (β_n) および $\mu<\lambda$, $\mu\leqq N$ のとき (γ_n) が成り立つ．この f_n がすべての場合について (γ_n) を満たすことを示せばよい．$\lambda=\mu$ のときは明らか．$\lambda<\mu$, $\lambda\leqq N$ のとき，$[x_\lambda, x_\mu]=-[x_\mu, x_\lambda]$ に注意して，(γ_n) が成り立つことがわかる．ゆえに，$\lambda\leqq N$ でも $\mu\leqq N$ でもないとする．N の最小元を ν として，$Q=N-\{\nu\}$ とおくと，$N=\{\nu, Q\}$, $\nu\leqq Q$, $\nu<\lambda$, $\nu<\mu$. 簡単のために，$f_n(x\otimes z)=xz$ $(x\in L, z\in P)$ とおくと，帰納法の仮定から，

$$\begin{aligned} x_\mu z_N &= x_\mu(x_\nu z_Q) = x_\nu(x_\mu z_Q)+[x_\mu, x_\nu]z_Q \\ &= x_\nu(z_\mu z_Q+w)+[x_\mu, x_\nu]z_Q, \qquad w\in P_{n-2}. \end{aligned}$$

$\nu\leqq Q$, $\nu<\mu$ だから $x_\nu(z_\mu z_Q)$ に (γ_n) を適用，また帰納法の仮定から，$x_\lambda(x_\nu w)$ に (γ_n) を適用することができるから，$x_\lambda(x_\nu(x_\mu z_Q))$ に (γ_n) が適用できて，

$$\begin{aligned} x_\lambda(x_\mu z_N) &= x_\lambda(x_\nu(x_\mu z_Q))+x_\lambda([x_\mu, x_\nu]z_Q) \\ &= x_\nu(x_\lambda(x_\mu z_Q))+[x_\lambda, x_\nu](x_\mu z_Q)+[x_\mu, x_\nu](x_\lambda z_Q)+[x_\lambda[x_\mu, x_\nu]]z_Q, \end{aligned}$$

λ, μ を入れかえてもこの式が成り立つから，

$$\begin{aligned} & x_\lambda(x_\mu z_N)-x_\mu(x_\lambda z_N) \\ &= x_\nu(x_\lambda(x_\mu z_Q)-x_\mu(x_\lambda z_Q))+[x_\lambda[x_\mu, x_\nu]]z_Q-[x_\mu[x_\lambda, x_\nu]]z_Q \\ &= x_\nu([x_\lambda, x_\mu]z_Q)+[x_\lambda[x_\mu, x_\nu]]z_Q+[x_\mu[x_\nu, x_\lambda]]z_Q \\ &= [x_\lambda, x_\mu]x_\nu z_Q+([x_\nu[x_\lambda, x_\mu]]+[x_\lambda[x_\mu, x_\nu]]+[x_\mu[x_\nu, x_\lambda]])z_Q \\ &= [x_\lambda, x_\mu]z_N. \end{aligned}$$

ゆえに，(γ_n) が証明された．▌

系 1.3.3　P は次の性質をもつ L 加群の構造をもつ．その構造射を $f: L\otimes P\to P$ とおくとき，

(1)　$f(x_\lambda\otimes z_M)=z_\lambda z_M \qquad (\lambda\leqq M)$

(2)　$f(x_\lambda\otimes z_M)\equiv z_\lambda z_M \pmod{P_n}, \qquad |M|=n.$

証明　$P=\bigcup_{n\in I}P_n$ だから $x\in L$, $z\in P_n$ のとき，$f(x\otimes z)=f_n(x\otimes z)$ と定義すると，A 加群射 $f: L\otimes P\to P$ がえられる．f は $z\in P_n$ なる n のとり方にかかわらず一意的にきまり，(γ_n) により

$$f([x, y]\otimes z)=f(x\otimes f(y\otimes z))-f(y\otimes f(x\otimes z)).$$

したがって，P は f を構造射として，L 加群になる．(1), (2) が成り立つことは (α_n), (β_n) から明らか．▌

系 1.3.4 L を A リー代数とし，L は A 加群として自由 A 加群であるとする．$t \in T_n(L) \cap \mathfrak{c}$ とし，t_n を t の n 次斉次成分，すなわち $t = t_n + t'$，$t' \in T_{n-1}(L)$ とすると，$t_n \in \mathfrak{a}$.

証明 系1.3.3により，P は L 加群で L の表現 $\rho: L \to (\mathrm{End}_A(P))_L$ がえられる．性質(U)から A 代数射 $\sigma: U(L) \to \mathrm{End}_A(P)$ で $\sigma \circ i = \rho$ を満たすものがただ1つ存在する．自然な A 代数射 $\pi: T(L) \to U(L)$ と σ との結合を $\varphi: T(U) \to \mathrm{End}_A(P)$ とおく．$t \in T_n(L) \cap \mathfrak{c}$ ならば $\varphi(t) = 0$. $t_n = \sum_{i=1}^{r} z_{M_i}$, $|M_i| = n\ (1 \leqq i \leqq r)$ とおくと，系1.3.3により，$\varphi(t) \equiv \sum_{i=1}^{r} z_{M_i} \pmod{P_{n-1}}$. ゆえに，$\sum_{i=1}^{r} z_{M_i}$ は P の中で 0. 一方，$P \cong S(L)$ だから $t_n \in \mathfrak{a}$. ▌

定理 1.3.1 の証明 自然な写像 $\varphi: S(L) \to \mathrm{gr}\, U(L)$ が同型射であることを示すには，φ が単射であることを示せばよい．自然な A 代数射 $\pi: T(L) \to S(L)$ と φ との結合を $\psi: T(L) \to \mathrm{gr}\, U(L)$ とおく．φ が単射 $\Leftrightarrow t \in T_{(n)}(L)$, $\psi(t) \in U_{n-1}(L)$ ならば $t \in \mathfrak{a}$. 一方，$\psi(t) \in U_{n-1}(L)$ ならば，$t - t' \in \mathfrak{c}$ なる $t' \in T_{n-1}(L)$ が存在する．t は $t - t'$ の n 次斉次成分だから系1.3.4により $t \in \mathfrak{a}$. $i: L \to U(L)$ が単射であることは，φ の L への制限が単射であることから $L \cong U_1/U_0$. ゆえに $U_1 \cong L \oplus A$ であることからえられる．▌

3.4 p-k リー代数

k を標数 $p > 0$ の体とし，A を k リー代数とする．k リー代数 $\mathrm{Der}_k(A)$ を L とおく．$D \in L$ ならば $D^p \in L$. したがって，L から L への写像 $D \mapsto D^p$ がえられる．このとき，

(1) $(cD)^p = c^p D^p, \quad c \in k,\ D \in L$

(2) $(D_1 + D_2)^p = D_1{}^p + D_2{}^p + \sum_{i=1}^{p-1} s_i(D_1, D_2)$

(3) $(adD)^p = adD^p$,

ここで，adD は $X \mapsto [D, X]\ (X \in L)$ で定義される L から L への k 線型写像，また，$s_i(D_1, D_2)$ は D_1, D_2 に関する p 次斉次多項式で次のようにして求められる．

環 A 上の1変数多項式環 $A[\xi]$ の中で

$$(1.8) \qquad (\xi a + b)^p = \xi^p a^p + b^p + \sum_{i=1}^{p-1} s_i(a, b) \xi^i, \qquad a, b \in A.$$

ここで，$s_i(a, b)$ は a, b に関して，A の k 代数の演算であらわされているが，k リー代数 A_L の演算であらわされることを示そう．

$a\in A$ のとき，次のような A から A の中への写像を考える．

$$a_L : x \mapsto ax$$
$$a_R : x \mapsto xa$$
$$ada : x \mapsto ax - xa = [a, x] = (a_L - a_R)(x).$$

このとき，$a_L \circ a_R = a_R \circ a_L$．ゆえに，$(ada)^p = (a_L)^p - (a_R)^p$．したがって，

$$(ada)^{p-1} = (a_L - a_R)^{p-1} = \sum_{i=0}^{p-1} (a_L)^i \circ (a_R)^{p-1-i},$$

すなわち，

$$(ada)^{p-1}(x) = \sum_{i=0}^{p-1} a^i x a^{p-1-i}.$$

ゆえに，(1.8)の両辺を ξ に関して微分すると，

$$(1.9)\quad \sum_{i=1}^{p-1} is_i(a, b)\xi^{i-1} = \sum_{i=0}^{p-1} (\xi a + b)^i a (\xi a + b)^{p-1-i} = (ad(\xi a + b))^{p-1}(a).$$

$s_i(a, b)$ は等式(1.9)できまる A_L の元である．

多項式 $s_i(a, b)$ を利用して，k リー代数 $L = \mathrm{Der}_k(A)$ の写像 $D \mapsto D^p$ を一般の k リー代数に拡張して次のように定義する．k を標数 $p > 0$ の体とし，k リー代数 L が次の性質をもつ L から L への写像 $x \mapsto x^{[p]}$ をもつとき，L を p-k リー代数という．

(1)　$(cx)^{[p]} = c^p x^{[p]}$,　　$c \in k,\ x \in L$

(2)　$(x+y)^{[p]} = x^{[p]} + y^{[p]} + \sum_{i=1}^{p-1} s_i(x, y)$,　　$x, y \in L$

(3)　$(adx)^p(y) = (adx^{[p]})(y)$.

定義から，$\mathrm{Der}_k(A)$，$\mathrm{End}_k(V)_L$ (V は有限次元 k 線型空間)などは p 巾に関して，p-k リー代数である．L, L' を p-k リー代数とするとき，k リー代数射 $\rho : L \to L'$ が $\rho(x^{[p]}) = \rho(x)^{[p]}$ を満たすならば ρ を p-k **リー代数射**という．また，p-k リー代数射

$$\rho : L \to \mathrm{End}_k(V)_L$$

を p-k リー代数の**表現**といい，L 加群 V を p-L **加群**という．

p-k リー代数 L の包絡 k 代数を $(U(L), i)$ とする．$x^p - x^{[p]}$ $(x \in L)$ から生成される $U(L)$ の両側イデアルを $\mathfrak{p}$ とし，$\overline{U}(L) = U(L)/\mathfrak{p}$ とおく．自然な k 代数射を $\pi : U(L) \to \overline{U}(L)$ とし，$\pi(a) = \bar{a}$ と書く．$\sigma = \pi \circ i : L \to \overline{U}(L)_L$ は p-k リー代数射になる．k 代数 $\overline{U}(L)$ と σ との組を L の p **包絡** k **代数**という．L が $\{x_1, \cdots,$

$x_n\}$ を基底にもつ有限次元 k 線型空間ならば，$\overline{U}(L)$ は k 上 $\{x_1^{e_1}x_2^{e_2}\cdots x_n^{e_n};\ 0\leqq e_i<p\}$ で張られる p^n 次元の k 線型空間になる．$(\overline{U}(L),\sigma)$ は次の性質をもつ．

(1) $\overline{U}(L)$ は k 代数で $\overline{U}(L)_L$ は p 巾に関して p-k リー代数，かつ，$\sigma: L\to\overline{U}(L)_L$ は p-k リー代数射である．

(2) k 代数 A が(1)の $\overline{U}(L)$ と同じ性質をもてば，k 代数射 $\nu:\overline{U}(L)\to A$ で $\rho=\nu\circ\sigma$ を満たすものがただ1つ存在する．

(1), (2)を満たす k 代数 $\overline{U}(L)$ は同型を除いてただ1つで，L の p 包絡 k 代数はこの性質で特徴づけられる．

p-k リー代数の表現と $\overline{U}(L)$ の表現とは1対1に対応し，p-k リー代数の表現について，次の定理が成り立つ．

定理 1.3.5(Hochschild)　有限次元 p-k リー代数 L について，次の条件は同値である．

(i)　p-k リー代数 L の任意の表現は完全可約である．

(ii)　L は可換 p-k リー代数で $kL^{[p]}=L$.

証明　(ii)⇒(i)　$\{x_1,\cdots,x_n\}$ を L の基底とし，$x_i^{[p]}=y_i\ (1\leqq i\leqq n)$ とおくと，$kL^{[p]}=L$ だから，$\{y_1,\cdots,y_n\}$ も L の基底である．L が可換だから，$\overline{U}(L)$ は可換 k 代数で，$x_i^p=y_i\ (1\leqq i\leqq n)$. $u\in\overline{U}(L)$, $u\neq 0$ のとき，

$$u=\sum a_{e_1\cdots e_n}x_1^{e_1}\cdots x_n^{e_n}\quad \text{ならば}\quad u^p=\sum(a_{e_1\cdots e_n})^p y_1^{e_1}\cdots y_n^{e_n}\neq 0,$$
$$a_{e_1\cdots e_n}\in k.$$

ゆえに，$\overline{U}(L)$ は0以外の巾零元をもたない．$\overline{U}(L)$ は有限次元可換 k 代数だから $\overline{U}(L)$ は半単純 k 代数で，任意の $\overline{U}(L)$ 加群は完全可約(定理 1.4.4，1.5.5 参照)．したがって，p-k リー代数 L の表現は完全可約である．

(i)⇒(ii)　$\{x_1,\cdots,x_n\}$ を L の基底とし，L から n 次元 k 線型空間 $M=\coprod_{i=1}^{n}kt_i$ への p 半線型写像 $f: L\to M$ を

$$f\left(\sum_{i=1}^{n}a_ix_i\right)=\sum_{i=1}^{n}a_i^pt_i,\qquad a_i\in k\ (1\leqq i\leqq n)$$

で定義し，f を利用して，k 線型空間 $E=L\oplus M$ に p-k リー代数の構造を次のように定義する．

$$[(x,m),(x',m')]=([x,x'],0),\qquad x,x'\in L,\ m,m'\in M$$
$$(x,m)^{[p]}=(x^{[p]},f(x)),\qquad x\in L,\ m\in M.$$

このとき，自然な射影 $p:(x,m)\mapsto x$，自然な埋め込み $i:x\mapsto(x,0)$ はそれぞれ E から L，L から E への p-k リー代数射で，これらに対応して，p 包絡 k 代数の間の k 代数射

$$\varphi:\overline{U}(E)\to\overline{U}(L),\qquad \phi:\overline{U}(L)\to\overline{U}(E)$$

がえられる．$\mathrm{Ker}\,\varphi=M'$ は $\overline{U}(E)$ の中で M から生成されるイデアルで k 線型空間として，$M'=\overline{U}(E)^{+}M\oplus M$（直和）となる．ここで $\overline{U}(E)^{+}$ は自然な射影 $\overline{U}(E)\to k$ の核である．M' から M への自然な射影を $\gamma:M'\to M$ とおく．$u,v\in\overline{U}(L)$ ならば $\phi(u)\phi(v)-\phi(uv)\in\mathrm{Ker}\,\varphi=M'$．ゆえに，

$$g:(u,v)\mapsto\gamma(\phi(u)\phi(v)-\phi(uv))$$

は $\overline{U}(L)\times\overline{U}(L)$ から M の中への k 線型写像である．このとき，

$$g(uv,w)=g(u,vw),\qquad u,v,w\in\overline{U}(L)$$

が成り立つ．このとき，k 線型空間 $S=\overline{U}(L)\oplus M$ に $\overline{U}(L)$ 加群の構造を定義しよう．$u\in\overline{U}(L)$ の $s\in S$ への作用を $u\rightharpoonup s$ と書き，

$$u\rightharpoonup(v+m)=uv+g(u,v),\qquad u,v\in\overline{U}(L),\ m\in M$$

と定義すると，S は $\overline{U}(L)$ 加群になる．実際

$$\begin{aligned}(au+a'u')\rightharpoonup(v+m)&=(au+a'u')v+g(au+a'u',v)\\&=a(u\rightharpoonup(v+m))+a'(u'\rightharpoonup(v+m)),\\ u'\rightharpoonup(u\rightharpoonup(v+m))&=u'\rightharpoonup(uv+g(u,v))=u'(uv)+g(u',uv)\\&=(u'u)v+g(u'u,v)=(uu')\rightharpoonup(v+m).\end{aligned}$$

ところで，仮定から S は完全可約 $\overline{U}(L)$ 加群で，M は S の部分 $\overline{U}(L)$ 加群である．ゆえに，$S=M\oplus Q$ を満たす S の部分 $\overline{U}(L)$ 加群 Q が存在する．したがって，任意の $v\in\overline{U}(L)\subset S$ について，

$$v=q(v)+h(v),\qquad q(v)\in Q,\ h(v)\in M$$

と書ける．k 線型写像 $h:\overline{U}(L)\to M$ の性質を使って，定理の主張をみちびこう．

$$u\rightharpoonup v=uv+g(u,v)=q(uv)+h(uv)+g(u,v)\in\overline{U}(L).$$

ゆえに，$h(uv)=-g(u,v)$．一方，$x,y\in L$ のとき，

$$\begin{aligned}g(x,y)&=\gamma(\phi(x)\phi(y)-\phi(xy))=\gamma(\phi(y)\phi(x)-\phi([x,y])-\phi(xy))\\&=\gamma(\phi(y)\phi(x)-\phi(yx))=g(y,x).\end{aligned}$$

したがって，$h([x,y])=h(xy)-h(yx)=g(y,x)-g(x,y)=0$，すなわち $h([L,L])=0$．また，

$$h(x^{[p]}) = h(x^p) = -g(x^{p-1}, x) = \gamma(\psi(x^p) - \psi(x^{p-1})\psi(x))$$
$$= \gamma((x^{[p]}, 0) - (x, 0)^{[p]}) = -f(x).$$

ゆえに，$a_i \in k\,(1 \leqq i \leqq n)$ を任意の元とすると，

$$h\Big(\sum_{i=1}^{n} a_i x_i^{[p]}\Big) = -f\Big(\sum_{i=1}^{n} a_i^{1/p} x_i\Big) = -\sum_{i=1}^{n} a_i t_i.$$

したがって，$h\Big(\sum_{i=1}^{n} a_i x_i^{[p]}\Big)=0$ ならば $a_i=0\,(1\leqq i\leqq n)$ で $\{x_i^{[p]}, 1\leqq i\leqq n\}$ は $[L, L]$を法として１次独立である．ゆえに，$[L, L]=0$ で $\{x_i^{[p]}, 1\leqq i\leqq n\}$ は k 上１次独立．すなわち，L は可換で $kL^{[p]}=L$ となる．▌

§4 半単純代数

この節では半単純 k 代数についての Wedderburn の構造定理および Wedderburn–Malcev の分解定理などを証明する．次の章では，これと双対的に，余半単純 k 余代数(必ずしも有限次元とは限らない)の構造を調べるが，そこでは，これらの定理が応用される．半単純 k 代数についてはたとえば[1], [5]などを参照してほしい．

4.1 根　　基

環 A のすべての極大左イデアルの共通部分を A の**根基**といい rad A と書く．M を左 A 加群とするとき，$\mathrm{ann}\,M=\{a\in A;\ aM=0\}$ とおくと，ann M は A の両側イデアルでこれを M の**零化イデアル**という．同様に，$x\in M$ のとき，$\mathrm{ann}\,(x)=\{a\in A;\ ax=0\}$ とおく．ann (x) は A の左イデアルである．

定理 1.4.1　rad A は A の両側イデアルで，$\mathrm{rad}\,A=\bigcap \mathrm{ann}\,M$ である．ここで，M は既約左 A 加群の全体の集合 $\mathfrak{M}$ の元をすべてうごく．

証明　M を既約左 A 加群とする．$x\in M$, $x\neq 0$ とすると，$M=Ax$．ゆえに，対応 $a\mapsto ax$ は A 加群全射 $\varphi: A\to M$ を定義する．$\mathrm{Ker}\,\varphi=\mathfrak{a}$ は A の左イデアルで $A/\mathfrak{a}$ は既約左 A 加群だから，$\mathfrak{a}$ は極大左イデアル．ゆえに，$\mathrm{rad}\,A\subset\mathfrak{a}=\mathrm{ann}\,(x)$．$\mathrm{ann}\,M=\bigcap_{x\in M,\,x\neq 0}\mathrm{ann}\,(x)$ だから，$\mathrm{rad}\,A\subset\mathrm{ann}\,M$．逆に，$A$ の極大左イデアル $\mathfrak{a}$ について，$\mathrm{ann}\,(A/\mathfrak{a})\subset\mathfrak{a}$ だから，$\mathrm{rad}\,A=\bigcap_{\mathfrak{a}\,\text{極大イデアル}}\mathfrak{a}\supset\bigcap_{M\in\mathfrak{M}}\mathrm{ann}\,M$．したがって，$\mathrm{rad}\,A=\bigcap_{M\in\mathfrak{M}}\mathrm{ann}\,M$．$\bigcap_{M\in\mathfrak{M}}\mathrm{ann}\,M$ は両側イデアルだから rad A も両側イデアルである．▌

定理 1.4.2　$a\in A$ のとき,

$$a\in \mathrm{rad}\,A \Leftrightarrow \text{すべての } x\in A \text{ について, } 1-xa \text{ が左逆元をもつ.}$$

証明　$1=xa+(1-xa)$ により, $a\in\mathrm{rad}\,A$ ならば $1-xa$ はどの極大左イデアルにも含まれない. ゆえに, $A(1-xa)=A$ で $1-xa$ は左逆元をもつ. 逆に, $a\notin\mathrm{rad}\,A$ ならば A の或る極大左イデアル $\mathfrak{a}$ について, $a\notin\mathfrak{a}$. ゆえに, $Aa+\mathfrak{a}=A$. したがって, $xa+b=1$ となる $x\in A$ と $b\in\mathfrak{a}$ が存在する. すなわち, $1-xa$ が左逆元をもたないような $x\in A$ が存在する. ▌

系 1.4.3　環 A の巾零元からなる左イデアル $\mathfrak{n}$ は $\mathrm{rad}\,A$ に含まれる.

証明　$a\in\mathfrak{n}$ ならば任意の $x\in A$ について, $(xa)^n=0$ となる自然数 n が存在する. $1-xa$ は逆元 $1+xa+(xa)^2+\cdots+(xa)^{n-1}$ をもつ. ゆえに, $a\in\mathrm{rad}\,A$. ▌

環 A のイデアル $\mathfrak{a}$ について, $\mathfrak{a}^n=\{0\}$ を満たす自然数 n が存在するとき, $\mathfrak{a}$ を巾零イデアルという.

定理 1.4.4　k を体とする. 有限次元 k 代数 A の根基は A の最大巾零イデアルである.

証明　$\mathrm{rad}\,A=R$ とおく. A が有限次元だから $R^n=R^{n+1}$ を満たす自然数 n が存在する. このとき $R^n=\{0\}$ を示そう. もし, $R^n\neq\{0\}$ ならば $R^n\mathfrak{a}\neq\{0\}$ を満たす左イデアル $\mathfrak{a}$ の中で極小のものを1つとる. (存在は Zorn の補題による.) このとき, $R\mathfrak{a}\subset\mathfrak{a}$ で, $R^n(R\mathfrak{a})=R^n\mathfrak{a}\neq\{0\}$ だから, $\mathfrak{a}$ の極小性により $R\mathfrak{a}=\mathfrak{a}$. したがって, 次の補題から $\mathfrak{a}=\{0\}$. これは $\mathfrak{a}$ のとり方に矛盾する. ゆえに, $R^n=\{0\}$. 逆に, A の巾零イデアルは巾零元からなるから系 1.4.3 により, R は最大の巾零イデアルである. ▌

補題 1.4.5(中山の補題)　A を環とし, M を有限生成 A 加群とする. $\mathfrak{a}$ を $\mathrm{rad}\,A$ に含まれる A の左イデアルとするとき, $\mathfrak{a}M=M$ ならば $M=\{0\}$ である.

証明　$M\neq\{0\}$ として, $\{u_1,\cdots,u_n\}$ を M の A 上の生成元で n を可能な最小数になるようにとる. $u_n\in M=\mathfrak{a}M$ だから $u_n=a_1u_1+\cdots+a_nu_n$ $(a_i\in\mathfrak{a}, 1\leqq i\leqq n)$ と書ける. ゆえに,

$$(1-a_n)u_n = a_1u_1+a_2u_2+\cdots+a_{n-1}u_{n-1}.$$

$a_n\in\mathfrak{a}\subset\mathrm{rad}\,A$ だから, 定理 1.4.2 により $1-a_n$ は左逆元をもつ. したがって, u_n は $\{u_1,\cdots,u_{n-1}\}$ から生成される M の部分 A 加群に含まれる. これは, 生成元 $\{u_1,\cdots,u_n\}$ のとり方に矛盾する. ゆえに, $M=\{0\}$. ▌

4.2 半単純 k 代数

k を体とする．有限次元 k 代数 A が $\mathrm{rad}\,A=\{0\}$ を満たすとき，A を半単純 k 代数という．このような k 代数の構造を調べるために，補題を準備しよう．0 でないすべての元が単元であるような環を**斜体**とよぶ．また，両側イデアルが $\{0\}$ とそれ自身だけであるような環を**単純環**という．斜体は単純環である．

補題 1.4.6 A を可換 k 代数，M, N を既約 A 加群とし，$f: M\to N$ を A 加群射とすると，f が零射でなければ f は同型射である．とくに，$\mathrm{End}_A(M)$ は斜体である．k が代数的閉体で，M が k 上有限次元ならば $\mathrm{End}_A(M)\cong k$.

証明 $f\in \mathrm{Mod}_A(M, N)$ とする．$\mathrm{Ker}\,f$, $\mathrm{Im}\,f$ はそれぞれ M, N の部分 A 加群で f が零射でないから，$\mathrm{Ker}\,f\neq M, \mathrm{Im}\,f\neq\{0\}$．ゆえに，$\mathrm{Ker}\,f=\{0\}, \mathrm{Im}\,f=N$. したがって，$f$ は同型射である．$\mathrm{End}_A(M)$ の任意の 0 でない元が同型射(したがって単元)だから $\mathrm{End}_A(M)$ は斜体である．k が代数的閉体で，M が k 上有限次元であるとする．$f\in\mathrm{End}_A(M)$, $f\neq 0$ とすると，$\mathrm{End}_A(M)$ は k 上有限次元だから，$1, f, f^2, \cdots$ は k 上 1 次独立でない．$F(X)\in k[X]$ を $F(f)=0$ を満たす最小次数の多項式とする．k が代数的閉体だから $F(X)=\prod_{i=1}^{n}(X-\alpha_i)$ $(\alpha_i\in k, 1\leqq i\leqq n)$．ゆえに，$F(f)=\prod_{i=1}^{n}(f-\alpha_i 1)=0$. したがって，$f=\alpha 1_M$ なる $\alpha\in k$ が存在する．f に α を対応させて，$\mathrm{End}_A(M)\cong k$ がえられる．▌

補題 1.4.7 D を斜体とすると，$M_n(D)$ は単純環である．

証明 $e_{ij}^{(n)}\in M_n(D)$ を n 次正方行列で，(i,j) 成分が 1，他のすべての成分が 0 であるような行列とし，$e^{(n)}$ を n 次の単位行列とする．$e^{(n)}=e_{11}^{(n)}+\cdots+e_{nn}^{(n)}$ だから，$M_n(D)=M_n(D)e_{11}^{(n)}+\cdots+M_n(D)e_{nn}^{(n)}$ で，$e_{ii}^{(n)}M_n(D)e_{ii}^{(n)}\cong D$. $\mathfrak{a}\neq\{0\}$ を $M_n(D)$ の両側イデアルとする．$a=\sum_{i,j}a_{ij}e_{ij}^{(n)}\neq 0$ なる $\mathfrak{a}$ の元をとる．$a_{ij}\neq 0$ ならば，$e_{ii}^{(n)}ae_{jj}^{(n)}=a_{ij}e_{ij}^{(n)}\in\mathfrak{a}$. ゆえに $e_{ij}^{(n)}\in\mathfrak{a}$. したがって，$e_{ki}^{(n)}e_{ij}^{(n)}e_{jl}^{(n)}=e_{kl}^{(n)}\in\mathfrak{a}\ (1\leqq k, l\leqq n)$. すなわち，$\mathfrak{a}=M_n(D)$. ▌

定理 1.4.8(Wedderburn の構造定理) 有限次元 k 代数 A について，次の条件は同値である．

(i) A は半単純である．

(ii) すべての左 A 加群が完全可約である．

(iii) $A\cong M_{n_1}(D_1)\times\cdots\times M_{n_r}(D_r)$.

ここで，$D_1, \cdots, D_r$ は有限次元 k 代数でかつ斜体で $M_n(D)$ は D の元を成分

にもつ n 次正方行列の全体のなす k 代数である．とくに，k が代数的閉体ならば $D_i \cong k\ (1 \leqq i \leqq r)$.

証明 (i)⇒(ii) A が半単純だから，$\mathrm{rad}\,A = \bigcap_{\mathfrak{a}\ \text{極大左イデアル}} \mathfrak{a} = \{0\}$．一方，$A$ は k 上有限次元だから有限個の極大左イデアル $\mathfrak{a}_1, \cdots, \mathfrak{a}_n$ を選んで，$\bigcap_{i=1}^{n} \mathfrak{a}_i = \{0\}$ となるようにできる．n をこのような自然数で可能な最小数であるようにとる．このとき，自然な左 A 加群射

$$A \to \coprod_{i=1}^{n} A/\mathfrak{a}_i$$

は単射で $A/\mathfrak{a}_i$ は既約だから，A は完全可約左 A 加群 $\coprod_{i=1}^{n} A/\mathfrak{a}_i$ の部分左 A 加群と同一視できる．ゆえに，A は完全可約左 A 加群である．M を任意の左 A 加群とする．自由左 A 加群 P と左 A 加群全射 $f: P \to M$ をとることができる．P は左 A 加群 A の直和だから完全可約で $\mathrm{Ker}\,f$ は P の部分左 A 加群だから，$P = (\mathrm{Ker}\,f) \oplus Q$ を満たす P の部分左 A 加群 Q が存在する．ゆえに，$M \cong P/\mathrm{Ker}\,f \cong Q$ は完全可約である．

(ii)⇒(iii) A は完全可約左 A 加群だから A の相異なる単純左イデアル $\mathfrak{a}_1, \cdots, \mathfrak{a}_r$ が存在して，左 A 加群として，

$$A \cong n_1\mathfrak{a}_1 \oplus \cdots \oplus n_r\mathfrak{a}_r$$

と書ける．補題 1.4.6 により，$\mathfrak{a}_i \neq \mathfrak{a}_j$ ならば $\boldsymbol{Mod}_A(\mathfrak{a}_i, \mathfrak{a}_j) = \{0\}$．ゆえに，

$$\mathrm{End}_A(A) \cong \mathrm{End}_A(n_1\mathfrak{a}_1) \times \cdots \times \mathrm{End}_A(n_r\mathfrak{a}_r).$$

$\mathfrak{a}^{(i)}\ (1 \leqq i \leqq n)$ を $\mathfrak{a}$ と同型な左 A 加群とし，$n\mathfrak{a} = \mathfrak{a}^{(1)} + \cdots + \mathfrak{a}^{(n)}$ とおき，$\theta_i: \mathfrak{a} \to \mathfrak{a}^{(i)}$ を左 A 加群同型射 $(1 \leqq i \leqq n)$ とする．$D = \mathrm{End}_A(\mathfrak{a})$ は斜体で，$f \in \mathrm{End}_A(n\mathfrak{a})$ のとき，$\varphi_{ij} = \theta_j' f \theta_i$ とおく．ここで，θ_j' は $n\mathfrak{a}$ から $\mathfrak{a}^{(j)}$ への自然な射影と θ_j^{-1} との結合である．このとき，f に $\varphi = (\varphi_{ij})_{1 \leqq i, j \leqq n}$ を対応させる写像

$$\mathrm{End}_A(n\mathfrak{a}) \to M_n(D)$$

は k 代数同型射になる．ゆえに，$\mathrm{End}_A(A) \cong A^{op}$ は k 代数 $M_{n_i}(D_i)\ (1 \leqq i \leqq r)$ の直積と同型である．したがって，A についても同様の結果がえられる．k が代数的閉体ならば補題 1.4.6 により $D_i \cong k\ (1 \leqq i \leqq r)$ である．

(iii)⇒(i) $A \cong M_{n_1}(D_1) \times \cdots \times M_{n_r}(D_r)$ ならば $\mathrm{rad}\,A$ は $\mathrm{rad}\,M_{n_i}(D_i)\ (1 \leqq i \leqq r)$ の直積に同型．一方，$M_{n_i}(D_i)$ は単純だから $\mathrm{rad}\,A = \{0\}$．ゆえに，A は半単純である．∎

4.3 Wedderburn–Malcev の分解定理

有限次元 k 代数 A が k の任意の拡大体 K に対して，$A\otimes_k K$ が半単純 K 代数であるとき，A を**分離的 k 代数**という．分離的 k 代数は半単純 k 代数で，k が代数的閉体ならば，逆に，半単純 k 代数は分離的である．

定理 1.4.9 B を有限次元 k 代数とし，$A=B/\mathrm{rad}\,B$ が分離的であるとすると，B の半単純部分 k 代数 S が存在して，$B=S\oplus\mathrm{rad}\,B$ (k 加群としての直和) と書ける．このような B の部分 k 代数 S_1, S_2 に対して，$\mathrm{rad}\,B$ の元 n が存在して，

$$(1-n)^{-1}S_1(1-n) = S_2$$

と書ける．——

この定理を k 代数のコホモロジー論を使って証明しよう．そのために必要な準備をする．

k 代数のコホモロジー群 A を k 代数，M を両側 A 加群とする．$\otimes^n A = A\otimes\cdots\otimes A$ (n 個の A の k 上のテンソル積)，$\otimes^0 A=k$ とおく．$f\in \boldsymbol{Mod}_k(\otimes^n A, M)$ $(n\geqq 0)$ のとき，$\delta f\in \boldsymbol{Mod}_k(\otimes^{n+1}A, M)$ を次のように定義する．

$$\begin{aligned}&\delta f(a_1\otimes\cdots\otimes a_{n+1})\\ &= a_1 f(a_2\otimes\cdots\otimes a_{n+1})+\sum_{i=1}^{n}(-1)^i f(a_1\otimes\cdots\otimes a_i a_{i+1}\otimes\cdots\otimes a_{n+1})\\ &\quad +(-1)^{n+1}f(a_1\otimes\cdots\otimes a_n)a_{n+1}.\end{aligned}$$

このとき，$\delta\delta f=0$ がえられる．とくに，$n=0$ のとき，$f\in M$，$\delta f(a)=af-fa$．また，$n=1$ のとき，$f\in \boldsymbol{Mod}_k(A, M)$，$\delta f(a,b)=af(b)-f(ab)+f(b)a$．ゆえに，$\delta f=0\Leftrightarrow f\in \mathrm{Der}_k(A,M)$．$f\in M$ ならば $\delta\delta f=0$ だから $\delta f\in\mathrm{Der}_k(A,M)$．$\delta f$ は内部導分である．

$$\begin{aligned}Z^n(A,M) &= \{f\in \boldsymbol{Mod}_k(\otimes^n A, M);\ \delta f=0\},\\ B^n(A,M) &= \{\delta f\in \boldsymbol{Mod}_k(\otimes^n A, M);\ f\in \boldsymbol{Mod}_k(\otimes^{n-1}A, M)\}\end{aligned}$$

とおくと，$B^n(A,M)\subset Z^n(A,M)$ で，$Z^n(A,M)$，$B^n(A,M)$ の元をそれぞれ **n 次元コサイクル，コバウンダリー**とよぶ．k 加群

$$H^n(A,M) = Z^n(A,M)/B^n(A,M)$$

を A の M 上の **n 次元コホモロジー群**という．

$H^1(A,M)$ は $\mathrm{Der}_k(A,M)$ の内部 k 導分からなる部分 k 加群による剰余 k 加

群である．ゆえに，$H^1(A,M)=\{0\}$ は任意の k 導分が内部的であることと同値である．

$H^2(A,M)$ が k 代数 A の拡大と対応することを示そう．A,B を k 代数とし，k 代数全射 $\rho:B\to A$ の $\mathrm{Ker}\,\rho=M$ が $M^2=\{0\}$ を満たすとき，(B,ρ) を A の M による拡大とよぶ．A の M による拡大 $(B,\rho),(B',\rho')$ に対して，ρ,ρ' の M への制限が一致しかつ $\rho'\circ\varphi=\rho$ を満たす k 代数射 $\varphi:B\to B'$ が存在するとき，(B,ρ) と (B',ρ') は同値であるといい，$(B,\rho)\sim(B',\rho')$ と書く．

(B,ρ) を A の M による拡大とすると，M は B の両側イデアルで両側 B 加群である．$a\in A$ のとき，$\rho(b)=a$ なる $b\in B$ をとって，$am=bm$ と定義すると，am は b のとり方にかかわらず a のみできまる．実際，$\rho(b)=\rho(b')=a$ ならば $b-b'\in M$，$M^2=\{0\}$ だから，$(b-b')m=bm-b'm=0$．ゆえに，$bm=b'm$ となる．したがって，M は両側 A 加群とみることができる．いま，k 加群射 $\sigma:A\to B$ で $\rho\circ\sigma=1_A$ を満たすものを1つとり，k 加群射 $f_\sigma:A\otimes A\to M$ を

$$f_\sigma(a\otimes b)=\sigma(ab)-\sigma(a)\sigma(b),\qquad a,b\in A$$

で定義すると，$f_\sigma\in Z^2(A,M)$ であることが確かめられる．もう1つの k 加群射 $\sigma':A\to B$ で $\rho\circ\sigma'=1_A$ を満たすものをとって，$f_{\sigma'}$ をつくると，

$$\begin{aligned}(f_\sigma-f_{\sigma'})(a\otimes b)&=\sigma(ab)-\sigma(a)\sigma(b)-\sigma'(ab)-\sigma'(a)\sigma'(b)\\&=\sigma(ab)-\sigma'(ab)-\sigma(a)(\sigma(b)-\sigma'(b))+(\sigma(a)-\sigma'(a))\sigma'(b)\\&=\delta(\sigma-\sigma')(a\otimes b).\end{aligned}$$

したがって，A の M による拡大に対して，$H^2(A,M)$ の元が1つきまる．逆に，$f\in Z^2(A,M)$ があたえられたとき，k 加群としての直和 $A\oplus M$ に積を

$$(a,u)(b,v)=(ab,av+ub+f(a\otimes b)),\qquad a,b\in A,\ u,v\in M$$

で定義すると，$A\oplus M$ は k 代数になる．これを B_f とおく．自然な射影 $\rho:(a,u)\mapsto a$ は B_f から A の上への k 代数射で，$\mathrm{Ker}\,\rho=M$，$M^2=\{0\}$．ゆえに，(B_f,ρ) は A の M による拡大である．また，$f,f'\in Z^2(A,M)$ で $f-f'=\delta g$ なる $g\in \boldsymbol{Mod}_k(A,M)$ が存在するならば，B_f から $B_{f'}$ への写像

$$\varphi:(a,u)\mapsto(a,u+g(a))$$

は k 代数射で，φ により $(B_f,\rho)\sim(B_{f'},\rho')$ となる．したがって，$H^2(A,M)$ の元に，A の M による拡大の同値類が1つきまる．この対応が全単射であることがたしかめられる．

A の M による拡大 (B,ρ) に対して，k 代数射 $\sigma: A\to B$ で $\rho\circ\sigma=1_A$ を満たすものが存在するとき，拡大 (B,ρ) は分裂するという．このとき，B は A と同型な部分 k 代数 $\sigma(A)$ をもち，k 加群として $B=\sigma(A)\oplus M$ と直和に分解する．$f\in B^2(A,M)$ で $f=\delta g$ ($g\in \boldsymbol{Mod}_k(A,M)$) ならば $\sigma: a\mapsto(a,-g(a))$ は A から B_f への k 代数射で $\rho\circ\sigma=1_A$ を満たす．すなわち，拡大 (B_f,ρ) は分裂する．

A を k 代数，M を両側 A 加群とすると，$N=\boldsymbol{Mod}_k(A,M)$ は次のようにして，両側 A 加群になる．

$$\begin{aligned}(af)(a') &= af(a'),\\ (fa)(a') &= f(aa')-f(a)a'.\end{aligned}\qquad a,a'\in A,\ \ f\in N$$

$f\in\boldsymbol{Mod}_k(\otimes^n A,M)$ のとき，$\bar f\in\boldsymbol{Mod}_k(\otimes^{n-1}A,N)$ を

$$\bar f(a_1\otimes\cdots\otimes a_{n-1})(a_n)=f(a_1\otimes\cdots\otimes a_{n-1}\otimes a_n)$$

と定義すると，$n\geqq 1$ のとき，

$$\begin{aligned}&\overline{\delta f}(a_1\otimes\cdots\otimes a_n)(a_{n+1})=\delta f(a_1\otimes\cdots\otimes a_{n+1})\\ &=a_1\bar f(a_2\otimes\cdots\otimes a_n)(a_{n+1})+\sum_{i=1}^{n-1}(-1)^i\bar f(a_1\otimes\cdots\otimes a_ia_{i+1}\otimes\cdots\otimes a_n)(a_{n+1})\\ &\quad+(-1)^n(\bar f(a_1\otimes\cdots\otimes a_{n-1})a_n)(a_{n+1}).\end{aligned}$$

ゆえに，$\overline{\delta f}=\delta\bar f$．このことから，$n\geqq 2$ ならば

(1.10) $$H^n(A,M)\cong H^{n-1}(A,\boldsymbol{Mod}_k(A,M))$$

がえられる．

補題 1.4.10 A を分離的 k 代数，M を両側 A 加群とすると，

$$H^n(A,M)=\{0\}\qquad (n\geqq 1).$$

証明 (1.10) から，任意の両側 A 加群 M について，$H^1(A,M)=\{0\}$ を証明すればよい．A が分離的だから，k の有限次拡大体 K で $A_K=A\otimes_k K\cong M_{n_1}(K)\times\cdots\times M_{n_r}(K)$ を満たすものが存在する．k 加群射 $f: A\to M$ に対して，K 加群射 $f_K: A_K\to M_K=M\otimes_k K$ を $f_K(a\otimes c)=f(a)\otimes c$ ($a\in A,c\in K$) と定義すると，$\delta f=0$ ならば $\delta f_K=0$ である．$e_{ij}^{(p)}$ ($i,j=1,2,\cdots,p$) を $M_{n_p}(K)$ の行列単位とするとき，

$$e_{ij}^{(p)}e_{lm}^{(q)}=\delta_{pq}\delta_{jl}e_{im}^{(q)},\qquad \sum_{p=1}^{r}\sum_{i=1}^{n_p}e_{ii}^{(p)}=1,$$

そこで，$f\in Z^1(A,M)$ のとき，$u=\sum_{p=1}^{r}\sum_{i=1}^{n_p}e_{i1}^{(p)}f_K(e_{1i}^{(p)})\in M_K$ とおくと，

$$\begin{aligned} & e_{lm}^{(q)}u-ue_{lm}^{(q)} \\ & = \sum_{p=1}^{r}\sum_{i=1}^{n_p} e_{lm}^{(q)}e_{i1}^{(p)}f_K(e_{1i}^{(p)})-\sum_{p=1}^{r}\sum_{i=1}^{n_p} e_{i1}^{(p)}\{f_K(e_{1i}^{(p)}e_{lm}^{(q)})-e_{1i}^{(p)}f_K(e_{lm}^{(q)})\} \\ & = f_K(e_{lm}^{(q)}). \end{aligned}$$

したがって，任意の $m\in M_K$ に対して，$f_K(m)=mu-um$．とくに，$m\in M$ のとき，$f(m)=mu-um$ がえられる．しかも，このような u は M の中にとることができる．ゆえに，$f=\delta u$．▌

定理 1.4.9 の証明 $(\mathrm{rad}\,B)^2=\{0\}$ ならば補題 1.4.10 により $M=\mathrm{rad}\,B$ とおいて，$H^2(A,M)=\{0\}$．ゆえに，A の M による拡大は分裂するから部分 k 代数 S の存在がえられる．一般の場合には k 代数 B の次元に関する帰納法で証明する．$(\mathrm{rad}\,B)^2\neq\{0\}$ とし，次元が $\dim B$ より小さい k 代数については部分 k 代数 S の存在を仮定しよう．$\mathrm{rad}\,B=N$ とおくと，$B/N^2/N/N^2\cong A$ だから，B/N^2 に帰納法の仮定を適用して，

$$B=S_1+N,\qquad S_1\cap N=N^2$$

を満たす B の部分 k 代数 S_1 が存在する．$N\neq N^2$ だから，$S_1\subsetneqq B$．また，$S_1/N^2\cong A$ だから S_1 に帰納法の仮定を適用して，

$$S_1=S+N^2,\qquad S\cap N^2=\{0\}$$

を満たす S_1 の部分 k 代数 S が存在する．このとき，

$$B=S+N,\qquad S\cap N=\{0\}$$

で S は定理の条件を満たす B の部分 k 代数である．

S_1, S_2 を定理の条件を満たす B の部分 k 代数とする．k 代数射 $\sigma_1,\sigma_2\colon A\to B$ を $\sigma_i(A)=S_i$，$\rho\circ\sigma_i=1_A$ $(i=1,2)$ を満たすようにとる．

$$na=n\sigma_2(a),\ \ an=\sigma_1(a)n,\qquad a\in A,\ \ n\in N$$

と定義して，N は両側 A 加群になる．k 加群射 $f=\sigma_1-\sigma_2$ の像は N に含まれる．また，$a,b\in A$ のとき，

$$\begin{aligned} f(ab) &= \sigma_1(ab)-\sigma_2(ab)=\sigma_1(a)(\sigma_1(b)-\sigma_2(b))+(\sigma_1(a)-\sigma_2(a))\sigma_2(b) \\ &= af(b)+f(a)b. \end{aligned}$$

ゆえに，$f\in Z^1(A,N)$．補題 1.4.10 により $Z^1(A,N)=B^1(A,N)$ だから，$f(a)=an-na$ $(a\in A)$ を満たす $n\in N$ が存在する．このとき，$\sigma_1(a)-\sigma_2(a)=an-na=\sigma_1(a)n-n\sigma_2(a)$．ゆえに，$\sigma_1(a)(1-n)=(1-n)\sigma_2(a)$ $(a\in A)$．n は巾零元だから

$1-n$ は単元で $\sigma_2(a)=(1-n)^{-1}\sigma_1(a)(1-n)$．したがって，

$$(1-n)^{-1}S_1(1-n) = S_2. \qquad \blacksquare$$

§5　有限生成可換代数

有限生成可換 k 代数は代数幾何で重要な役割を果している．この節の結果は主に，第5章の代数群への応用で必要になる．紙数の都合で証明を省略したので永田[2]によって補ってほしい．

A を可換環とするとき，A の巾零元の全体の集合を $\mathrm{nil}\,A$ と書く．$\mathrm{nil}\,A$ は A のイデアルで，これを A の**巾零根基**という．$\mathfrak{a}$ を A のイデアルとするとき，

$$\{f\in A;\ f^n\in\mathfrak{a}\ \text{なる自然数}\ n\ \text{が存在する}\}$$

は $\mathfrak{a}$ を含むイデアルで，これを $\mathfrak{a}$ の**根基**といい $\sqrt{\mathfrak{a}}$ と書く．$\sqrt{\mathfrak{a}}=\mathfrak{a}$ であるようなイデアルを**根基イデアル**という．$\sqrt{\{0\}}$ は A の巾零元の全体のなすイデアルで $\mathrm{nil}\,A$ にほかならない．$\{0\}$ が根基イデアルのとき，すなわち $\mathrm{nil}\,A=\{0\}$ のとき，A を**被約**であるという．$\mathfrak{a}$ が根基イデアルならば $A/\mathfrak{a}$ は被約で，とくに $A/\mathrm{nil}\,A$ は被約である．

定理 1.5.1　可換環 A のイデアル $\mathfrak{a}$ の根基は $\mathfrak{a}$ を含むすべての素イデアルの共通部分である．

証明　$\mathfrak{a}$ を含むすべての素イデアルの共通部分を $\mathfrak{a}'$ とおく．$f\in\sqrt{\mathfrak{a}}$ とすると，$f^n\in\mathfrak{a}$ なる自然数 n が存在する．$\mathfrak{a}$ を含む任意の素イデアルを $\mathfrak{p}$ とすると，$f^n\in\mathfrak{a}\subset\mathfrak{p}$．ゆえに $f\in\mathfrak{p}$．したがって，$\sqrt{\mathfrak{a}}\subset\mathfrak{a}'$．逆に，$f\notin\sqrt{\mathfrak{a}}$ とすると，

$$\Sigma = \{\mathfrak{b};\ \mathfrak{b}\ \text{は}\ A\ \text{のイデアルで}\ f^n\notin\mathfrak{b},\ n\in\boldsymbol{N}\}$$

は A のイデアルの族で，$\mathfrak{a}\in\Sigma$．Σ の極大元の1つを $\mathfrak{p}$ とおく．(存在は Zorn の補題による．) このとき，$\mathfrak{p}$ は素イデアルであることを示そう．$x,y\in A$ で $x\notin\mathfrak{p}$，$y\notin\mathfrak{p}$ ならば $Ax+\mathfrak{p}$，$Ay+\mathfrak{p}\notin\Sigma$．ゆえに，$ax\equiv f^n$，$by\equiv f^m\ (\mathrm{mod}\ \mathfrak{p})$ となるような $a,b\in A$，$n,m\in\boldsymbol{N}$ が存在する．このとき，$abxy\equiv f^{n+m}(\mathrm{mod}\ \mathfrak{p})$，$f^{n+m}\notin\mathfrak{p}$ だから，$xy\notin\mathfrak{p}$．すなわち，$\mathfrak{p}$ は素イデアルである．したがって，$f\notin\mathfrak{a}'$ で $\sqrt{\mathfrak{a}}\supset\mathfrak{a}'$．$\blacksquare$

系 1.5.2　可換環 A の巾零根基 $\mathrm{nil}\,A$ は A のすべての素イデアルの共通部分である．とくに，$\mathrm{nil}\,A\subset\mathrm{rad}\,A$．

kを体とし，Aを可換k代数とする．有限個のAの元$\{a_1, \cdots, a_n\}$が存在して，Aの任意の元は$a_1, \cdots, a_n$の巾積のk上の1次結合であらわされるとき，Aを**有限生成k代数**とよぶ．たとえばk上のn変数多項式環$A=k[X_1, \cdots, X_n]$は有限生成k代数である．

$A\subset B$を可換環とする．$b\in B$に対して，自然数nとAの元$a_1, \cdots, a_n$があって，$b^n+a_1b^{n-1}+\cdots+a_{n-1}b+a_n=0$となるとき，$b$を$A$上整であるという．$B$のすべての元が$A$上整のとき，$B$は$A$上整であるという．このとき，

定理 1.5.3(Noether の正規化定理) Aを有限生成可換k代数とすると，Aの元$z_1, \cdots, z_t$で次の性質を満たすものが存在する．

(i) Aは$k[z_1, \cdots, z_t]$上整である．

(ii) $z_1, \cdots, z_t$はk上代数的に独立である．（永田[2]定理4.0.3参照）．

この定理の応用として，次の結果がえられる．

定理 1.5.4 Aが有限生成k代数で整域であるとする．$0=\mathfrak{p}_0\subset\mathfrak{p}_1\subset\cdots\subset\mathfrak{p}_t$が素イデアルの昇列で各$\mathfrak{p}_i$と$\mathfrak{p}_{i+1}$の間には素イデアルが存在せず，$\mathfrak{p}_t$が極大イデアルであるとすると，$t$は$A$の商体$Q(A)$の$k$上の超越次数trans.deg$_k$ $Q(A)$に等しい．Aの極大イデアル$\mathfrak{m}$について，$A/\mathfrak{m}$はkの代数的拡大体である．とくに，kが代数的閉体ならば$A/\mathfrak{m}\cong k$．（永田[2]定理4.1.1，4.1.2参照．）

定理 1.5.5(Hilbert の零点定理) 有限生成可換k代数Aのイデアル$\mathfrak{a}$の根基は$\mathfrak{a}$を含むすべての極大イデアルの共通部分である．とくに，nil A=rad A．

可換環Aの素イデアル$\mathfrak{p}$について，$\mathfrak{p}$からはじまる素イデアルの降列$\mathfrak{p}=\mathfrak{p}_0\supset\mathfrak{p}_1\supset\cdots\supset\mathfrak{p}_r$の長さが最大であるとき，$r$を$\mathfrak{p}$の高さといいht($\mathfrak{p}$)と書く．可換環$A$の素イデアルの高さの上限(無限大もゆるす)を$A$のKrull**次元**といいKdim Aと書く．定理1.5.4からAが有限生成k代数で整域ならばKdim A=trans.deg$_k$ $Q(A)$である．また，次の定理が成り立つ．

定理 1.5.6 $A\subset B$が可換環で，BがA上整ならば任意のAの素イデアル$\mathfrak{p}$に対して，Bの素イデアル$\mathfrak{q}$で$\mathfrak{q}\cap A=\mathfrak{p}$となるものが存在する．$\mathfrak{p}$が極大イデアルならば$\mathfrak{q}$も極大イデアルである．

系 1.5.7 可換環Bが部分環A上整ならばKdim A=Kdim B．

（永田[2]定理2.4.4，2.4.6，2.4.9参照．）

Artin–Rees の補題を応用して次の定理が証明される.

補題 1.5.8 (Artin–Rees)　A を有限生成可換 k 代数，M を有限生成 A 加群とし，N を M の部分 A 加群，$\mathfrak{a}$ を A のイデアルとすると,

$$\mathfrak{a}^n M \cap N = \mathfrak{a}^{n-r}(\mathfrak{a}^r M \cap N) \qquad (\forall n \geqq r)$$

を満たす自然数 r が存在する.（永田[2]定理 3.0.6 参照.）

定理 1.5.9 (Krull の共通部分定理)　A を有限生成可換 k 代数とする.

(i)　A が整域ならば，A の真のイデアル $\mathfrak{a}$ について，$\bigcap_{n=0}^{\infty} \mathfrak{a}^n = \{0\}$

(ii)　$\mathrm{rad}\, A$ に含まれる A のイデアル $\mathfrak{a}$ について，$\bigcap_{n=0}^{\infty} \mathfrak{a}^n = \{0\}$.

第2章 ホップ代数

この章では各節とも k は体であるとする.

§1 双代数とホップ代数

この節では k ホップ代数を定義し，いくつかの例をあげる. まず k 代数と双対的に k 余代数を定義し，k 代数と k 余代数の 2 つの構造をもち，それらが一定の法則で関連しているような代数系として，双代数，ホップ代数が定義される.

1.1 余代数

k 代数と双対的に k 余代数を定義しよう. k 線型空間 C と k 線型写像 $\Delta_C \in \boldsymbol{Mod}_k(C, C \otimes C)$, $\varepsilon_C \in \boldsymbol{Mod}_k(C, k)$ があたえられていて，次の図式が可換のとき，$(C, \Delta_C, \varepsilon_C)$ または単に C を k **余代数**という.

(1) (余結合律)

$$\begin{array}{ccc} C\otimes C\otimes C & \xleftarrow{\Delta_C\otimes 1} & C\otimes C \\ {\scriptstyle 1\otimes\Delta_C}\uparrow & & \uparrow{\scriptstyle \Delta_C} \\ C\otimes C & \xleftarrow{\Delta_C} & C \end{array}$$

(2) (余単位写像の性質)

$$\begin{array}{ccccc} k\otimes C & \xleftarrow{\varepsilon_C\otimes 1} & C\otimes C & \xrightarrow{1\otimes\varepsilon_C} & C\otimes k \\ & \nwarrow{\scriptstyle\sim} & \uparrow{\scriptstyle\Delta_C} & {\scriptstyle\sim}\nearrow & \\ & & C & & \end{array}$$

Δ_C, ε_C をそれぞれ C の**余積写像**，**余単位写像**といい，これらを k 余代数 C の**構造射**という. 混同のおそれがないときは単に Δ, ε と書くこともある. $(C, \Delta_C, \varepsilon_C)$, $(D, \Delta_D, \varepsilon_D)$ を 2 つの k 余代数とするとき，k 線型写像 $\sigma: C \to D$ が

$$\Delta_D \circ \sigma = (\sigma \otimes \sigma) \circ \Delta_C, \qquad \varepsilon_D \circ \sigma = \varepsilon_C$$

を満たすとき，σ を k **余代数射**という. k 余代数のなす圏を $\boldsymbol{Cog}_k$ と書き，C,

D を k 余代数とするとき，C から D への k 余代数射の全体の集合を $\boldsymbol{Cog}_k(C, D)$ と書く．M, N を k 線型空間とするとき，k 線型写像 $\tau: M\otimes N \to N\otimes M$ を $\tau(x\otimes y)=y\otimes x$ $(x\in M, y\in N)$ で定義する[1]．k 余代数 $(C, \Delta_C, \varepsilon_C)$ が

$$\tau\circ\Delta_C = \Delta_C$$

を満たすとき，C を**余可換**であるという．$C, D\in \boldsymbol{Cog}_k$ のとき，k 線型空間としてのテンソル積 $C\otimes D$ は，

$$\Delta_{C\otimes D} = (1\otimes\tau\otimes 1)\circ\Delta_C\otimes\Delta_D,$$
$$\varepsilon_{C\otimes D} = \varepsilon_C\otimes\varepsilon_D$$

を構造射として，k 余代数になる．これを C, D の**テンソル積**という．C, D が余可換ならば，$C\otimes D$ は余可換 k 余代数の圏での直積で，標準的な射影 $\pi_1: C\otimes D\to C$, $\pi_2: C\otimes D\to D$ はそれぞれ，$\pi_1(c\otimes d)=c\varepsilon(d)$, $\pi_2(c\otimes d)=\varepsilon(c)d$ $(c\in C, d\in D)$ であたえられる．

k 余代数 C の部分 k 線型空間 D が $\Delta_C(D)\subset D\otimes D$ を満たすとき，D は Δ_C, ε_C の D への制限を構造射として，k 余代数になる．この D を C の**部分 k 余代数**という．自然な埋め込み $D\to C$ は k 余代数射になる．

M, N を k 線型空間とするとき，写像 $\rho: M^*\otimes N^*\to(M\otimes N)^*$ を

$$\rho(f\otimes g)(x\otimes y) = f(x)g(y), \qquad f\in M^*,\ g\in M^*,\ x\in M,\ y\in \boldsymbol{N}$$

で定義すると，ρ は k 線型写像で単射である．(問 1.8 参照.) (C, Δ, ε) を k 余代数とするとき，C の双対 k 線型空間を $C^*=\boldsymbol{Mod}_k(C, k)$ とおく．このとき，

$$\mu: C^*\otimes C^* \xrightarrow{\rho} (C\otimes C)^* \xrightarrow{\Delta^*} C^*,$$
$$\eta: k\cong k^* \xrightarrow{\varepsilon^*} C^*$$

とおくと，(C^*, μ, η) は k 代数になる．これを C の**双対 k 代数**という．一般に，ρ は同型射とは限らない．ゆえに，k 代数 A の双対 k 線型空間 A^* に同様の方法で k 余代数の構造を定義することはできない．とくに，A が有限次元 k 線型空間ならば，$\rho: A^*\otimes A^*\to(A\otimes A)^*$ は k 線型空間の同型射で，μ, η を A の構造射とするとき，$\Delta=\mu^*\circ\rho^{-1}$, $\varepsilon=\eta^*$ (ただし，k と k^* を同一視する) とおくと，$(A^*, \Delta, \varepsilon)$ は k 余代数になる．これを A の**双対 k 余代数**という．次の節で，一

1) 以後このような写像にことわりなしに記号 τ を使うことにする．

般の k 代数にその双対 k 余代数を定義する.

例 2.1 S を集合とし，S から生成される自由 k 加群を kS とおく．$s\in S$ のとき，$\Delta(s)=s\otimes s$，$\varepsilon(s)=1$ とおいて，k 線型写像

$$\Delta: kS\to kS\otimes kS, \qquad \varepsilon: kS\to k$$

を定義すると，$(kS, \Delta, \varepsilon)$ は k 余代数になる．kS の双対 k 線型空間 $(kS)^*$ は S から k への写像の全体の集合 $\mathrm{Map}(S, k)$ と同一視でき，kS の双対 k 代数としての構造は，$f, g\in \mathrm{Map}(S, k)$，$s\in S$，$a\in k$ のとき，

$$(f+g)(s)=f(s)+g(s), \qquad (fg)(s)=f(s)g(s), \qquad (af)(s)=af(s)$$

であたえられる.

例 2.2 $S=\{c_0, c_1, c_2, \cdots\}$ とするとき，$C=kS$ とおき，

$$\Delta c_n=\sum_{i=0}^{n} c_i\otimes c_{n-i}, \qquad \varepsilon(c_n)=\delta_{0n}$$ [1)]

と定義して，k 余代数 (C, Δ, ε) がえられる．C の双対 k 代数の構造を調べてみよう．$x_i\in C^*$ を

$$x_i(c_j)=\langle x_i, c_j\rangle=\delta_{ij}, \qquad i, j=0, 1, 2, \cdots$$

で定義すると，$a\in C^*$ は $a=\sum_{i=0}^{\infty} a_i x_i$ $(a_i\in k)$ と書ける．C^* の積について，

$$\begin{aligned}\langle x_i x_j, c_k\rangle &= \langle x_i\otimes x_j, \Delta c_k\rangle=\langle x_i\otimes x_j, \sum_{l=0}^{k} c_l\otimes c_{k-l}\rangle \\ &= \sum_{l=0}^{k}\langle x_i, c_l\rangle\langle x_j, c_{k-l}\rangle=\delta_{il}\delta_{j,k-l}.\end{aligned}$$

ゆえに，$x_i x_j=x_{i+j}$ が成り立ち，$x_i=x_1{}^i$ $(i=0, 1, 2, \cdots)$ がえられる．したがって，C^* は k 上の1変数巾級数環 $k[[x_1]]$ と同型であることがわかる.

例 2.3 n を自然数とし，$S=\{s_{ij};\ 1\leqq i, j\leqq n\}$，$V=kS$ とおく．このとき，

$$\Delta(s_{ij})=\sum_{k=1}^{n} s_{ik}\otimes s_{kj}, \qquad \varepsilon(s_{ij})=\delta_{ij}$$

と定義して，k 余代数 (V, Δ, ε) がえられる．V の双対 k 線型空間 V^* は n^2 次元の k 線型空間で，$e_{ij}\in V^*$ を

$$\langle e_{ij}, s_{kl}\rangle=\delta_{ik}\delta_{jl}$$

と定義すると，$\{e_{ij};\ 1\leqq i, j\leqq n\}$ は V^* の k 上の基底で，$x=\sum x_{ij}e_{ij}$ を n 次正

1) δ_{ij} は $\delta_{ii}=1, \delta_{ij}=0\ (i\neq j)$ をあらわす記号である．(Kronecker のデルタと呼ばれている.)

方行列(x_{ij})と同一視することによって，V^*はkの元を係数にもつn次正方行列の全体のなすk代数$M_n(k)$になる．

k余代数の演算の記述法　k余代数の演算は一般に，k代数の演算のように記述が簡単でない．次の記法は種々の演算の簡易化に有効である．(C,Δ,ε)をk余代数とし，$c\in C$に対して，

$$\Delta(c)=\sum_{i=1}^{n}c_{1i}\otimes c_{2i},\qquad c_{1i},c_{2i}\in C$$

と書ける．これを単に形式的に，

$$\Delta(c)=\sum_{(c)}c_{(1)}\otimes c_{(2)}$$

とかき，f,gをCからCまたはkへのk線型写像とするとき，

$$(f\otimes g)\Delta(c)=\sum_{(c)}f(c_{(1)})\otimes g(c_{(2)})$$

と書く．また，結合法則が成立することから，

$$(\Delta\otimes 1)\Delta(c)=(1\otimes\Delta)\Delta(c)=\sum_{(c)}c_{(1)}\otimes c_{(2)}\otimes c_{(3)}$$

と書き，一般に，$\Delta_1=\Delta$，$\Delta_n=(\underbrace{1\otimes\cdots\otimes 1}_{n-1\text{個}}\otimes\Delta)\Delta_{n-1}\ (n>1)$と定義して，

$$\Delta_n(c)=\sum_{(c)}c_{(1)}\otimes c_{(2)}\otimes\cdots\otimes c_{(n+1)}$$

と書く．この記法で，余単位写像の性質は

$$c=\sum_{(c)}c_{(1)}\varepsilon(c_{(2)})=\sum_{(c)}\varepsilon(c_{(1)})c_{(2)}$$

であたえられる．

問 2.1　次の等式を証明せよ．

$$\Delta(c)=\sum_{(c)}\varepsilon(c_{(2)})\otimes\Delta(c_{(1)})=\sum_{(c)}\Delta(c_{(2)})\otimes\varepsilon(c_{(1)}),$$
$$\Delta(c)=\sum_{(c)}c_{(1)}\otimes\varepsilon(c_{(2)})c_{(3)}=\sum_{(c)}c_{(1)}\otimes\varepsilon(c_{(3)})c_{(2)},$$
$$c=\sum_{(c)}\varepsilon(c_{(1)})\varepsilon(c_{(3)})c_{(2)}.$$

定理 2.1.1　k線型空間Hに対して，k線型写像

$$\mu:H\otimes H\to H,\qquad \eta:k\to H,\qquad \Delta:H\to H\otimes H,\qquad \varepsilon:H\to k$$

があたえられていて，それぞれ(H,μ,η)がk代数，(H,Δ,ε)がk余代数であるとする．このとき，次の条件は同値である．

(i)　μ,ηはk余代数射である．

(ii)　Δ,εはk代数射である．

(iii)　$\Delta(gh)=\sum g_{(1)}h_{(1)}\otimes g_{(2)}h_{(2)}$，$\Delta(1)=1$

$$\varepsilon(gh) = \varepsilon(g)\varepsilon(h), \qquad \varepsilon(1) = 1.$$

証明 Δ が k 代数射であるための条件は,

(1) $\Delta\circ\mu = (\mu\otimes\mu)\circ(1\otimes\tau\otimes 1)\circ\Delta\otimes\Delta$

(2) $\Delta\circ\eta = \eta\otimes\eta$ (ただし, k と $k\otimes k$ を同一視して)

であり, ε が k 代数射であるための条件は,

(3) $\varepsilon\circ\mu = \varepsilon\otimes\varepsilon$ (ただし, k と $k\otimes k$ を同一視して)

(4) $\varepsilon\circ\eta = 1_k$

である. 一方, μ が k 余代数射であるための条件は(1), (3)であり, η が k 余代数射であるための条件は(2), (4)である. したがって, (i)⇔(ii)がえられる. (ii)⇔(iii)は定義から明らかである. ▌

k 線型空間 H と k 線型写像 $\mu, \eta, \Delta, \varepsilon$ の組が定理2.1.1の同値な条件の1つを満たすとき, $(H, \mu, \eta, \Delta, \varepsilon)$ または単に H を k **双代数**という. H, K を2つの k 双代数とするとき, k 線型写像 $\sigma: H\to K$ が k 代数射でありかつ k 余代数射のとき, σ を k **双代数射**という. k 双代数のなす圏を $\boldsymbol{Big_k}$, H, K を k 双代数とするとき, H から K への k 双代数射の全体の集合を $\boldsymbol{Big_k}(H, K)$ と書く.

k 双代数 H の部分 k 線型空間 K が部分 k 代数でありかつ部分 k 余代数ならば K は k 双代数となる. これを H の**部分** k **双代数**という. また, k 双代数 H が k 線型空間として有限次元ならば, その双対 k 加群 H^* に k 双代数の構造が定義できる. これを H の**双対** k **双代数**という.

例 2.4 S を単位元をもつ半群とし, kS を例1.6の k 代数とする. kS は例2.1で示したように, k 余代数の構造をもつ. kS はこれら2つの構造に関して, k 双代数の構造をもつ. このような k 双代数を**半群** k **双代数**といい, とくに S が群のときは**群** k **双代数**という. kS の双対 k 線型空間 $(kS)^*$ は $\mathrm{Map}(S, k)$ と同一視でき, とくに, S が有限集合ならば kS の双対 k 双代数になる. $(kS)^*$ の k 代数の構造は例1.5に示したもので, k 余代数の構造は, $f\in\mathrm{Map}(S, k)$, x, $y\in S$, e を S の単位元とすると,

$$\langle\Delta f, x\otimes y\rangle = \langle f, xy\rangle, \qquad \langle\varepsilon f, x\rangle = \langle f, e\rangle$$

であたえられる.

例 2.5 L を k リー代数とし, $U(L)$ をその包絡 k 代数とする. k 代数としてのテンソル積 $U(L)\otimes U(L)$ は k リー代数の直和 $L\oplus L$ の包絡 k 代数 $U(L\oplus L)$

と同型で，k リー代数の対角写像 $x \mapsto x+x$ $(L \to L \oplus L)$ は k 代数射

$$\Delta : U(L) \to U(L \oplus L) \cong U(L) \otimes U(L)$$

をひきおこし，k リー代数射 $L \to \{0\}$ は k 代数射

$$\varepsilon : U(L) \to k$$

をひきおこす．このとき，$(U(L), \Delta, \varepsilon)$ は k 余代数となり，$U(L)$ は k 双代数の構造をもつ．これを k リー代数 L の**包絡 k 双代数**という．

k 余代数 C の元 c が $\varepsilon(c)=1$ で $\Delta c = c \otimes c$ となるとき，c を**群的元**または**乗法的元**という．C の乗法的な元の全体の集合を $G(C)$ とおくと，

定理 2.1.2　C を k 余代数とする．

(i)　$G(C)$ の元は k 上 1 次独立である．したがって，$kG(C)$ は C の部分 k 余代数と同一視できる．

(ii)　H が k 双代数のとき，$G(H)$ は乗法に関して半群で，H の中で $G(H)$ から生成される部分 k 線型空間は $G(H)$ の半群 k 双代数 $kG(H)$ と同型な H の部分 k 双代数である．

証明　(i)　$G(C)$ の元が k 上 1 次従属であるとして，1 次従属な元の集合の元の個数の最小値を $n+1$ とする．このとき，$g, g_1, \cdots, g_n \in G(C)$ があって，$g_1, \cdots, g_n$ は 1 次独立で

$$g = \lambda_1 g_1 + \cdots + \lambda_n g_n, \qquad \lambda_i \in k,\ \lambda_i \neq 0 \quad (1 \leqq i \leqq n)$$

と書ける．

$$\Delta g = g \otimes g = \sum_{i,j=1}^{n} \lambda_i \lambda_j g_i \otimes g_j, \quad \Delta g = \sum_{i=1}^{n} \lambda_i \Delta g_i = \sum_{i=1}^{n} \lambda_i g_i \otimes g_i$$

で $\{g_i \otimes g_j\}_{1 \leq i,j \leq n}$ は $C \otimes C$ の中で 1 次独立な元の集合だから，$n=1$ で $g=\lambda_1 g_1$．一方，$\varepsilon(g)=\lambda_1 \varepsilon(g_1)$ で $\varepsilon(g)=\varepsilon(g_1)=1$ だから $\lambda_1=1$．したがって，$g=g_1$ となり，n のとり方に矛盾する．$kG(C)$ が C の部分 k 余代数であることは明らかである．(ii) は (i) からただちにえられる．▌

k 双代数 C の元 c が $\Delta c = c \otimes 1 + 1 \otimes c$ を満たすとき，c を**原始元**または**加法的元**という．C の原始元の全体の集合を $P(C)$ とおくと，次の定理がえられる．

定理 2.1.3　H が k 双代数のとき，$P(H)$ は H の部分 k 線型空間で，$x, y \in P(H)$ ならば $[x, y] = xy - yx \in P(H)$．したがって，$P(H)$ は k リー代数の構造をもつ．また $x \in P(H)$ ならば $\varepsilon(x)=0$．とくに，k の標数が $p>0$ ならば，

$x\in P(H)$ のとき，$x^p\in P(H)$ で，$P(H)$ は p-k リー代数になる.

証明 $x, y\in P(H)$ ならば，

$$\begin{aligned}\Delta([x, y]) &= \Delta x\Delta y-\Delta y\Delta x = (x\otimes 1+1\otimes x)(y\otimes 1+1\otimes y)\\ &\quad -(y\otimes 1+1\otimes y)(x\otimes 1+1\otimes x)\\ &= [x, y]\otimes 1+1\otimes [x, y].\end{aligned}$$

ゆえに，$[x, y]\in P(H)$. $x\in P(H)$ のとき，$(1\otimes\varepsilon)\Delta x=x\otimes 1+1\otimes\varepsilon(x)=x\otimes 1$. ゆえに，$\varepsilon(x)=0$.

k の標数が $p>0$ ならば

$$\Delta x^p = (x\otimes 1+1\otimes x)^p = \sum_{i=0}^{p}\binom{p}{i}x^i\otimes x^{p-i} = x^p\otimes 1+1\otimes x^p$$

ゆえに，$x^p\in P(H)$. ▌

注意 H の中で $P(H)$ から生成される部分 k 代数 H_1 は H の部分 k 双代数で，k の標数が 0 ならば $P(H)$ の包絡 k 双代数 $U(P(H))$ と同型になる.（定理 2.5.3 参照.）

例 2.6 $S=\{c_0, c_1, \cdots, c_n, \cdots\}$ で，$C=kS$ を例 2.2 で定義した k 余代数とする.

$$c_ic_j = \binom{i+j}{i}c_{i+j}$$

で積を定義すると，C は k 代数になり，これらの 2 つの構造で C は k 双代数になる. k が標数 0 の体ならば $d_i=\dfrac{1}{i!}c_i$ とおくと，$d_id_j=d_{i+j}$ で $d_i={d_1}^i$ $(i=0, 1, 2, \cdots)$ となり C は k 代数として k 上の 1 変数多項式環 $k[d_1]$ に同型である. このとき，$P(C)=kd_1$ で $C\cong U(P(C))$ となっている.

1.2 ホップ代数

C を k 余代数，A を k 代数とし，$R=\boldsymbol{Mod}_k(C, A)$ とおく. $f, g\in R$ に対して

$$f*g = \mu_A\circ(f\otimes g)\circ\Delta_C$$

を f と g の**合成積**または**たたみ込み**という. $x\in G(C)$ ならば $(f*g)(x)=f(x)g(x)$ となり，A の積による $G(C)$ 上の関数の積の定義にほかならない. R は

$$\mu_R(f\otimes g) = f*g, \qquad \eta_R(\alpha) = \alpha\eta_A\circ\varepsilon_C$$

を構造射として，k 代数になる. H が k 双代数のとき，H を単に k 代数または k 余代数とみたものをそれぞれ H^A または H^C と書き，$R=\boldsymbol{Mod}_k(H^C, H^A)$ を上記のように合成積で k 代数とみる. R の積に関して，H の恒等写像 1 が R の

正則元であるとき，1 の逆元 S を H の**対合射**という．対合射 S は次の同値な式のいずれかを満たす元である．

$$S*1 = 1*S = \eta\circ\varepsilon,$$

$$\mu\circ(S\otimes 1)\circ\Delta = \mu\circ(1\otimes S)\circ\Delta = \eta\circ\varepsilon.$$

対合射をもつ k 双代数を k **ホップ代数**という．H, K を k ホップ代数とし，S_H, S_K をそれぞれ H, K の対合射とする．k 双代数射 $\sigma: H\to K$ が

$$S_K\circ\sigma = \sigma\circ S_H$$

を満たすとき，σ を k **ホップ代数射**という．k ホップ代数のなす圏を $\boldsymbol{Hopf}_k$, H, K を k ホップ代数とするとき，H から K への k ホップ代数射の全体の集合を $\boldsymbol{Hopf}_k(H, K)$ と書く．

例 2.7　群 G の群 k 双代数を kG とおく．(例 2.4 参照．) k 線型写像 $S: kG\to kG$ を $x\in G$ のとき，$S(x)=x^{-1}$ で定義すると，

$$(1*S)(x) = xS(x) = xx^{-1} = e = \varepsilon(x)e = \eta\circ\varepsilon(x), \qquad x\in G.$$

ゆえに，S は kG の対合射で kG は k ホップ代数になる．S は k 代数として kG の逆自己同型射で S^2 は kG の恒等射である．

例 2.8　k リー代数 L の包絡 k 双代数を $U(L)$ とおく．(例 2.5 参照．) $U(L)$ の主逆自己同型射を S とおくと(第 1 章 3.2 参照)，

$$(1*S)(x) = 1S(x)+xS(1) = -x+x = 0 = \varepsilon(x)1 = \eta\circ\varepsilon(x), \qquad x\in L.$$

ゆえに，S は $U(L)$ の対合射になり，$U(L)$ は k ホップ代数になる．これを，k リー代数 L の**包絡 k ホップ代数**という．

定理 2.1.4　k ホップ代数 H の対合射 S について，次の性質が成り立つ．

(i)　$S(gh) = S(h)S(g), \qquad g, h\in H$

(ii)　$S(1) = 1$　すなわち　$S\circ\eta = \eta$

(iii)　$\varepsilon\circ S = \varepsilon$

(iv)　$\tau\circ(S\otimes S)\circ\Delta = \Delta\circ S$　すなわち　$\Delta S(h) = \sum_{(h)} S(h_{(2)})\otimes S(h_{(1)})$

(v)　次の条件は同値である．

　(1)　$h\in H$　ならば　$\sum_{(h)} S(h_{(2)})h_{(1)} = \eta\circ\varepsilon(h)$

　(2)　$h\in H$　ならば　$\sum_{(h)} h_{(2)}S(h_{(1)}) = \eta\circ\varepsilon(h)$

　(3)　$S\circ S = 1$

(vi)　H が可換または余可換ならば $S^2=1$.

注意 (i), (ii)はSが逆k代数射であること，(iii), (iv)はSが逆k余代数射であることを示している．

証明 (i) $R=\boldsymbol{Mod}_k((H\otimes H)^C, H^\Delta)$の元$\mu, \nu, \rho$を次のように定義する．$g, h\in H$に対して，

$$\mu(g\otimes h) = gh, \qquad \nu(g\otimes h) = S(h)S(g), \qquad \rho(g\otimes h) = S(gh).$$

このとき，$\rho*\mu=\mu*\nu=\eta\circ\varepsilon$を示せば$\rho=\nu$となり(i)が証明される．

$$\begin{aligned}(\rho*\mu)(g\otimes h) &= \sum_{(g\otimes h)} \rho((g\otimes h)_{(1)})\mu((g\otimes h)_{(2)}) \\ &= \sum_{(g)(h)} \rho(g_{(1)}\otimes h_{(1)})\mu(g_{(2)}\otimes h_{(2)}) \\ &= \sum_{(g)(h)} S(g_{(1)}h_{(1)})g_{(2)}h_{(2)} = \sum_{(gh)} S((gh)_{(1)})(gh)_{(2)} \\ &= (S*1)(gh) = \varepsilon(gh) = \varepsilon(g)\varepsilon(h),\end{aligned}$$

$$\begin{aligned}(\mu*\nu)(g\otimes h) &= \sum_{(g)(h)} \mu(g_{(1)}\otimes h_{(1)})\nu(g_{(2)}\otimes h_{(2)}) \\ &= \sum_{(g)(h)} g_{(1)}h_{(1)}S(h_{(2)})S(g_{(2)}) = \sum_{(g)} g_{(1)}\varepsilon(h)S(g_{(2)}) \\ &= \varepsilon(g)\varepsilon(h).\end{aligned}$$

(ii) $\varepsilon(1)=1$, $\Delta(1)=1\otimes 1$から，$\varepsilon(1)=(1*S)(1)=S(1)=1$

(iii) $\varepsilon\circ\eta\circ\varepsilon(h)=\varepsilon(h)\varepsilon(1)=\varepsilon(h)$と$\eta\circ\varepsilon(h)=\sum S(h_{(1)})h_{(2)}$から，$\varepsilon(h)=\varepsilon\circ\eta\circ\varepsilon(h)=\sum\varepsilon(S(h_{(1)})\varepsilon(h_{(2)}))=\varepsilon\circ S(h)$．したがって，$\varepsilon=\varepsilon\circ S$

(iv) $\boldsymbol{Mod}_k(H^C, (H\otimes H)^\Delta)$の元$\Delta$, $\nu=\tau(S\otimes S)\Delta$, $\rho=\Delta\circ S$について，$\rho*\Delta=\eta\circ\varepsilon=\Delta*\nu$を示せば，$\rho=\nu$となり，(iv)が証明される．

$$\begin{aligned}(\rho*\Delta)(h) &= \sum_{(h)} \Delta\circ S(h_{(1)})\Delta(h_{(2)}) = \Delta(\sum_{(h)} S(h_{(1)})h_{(2)}) \\ &= \Delta\circ(\eta\circ\varepsilon(h)) = \eta_{H\otimes H}\circ\varepsilon_H(h),\end{aligned}$$

$$\begin{aligned}(\Delta*\nu)(h) &= \sum_{(h)} (h_{(1)}\otimes h_{(2)})(S(h_{(4)})\otimes S(h_{(3)})) \\ &= \sum_{(h)} h_{(1)}S(h_{(4)})\otimes h_{(2)}S(h_{(3)}) = \sum_{(h)} h_{(1)}S(h_{(3)})\otimes\eta\circ\varepsilon(h_{(2)}) \\ &= \sum_{(h)} h_{(1)}S(h_{(3)})\varepsilon(h_{(2)})\otimes\eta(1) = \sum_{(h)} h_{(1)}S(h_{(2)})\otimes\eta(1) \\ &= \varepsilon(h)\otimes\eta(1) = \eta_{H\otimes H}\circ\varepsilon_H(h)\end{aligned}$$

(v) (1)⇒(3)：$S*(S\circ S)(h)=\sum_{(h)} S(h_{(1)})(S\circ S)(h_{(2)})=S(\sum_{(h)} S(h_{(2)})h_{(1)})=S\circ\varepsilon(h)=\varepsilon(h)$から$S\circ S$は$S$の逆元である．したがって，$S\circ S=1$.

(3)⇒(2)：$\varepsilon(h)=(1*S)(h)=\sum h_{(1)}S(h_{(2)})=S(\sum h_{(2)}S(h_{(1)}))$だから，$S\circ\eta\circ\varepsilon(h)=(S\circ S)(\sum_{(h)} h_{(2)}S(h_{(1)}))=\sum_{(h)} h_{(2)}S(h_{(1)})$．一方，$S\circ\eta=\eta$から$S\circ\eta\circ\varepsilon(h)=\eta\circ\varepsilon(h)$．したがって，

$$\sum_{(h)} h_{(2)}S(h_{(1)}) = \eta\circ\varepsilon(h).$$

同様にして，(2)⇒(3)⇒(1) が証明できるから，(1), (2), (3) は互いに同値である．

(vi) 対合射の定義から，H が可換ならば (v-1) が成り立ち，H が余可換ならば (v-2) が成り立つ．ゆえに，(v-3)．すなわち，$S\circ S=1$ が成り立つ．▮

定理 2.1.5 H を k ホップ代数，R を可換 k 代数とする．このとき，$G(R)=\boldsymbol{Alg}_k(H,R)$ は合成積に関して群になる．

証明 $f,g\in\boldsymbol{Alg}_k(H,R)$ ならば μ,f,g,Δ が k 代数射であることから，$f*g=\mu\circ(f\otimes g)\circ\Delta$ も k 代数射である．定理 2.1.4(i), (ii) により，S は H の k 代数としての逆自己同型射だから，R が可換ならば，$f\circ S$ は H から R への k 代数射になる．このとき，

$$\begin{aligned} f*(f\circ S) &= \mu\circ(f\otimes(f\circ S))\circ\Delta = \mu\circ(f\otimes f)\circ(1\otimes S)\circ\Delta \\ &= f\circ\mu\circ(1\otimes S)\circ\Delta = f\circ\eta\circ\varepsilon = \eta\circ\varepsilon. \end{aligned}$$

同様に，

$$(f\circ S)*f = \eta\circ\varepsilon.$$

したがって，$f\circ S$ は f の逆元で $G(R)$ は群になる．▮

注意 対応 $G:R\mapsto G(R)$ は可換 k 代数の圏 $\boldsymbol{M}_k$ から群の圏 $\boldsymbol{Gr}$ への共変関手になっている．H が可換 k ホップ代数ならば，G は表現可能な関手とみることができる．

§2 半群の表現双代数

この節では k 双代数の重要な例として，半群や群の表現関数のなす双代数を定義しよう．任意の k 余代数はこのような k 双代数の中に埋め込むことができ，表現双代数の性質から一般の k 余代数の性質をみちびくこともできる．リー群，代数群などの圏で表現双代数をつくると，リー群の表現環，代数群の座標環などがえられる．これらについては第 3, 4 章でふれる．

2.1 双対 k 線型空間の対

k 線型空間 V の双対 k 線型空間 $\boldsymbol{Mod}_k(V,k)$ を V^* とおく．

k 線型空間の組 (V,X) に対して，双 1 次形式

$$B: V\times X\to k, \qquad (x,f)\mapsto\langle x,f\rangle$$

があたえられていて，

(1)　$\langle x, f\rangle = 0 \quad \forall x \in V \Rightarrow f = 0$

(2)　$\langle x, f\rangle = 0 \quad \forall f \in X \Rightarrow x = 0$

を満たすとき，(V, X) を**双対 k 線型空間の対**という．このとき，$f \in X$ に対して，V^* の元

$$\hat{f}: x \mapsto \langle x, f\rangle$$

が(1)により一意的にきまり，X から V^* の中への対応 $f \mapsto \hat{f}$ は(1)により，単射である．ゆえに，X は V^* の部分 k 線型空間とみなすことができる．したがって，$X \subset V^*$ とし，$\hat{f}$ を f と書くことにする．同様に，V を X^* の部分 k 線型空間とみなす．とくに，$X = V^*$ のとき，(V, V^*) は $x \in V$，$f \in V^*$ に対して，$\langle x, f\rangle = f(x)$ と定義して，双対 k 線型空間の対で，V は V^{**} の部分 k 線型空間とみなすことができる．$x \in V$ のとき，

$$x^\perp = \{f \in V^*; \langle x, f\rangle = 0\}, \qquad x^{\perp(X)} = x^\perp \cap X$$

とおくと，$x^\perp, x^{\perp(X)}$ はそれぞれ，V^*, X の部分 k 線型空間である．一般に，S を V の部分集合とするとき，

$$S^\perp = \{f \in V^*; \langle x, f\rangle = 0 \quad \forall x \in S\}, \qquad S^{\perp(X)} = S^\perp \cap X$$

とおく．同様に，T を V^* の部分集合とするとき，

$$T^\perp = \{\xi \in V^{**}; \langle \xi, f\rangle = 0 \quad \forall f \in T\}, \qquad T^{\perp(V)} = T^\perp \cap V$$

とおく．$f \in V^*$ のとき，V^* の部分集合の族

$$\{f + x^\perp; x \in V\}$$

を f の近傍系の基として，V^* は線型位相空間[1]になる．X は線型位相空間 V^* の部分空間とみて線型位相空間になる．この位相を X の V 位相という．同様に，V の X 位相も定義できる．このとき，X の開(閉)部分 k 線型空間は V の有限次元(任意の次元)の部分 k 線型空間 W を適当にとって，$W^{\perp(X)}$ の形に書ける．$\{X_\lambda\}_{\lambda \in \Lambda}$ を X の部分 k 線型空間の族とすると，

$$\Big(\sum_{\lambda \in \Lambda} X_\lambda\Big)^{\perp(V)} = \bigcap_{\lambda \in \Lambda} X_\lambda{}^{\perp(V)},$$

同様に，$\{V_\lambda\}_{\lambda \in \Lambda}$ を V の部分 k 線型空間の族とすると，

$$\Big(\sum_{\lambda \in \Lambda} V_\lambda\Big)^{\perp(X)} = \bigcap_{\lambda \in \Lambda} V_\lambda{}^{\perp(X)}$$

---

1)　k 線型空間が加群として位相群で，近傍系の基として部分 k 線型空間からなるものがとれるとき，これを線型位相空間という．

が成り立つ．

補題 2.2.1　(V, X) を双対 k 線型空間の対とする．W, Y がそれぞれ，V, X の部分 k 線型空間で，W が有限次元ならば

$$Y^{\perp(V)}+W=(W^{\perp(X)}\cap Y)^{\perp(V)}.$$

証明　$\dim W=n$ に関する帰納法で証明する．$n=1$ のとき，$W=ku$ とおく．$Y^{\perp(V)}+W\subset(W^{\perp(X)}\cap Y)^{\perp(V)}$ は明らかだから，逆の不等号を示そう．もし，$u^{\perp(X)}\cap Y=Y$ ならば等式は自明だから，$u^{\perp(X)}\cap Y\subsetneqq Y$ とする．$u^{\perp(X)}$ は X の部分空間で，$X/u^{\perp(X)}$ は 1 次元だから，

$$Y=(u^{\perp(X)}\cap Y)+kg, \qquad g\notin u^{\perp(X)}$$

と書ける．$v\in(u^{\perp(X)}\cap Y)^{\perp(V)}$ とするとき，$a=\langle v, g\rangle/\langle u, g\rangle$ とおくと，

$$\langle v-au, g\rangle=0, \qquad \langle v-au, u^{\perp(X)}\cap Y\rangle=0.$$

ゆえに，$v-au\in Y^{\perp(V)}$．したがって，$v\in Y^{\perp(V)}+ku$ となり，$(u^{\perp(X)}\cap Y)^{\perp(V)}\subset Y^{\perp(V)}+ku$ がえられる．$\dim W<n$ のとき成り立つと仮定して，$\dim W=n$ のときを証明しよう．$W=W_1+ku$, $\dim W_1=n-1$ とおくと，帰納法の仮定から，

$$\begin{aligned}Y^{\perp(V)}+W &= Y^{\perp(V)}+W_1+ku=(W_1{}^{\perp(X)}\cap Y)^{\perp(V)}+ku\\ &=(u^{\perp(X)}\cap W_1{}^{\perp(X)}\cap Y)^{\perp(V)}=(W^{\perp(X)}\cap Y)^{\perp(V)}.\end{aligned}$$ ∎

注意　補題 2.2.1 で，V と X とは対称的だから，W, Y がそれぞれ，V, X の部分 k 線型空間で，Y が有限次元ならば

$$W^{\perp(X)}+Y=(Y^{\perp(V)}\cap W)^{\perp(X)}$$

が成り立つ．

補題 2.2.2　(V, X) を双対 k 線型空間の対とする．Y を X の部分 k 線型空間とし，$V/Y^{\perp(V)}$ の元 $\{u_1+Y^{\perp(V)}, \cdots, u_n+Y^{\perp(V)}\}$ が k 上 1 次独立になるような V の元の集合 $\{u_1, \cdots, u_n\}$ をとる．このとき，任意の k の元の組 $\{a_1, \cdots, a_n\}$ に対して，$\langle u_i, f\rangle=a_i$ $(1\leqq i\leqq n)$ を満たす $f\in Y$ が存在する．

証明　$W_j=\sum_{i\neq j}ku_i$ とおくと，$u_j\notin Y^{\perp(V)}+W_j$．ゆえに，補題 2.2.1 により，$u_j\notin(W_j{}^{\perp(X)}\cap Y)^{\perp(V)}$．したがって，$f_j\in Y$ で，$\langle u_i, f_j\rangle=\delta_{ij}$ を満たすものが存在する．$f=\sum_{i=1}^{n}a_if_i$ とおくと，$f\in Y$ は補題の条件を満たす．∎

定理 2.2.3　(V, X) を双対 k 線型空間の対とする．X の部分 k 線型空間 Y の V 位相による閉包 $\overline{Y}$ は $Y^{\perp(V)\perp(X)}$ である．

証明　$Y^{\perp(V)\perp(X)}$ は Y を含む閉部分空間だから $\overline{Y}$ を含むことは明らかである．$Y^{\perp(V)\perp(X)}=\overline{Y}$ を示すために，$Y^{\perp(V)\perp(X)}$ の元 f の任意の近傍 $U=f+\bigcap_{i=1}^{n}u_i^{\perp(X)}$ $(u_i\in V, 1\leqq i\leqq n)$ が Y と交わることを示そう．$W=\sum_{i=1}^{n}ku_i$ の基底 $\{v_1,\cdots,v_m\}$ を $v_1,\cdots,v_r\in W\cap Y^{\perp(V)}$，$v_{r+1},\cdots,v_m\notin Y^{\perp(V)}$ のようにとる．補題 2.2.2 により，$g\in Y$ で

$$\langle g, v_j\rangle = 0 \qquad (1\leqq j\leqq r), \qquad \langle g, v_l\rangle = \langle f, v_l\rangle \qquad (r+1\leqq l\leqq m)$$

を満たすものが存在する．このとき，$g-f\in W^{\perp(X)}$．ゆえに，$g\in U\cap Y$．▌

定理 2.2.4　(V,X) を双対 k 線型空間の対とする．Y,Z を X の部分 k 線型空間とし，Y を閉部分空間，Z を有限次元とすると，$Y+Z$ は閉部分空間である．とくに，X の有限次元部分空間は閉である．

証明　Y は閉部分空間だから，定理 2.2.3 により $Y=Y^{\perp(V)\perp(X)}$．一方，補題 2.2.1 の注意により，

$$Y+Z = Y^{\perp(V)\perp(X)}+Z = (Z^{\perp(V)}\cap Y^{\perp(V)})^{\perp(X)}.$$

ゆえに，$Y+Z$ は閉部分空間である．▌

定理 2.2.5　(V,X) を双対 k 線型空間の対とするとき，

$$V \text{ の任意の部分 } k \text{ 線型空間が閉部分空間} \Leftrightarrow X = V^*.$$

証明　$\Rightarrow$　$X=V^*$ とし，W を V の部分 k 線型空間とするとき，W が閉であることを示す．$W=V$ ならば W は閉．ゆえに，$W\subsetneqq V$ としてよい．$x\in V$ で $x\notin W$ なる元をとると，$V^*=X$ の元 f で，$f\in W^{\perp(X)}$, $\langle f, x\rangle\neq 0$ を満たすものが存在する．ゆえに，$x\notin W^{\perp(X)\perp(V)}=\overline{W}$．したがって，$W$ は閉である．

$\Leftarrow$　V の任意の部分 k 線型空間が閉であるとし，$X=V^*$ を示そう．$f\neq 0$ を V^* の元とする．$W=f^{\perp(V)}$ とおくと，$W\subsetneqq V$．仮定から，W は閉部分空間だから $W^{\perp(X)\perp(V)}=W\subsetneqq V$．ゆえに，$W^{\perp(X)}\neq\{0\}$．$g\neq 0$ を $W^{\perp(X)}$ の元とすると，定理 2.2.4 により，kf は閉部分空間だから，$g\in W^{\perp(X)}=f^{\perp(V)\perp(X)}=kf$．したがって，$f\in kg\subset X$．▌

以下，双対 k 線型空間の対 (V, V^*) を考えよう．定理 2.2.4 により，V の任意の部分 k 線型空間 W について，$(W^{\perp})^{\perp(V)}=W$ が成り立つ．また，V^* の部分集合 T について，

$$T \text{ が } V^* \text{ の中で稠密} \Leftrightarrow T^{\perp(V)} = \{0\}$$

となる.

問 2.2 (1) V, W を k 線型空間とするとき, k 線型写像

$$\rho: V^* \otimes W^* \to (V \otimes W)^*$$

を $\langle \rho(f \otimes g), x \otimes y \rangle = \langle f, x \rangle \langle g, x \rangle$ ($f \in V^*, g \in W^*, x \in V, y \in W$) で定義すると, ρ は単射である. (問 1.8 参照.) このとき, $V^* \otimes W^*$ を $(V \otimes W)^*$ の部分 k 線型空間とみて, $V^* \otimes W^*$ は $(V \otimes W)^*$ の中で稠密である.

(2) X, Y をそれぞれ V^*, W^* の部分 k 線型空間とすると, $X \otimes Y \subset V^* \otimes W^*$ を $(V \otimes W)^*$ の部分 k 線型空間とみて,

$$(X \otimes Y)^{\perp(V \otimes W)} = (X^{\perp(V)} \otimes W) + (V \otimes Y^{\perp(W)})$$

(3) $u: V \to W$ を k 線型写像, $u^*: W^* \to V^*$ をその双対 k 線型写像とすると, u^* は連続写像で, W^* の閉部分空間の像は V^* の閉部分空間である. また, S, T をそれぞれ V, W の部分 k 線型空間とすると,

$$u^{*-1}(S^\perp) = u(S)^\perp, \quad u^*(T^\perp) = u^{-1}(T)^\perp$$

(4) X を V^* の有限余次元部分 k 線型空間とすると,

$$X \text{ 閉部分空間} \Leftrightarrow X^\perp = X^{\perp(V)}.$$

2.2 半群の表現双代数

G を単位元 e をもつ半群とし, 例 2.4 の k 余代数 kG の双対 k 代数 $(kG)^*$ を $\mathrm{Map}(G, k)$ と同一視して $M_k(G)$ と書く. $M_k(G)$ は次の作用で両側 kG 加群になっている.

$$(xfy)(z) = f(yzx), \quad f \in M_k(G), \ x, y, z \in G.$$

$f \in M_k(G)$ のとき, f から生成される左 kG 加群, 右 kG 加群および両側 kG 加群をそれぞれ kGf, kfG, $kGfG$ と書く. このとき,

定理 2.2.6 次の条件は互いに同値である.

(i) $\dim kGf < \infty$

(ii) $\dim kfG < \infty$

(iii) $\dim kGfG < \infty$.

証明 $\dim kGf < \infty$ として, kGf の 1 つの基底を $\{f_1, \cdots, f_n\}$ とする.

$$(xf)(y) = \sum_{i=1}^{n} g_i(x) f_i(y), \quad g_i(x) \in k \ (1 \leqq i \leqq n)$$

と書けるから,

$$xf = \sum_{i=1}^{n} g_i(x) f_i, \quad fy = \sum_{i=1}^{n} f_i(y) g_i$$

となり, kfG は $\{g_1, \cdots, g_n\}$ で張られる $M_k(G)$ の部分 k 線型空間に含まれるか

ら $\dim kfG<\infty$ である．ゆえに(i)⇒(ii)．同様にして，(ii)⇒(i)がえられる．(iii)⇒(i), (ii)は明らか．また，$\dim kGf<\infty$ のとき，$f_i\in kGf$ だから $\dim kGf_i<\infty$ $(1\leqq i\leqq n)$．(ii)から $\dim kf_iG<\infty$ $(1\leqq i\leqq n)$．ゆえに，$\dim kGfG<\infty$．したがって，(i)⇒(iii)がえられる．▌

k 線型写像

$$\pi: M_k(G)\otimes M_k(G)\to M_k(G\times G)$$

を $f\otimes g\in M_k(G)\otimes M_k(G)$ に対して，$\pi(f\otimes g)(xy)=f(x)g(y)$ で定義すると，π は単射である．実際，$\sum_{i=1}^n f_i\otimes g_i\in M_k(G)\otimes M_k(G)$ が $\pi\left(\sum_{i=1}^n f_i\otimes g_i\right)=0$ ならば，$\{g_1,\cdots,g_n\}$ を k 上1次独立にとっておくと，$x\in G$ を固定して，$\sum_{i=1}^n f_i(x)g_i(y)=0$ $(y\in G)$ だから $\sum_{i=1}^n f_i(x)g_i=0$．ゆえに，$f_i(x)=0$ $(1\leqq i\leqq n)$．すなわち，$f_i=0$ $(1\leqq i\leqq n)$ となり，$\sum_{i=1}^n f_i\otimes g_i=0$ がえられる．

また，k 代数射

$$\delta: M_k(G)\to M_k(G\times G)$$

を $\delta f(x,y)=f(xy)$ $(f\in M_k(G), x, y\in G)$ で定義する．このとき，

定理 2.2.7 $\delta f\in\pi(M_k(G)\otimes M_k(G))\Leftrightarrow \dim kGf<\infty$.

証明 ⇒ $\delta f\in\pi(M_k(G)\otimes M_k(G))$ とすると，$\delta f=\pi\left(\sum_{i=1}^n g_i\otimes h_i\right)$ と書ける．$\delta f(x,y)=\sum_{i=1}^n g_i(x)h_i(y)=(yf)(x)$ だから，$yf=\sum_{i=1}^n h_i(y)g_i$ と書けて，$\dim kGf<\infty$ がえられる．

⇐ $\dim kGf<\infty$ とする．$\{f_1,\cdots,f_n\}$ を kGf の1つの基底とすると，$yf=\sum_{i=1}^n g_i(y)f_i$ とかける．このとき，

$$\delta f(x,y)=f(xy)=(yf)(x)=\sum_{i=1}^n f_i(x)g_i(y).$$

ゆえに，$\delta f=\pi\left(\sum_{i=1}^n f_i\otimes g_i\right)$がえられる．▌

$f\in M_k(G)$ が $\dim kGf<\infty$ を満たすとき，f を G 上の**表現関数**という．G 上の表現関数の全体の集合を $R_k(G)$ と書く．$R_k(G)$ は $M_k(G)$ の部分 k 代数となる．このとき，

定理 2.2.8 $\delta R_k(G)\subset\pi(R_k(G)\otimes R_k(G))$

が成り立つ．したがって，$\Delta=\pi^{-1}\circ\delta: R_k(G)\to R_k(G)\otimes R_k(G)$ は k 代数射で $R_k(G)$ の余積を定義する．また，k 代数射 $\varepsilon: R_k(G)\to k$ を $\varepsilon(f)=f(e)$ で定義すると，

$(R_k(G), \Delta, \varepsilon)$ は k 余代数となり，Δ, ε が k 代数射であることから，$R_k(G)$ は k 双代数になる．これを G の**表現 k 双代数**という．とくに G が群のときは，$R_k(G)$ は k ホップ代数になる．定理 2.2.8 を証明するために 1 つの補題を準備しよう．

補題 2.2.9　S を 1 つの集合とし，V を $\mathrm{Map}(S, k)$ の有限次元部分 k 線型空間とする．このとき，V の基底 $\{f_1, \cdots, f_n\}$ と S の部分集合 $\{s_1, \cdots, s_n\}$ を $f_i(s_j)=\delta_{ij}$ を満たすようにとることができる．

証明　$s\in S, f\in V$ のとき，$\varphi(s)(f)=f(s)$ とおいて，写像 $\varphi: S\to V^*$ を定義する．このとき，$\varphi(S)$ は V^* の中で稠密である．実際，$f\in\varphi(S)^{\perp(V)}$ ならば $\langle f, \varphi(S)\rangle=\langle f, S\rangle=0$ だから $f=0$ となる．したがって，$\varphi(S)$ で張られる V^* の部分 k 線型空間を W とおくと，V^* は有限次元だから定理 2.2.4 により W は閉部分空間，ゆえに $W=W^{\perp(V)\perp}=\{0\}^{\perp}=V^*$．$\varphi(S)$ は V^* を張るから，V^* の基底として，$\{\varphi(s_1), \cdots, \varphi(s_n)\}$ をとることができる．この基底の双対基底を $\{f_1, \cdots, f_n\}$ とおくと，$f_i(s_j)=\langle f_i, \varphi(s_j)\rangle=\delta_{ij}$ となり，$\{f_1, \cdots, f_n\}, \{s_1, \cdots, s_n\}$ が求める条件を満たす．▌

定理 2.2.8 の証明　$f\in R_k(G)$ とし，$V_f=kGfG$ とおく．$\dim V_f<\infty$ だから補題 2.2.9 により，V_f の基底 $\{f_1, \cdots, f_n\}$ と G の部分集合 $\{x_1, \cdots, x_n\}$ を $f_i(x_j)=\delta_{ij}\ (1\leqq i, j\leqq n)$ を満たすようにとることができる．$\delta f(x, y)=\sum_{i=1}^{n} g_i(y)f_i(x)$ で $x=x_j$ とおくと，

$$\delta f(x_j, y)=(yf)(x_j)=g_j(y)=(fx_j)(y).$$

ゆえに，$g_j\in V_f$．したがって，$\delta f\in\pi(R_k(G)\otimes R_k(G))$ がえられる．▌

系 2.2.10　$f\in R_k(G)$ とし，$V_f=kGfG$ とおくと，V_f は f を含む最小の $R_k(G)$ の部分 k 余代数である．とくに，$R_k(G)$ の任意の 1 つの元は有限次元部分 k 余代数を生成する．

証明　定理 2.2.8 の証明でみたように，$f\in R_k(G)$ ならば $\Delta f\in V_f\otimes V_f$ である．また，$g\in V_f$ ならば $V_g\subset V_f$ だから $\Delta g\in V_g\otimes V_g\subset V_f\otimes V_f$．したがって，$V_f$ は部分 k 余代数である．f を含む $R_k(G)$ の部分 k 余代数を D とすると，$\Delta f=\sum_i u_i\otimes v_i\in D\otimes D$ から $xf=\sum_i v_i(x)u_i$，$fy=\sum_i u_i(y)v_i$ はともに D の元で $kGfG\subset D$．すなわち，$V_f\subset D$ がえられる．▌

系 2.2.11　C, D を $R_k(G)$ の部分 k 余代数とすると，$C\cap D$ も $R_k(G)$ の部分 k 余代数である．

証明　$f \in C\cap D$ ならば $V_f\subset C\cap D$. ゆえに，$\Delta f\in V_f\otimes V_f\subset(C\cap D)\otimes(C\cap D)$ となる．▌

問 2.3　G を群とし，$\rho:G\to GL_n(k)$ を G の表現とする．$\rho(x)=(f_{ij}(x))_{1\leqq i,j\leqq n}$ とおくと，$f_{ij}\in M_k(G)$ である．このとき，$V(\rho)$ を $f_{ij}\,(1\leqq i,j\leqq n)$ で張られる $M_k(G)$ の部分 k 線型空間とする．$V(\rho)$ は有限次元の両側部分 G 加群で

$$R_k(G)=\sum_{\rho} V(\rho) \qquad (\rho \text{ は } G \text{ のすべての表現をうごく})$$

であることを証明せよ．

注意　G が有限群のときは $R_k(G)$ は G の群 k 双代数の双対 k 双代数にほかならない．G をリー群(または位相群)とし，k を $\boldsymbol{R}$ または $\boldsymbol{C}$ としたとき，$\mathcal{M}_k(G)$ を G 上の解析的(または連続)関数の全体のつくる k 代数とする．このとき，$\mathcal{R}_k(G)=\mathcal{M}_k(G)\cap R_k(G)$ は $R_k(G)$ の部分 k 双代数で，これを G の表現 k 双代数という．問 2.3 で，表現 ρ としてリー群(または位相群)としての表現をとれば，同様に $\mathcal{R}_k(G)=\sum_{\rho} V(\rho)$ が成り立つことは明らかであろう．$\mathcal{R}_k(G)$ はリー群や位相群の表現論に重要な役割を果している．

2.3　双対 k 双代数

一般の k 代数 A に対して，その双対 k 線型空間 A^* には必ずしも k 余代数の構造が定義できないことを 2.1 で注意した．半群の表現双代数を使って，k 代数の双対 k 余代数を定義しよう．この対応によって，k 余代数 C にその双対 k 代数 C^* を対応させる関手の随伴関手がえられる．k 代数 A を乗法に関して半群とみたものを A_m と書き，半群 A_m の表現 k 双代数 $R_k(A_m)$ をつくる．A^* を A の双対 k 線型空間とするとき，

$$A^0=R_k(A_m)\cap A^*$$

とおく．次の定理から，A^0 は $R_k(A_m)$ の部分 k 余代数で A^0 を A の**双対 k 余代数**という．A が有限次元のときは，$A^0=A^*$ で 2.1 で定義した A の双対 k 余代数にほかならない．

定理 2.2.12　(i)　$R_k(A_m)\cap A^*$ は $R_k(A_m)$ の部分 k 余代数である．

(ii)　A^* の元 f が $f\in A^0$ であるためには $\mathrm{Ker}\,f$ が A の有限余次元イデアルを含むことが必要充分である．ここで，A のイデアル $\mathfrak{a}$ が $\dim A/\mathfrak{a}<\infty$ を満たすとき，$\mathfrak{a}$ を有限余次元イデアルという．

証明　(i)　$f\in R_k(A_m)\cap A^*=A^0$ ならば $V_f\subset A^0$ だから，A^0 は $R_k(A_m)$ の部分 k 余代数である．

(ii)　$f\in A^0$ とし，$\{f_1,\cdots,f_n\}$ を V_f の 1 つの基底とする．$\mathfrak{a}=\bigcap_{i=1}^{n}\mathrm{Ker}\,f_i$ と

おくと，$\mathfrak{a}$ は A の有限余次元イデアルで $\mathfrak{a}\subset\mathrm{Ker}\,f$ であることを示そう．$x, y \in A$，$z\in\mathfrak{a}$ ならば，$f_i(xzy)=(yf_ix)(z)=0\,(1\leqq i\leqq n)$．ゆえに，$xzy\in\mathfrak{a}$．したがって，$\mathfrak{a}$ は A のイデアルである．また，定義から $\mathfrak{a}\subseteq\mathrm{Ker}\,f$ である．k 線型写像 $\varphi: A\to(V_f)^*$ を $\varphi(a)(g)=g(a)\,(a\in A, g\in V_f)$ と定義すると，$\mathrm{Ker}\,\varphi=\{a\in A; g(a)=0\ \forall g\in V_f\}=\mathfrak{a}$．したがって，$\dim A/\mathfrak{a}\leqq\dim(V_f)^*=n$，すなわち，$\mathfrak{a}$ は有限余次元イデアルである．逆に，$f\in A^*$ で $\mathrm{Ker}\,f$ が A の有限余次元イデアル $\mathfrak{b}$ を含むとする．$\pi: A\to A/\mathfrak{b}$ を自然な k 代数射とし，A の部分集合 $\{a_1, \cdots, a_n\}$ を $\{\pi(a_1), \cdots, \pi(a_n)\}$ が $A/\mathfrak{b}$ の基底になるようにとる．このとき，kA_mf は $\{a_1f, \cdots, a_nf\}$ で張られる $R_k(A_m)$ の部分 k 線型空間になるから $f\in R_k(A_m)\cap A^*$ がえられる．▌

C を k 余代数，C^* をその双対 k 代数とする．k 線型写像 $\lambda: C\to C^{**}$ を $\langle\lambda(c), f\rangle=\langle f, c\rangle$，$f\in C^*$，$c\in C$ で定義する．このとき，

定理 2.2.13　$\lambda(C)\subset C^{*0}$ で λ は k 余代数射 $\lambda_C: C\to C^{*0}$ をひきおこす．

証明　C^{**} を $M_k((C^*)_m)$ の部分 k 線型空間とみて，C^* の元は C^{**} に作用している．このとき，$f\in C^*$ の $\lambda(c)\in C^{**}$ への作用は，

$$\lambda(c)f = \sum\langle f, c_{(1)}\rangle\lambda(c_{(2)})$$

であたえられる．実際，$g\in C^*$ のとき，

$$\langle\lambda(c)f, g\rangle = \langle\lambda(c), fg\rangle = \langle fg, c\rangle = \sum_{(c)}\langle f, c_{(1)}\rangle\langle g, c_{(2)}\rangle$$
$$= \sum_{(c)}\langle f, c_{(1)}\rangle\langle\lambda(c_{(2)}), g\rangle$$

となっている．このことから，$k\lambda(c)C^*$ は有限次元で $\lambda(c)\in R_k(C^*)_m\cap C^{**}=C^{*0}$ となる．一方，

$$\sum_{(c)}\langle\lambda(c_{(1)}), f\rangle\langle\lambda(c_{(2)}), g\rangle = \sum_{(c)}\langle f, c_{(1)}\rangle\langle g, c_{(2)}\rangle$$

だから，$\Delta\circ\lambda=(\lambda\otimes\lambda)\circ\Delta$．また，$\varepsilon\lambda(c)=\langle\lambda(c), 1\rangle=\langle c, 1\rangle=\varepsilon(c)$ から，$\varepsilon\circ\lambda=\varepsilon$ がえられる．ゆえに，λ は k 余代数射である．▌

定理 2.2.13 から，任意の k 余代数 C は $G=(C^*)_m$ とおくと $R_k(G)$ の部分 k 余代数とみることができる．したがって，系 2.2.10, 2.2.11 から次のことがわかる．

系 2.2.14　C を k 余代数とする．

(i)　1つの元 $c\in C$ から生成される部分 k 余代数は有限次元である．したが

って，Cは有限次元k余代数の帰納的極限(和)としてあらわされる．

(ii)　2つのCの部分k余代数の共通部分は部分k余代数である．——

Cをk余代数とするとき，$\lambda_C: C \to C^{*0}$がk余代数の同型射のとき，Cを**余反射的k余代数**という．

補題2.2.15　Cをk余代数，Aをその双対k代数とすると，Cが余反射的$\Leftrightarrow$ Aの任意の有限余次元イデアルが閉である．

証明　$\lambda_C: C \to A^0$が全射$\Leftrightarrow$$A$の任意の有限余次元イデアル$\mathfrak{a}$について$\mathfrak{a}^{\perp} = \mathfrak{a}^{\perp(C)}$．一方，問2.2(4)により$\mathfrak{a}^{\perp} = \mathfrak{a}^{\perp(C)} \Leftrightarrow \mathfrak{a}$が閉部分空間である．▌

定理2.2.16　Cを余可換k余代数とするとき，その双対k代数$C^* = A$の任意の有限余次元イデアルが有限生成ならば，Cは反射的である．

証明　補題2.2.15により，Aの有限余次元イデアル$\mathfrak{a}$が閉であることを示せばよい．$\mathfrak{a} = Af$ $(f \in A)$について証明すれば充分である．

$$R_f: A \to A, \quad g \mapsto gf \quad (g \in A)$$

をAのfによる右移動とすると，R_fは

$$u: C \to C, \quad c \mapsto \sum_{(c)} c_{(1)} \langle f, c_{(2)} \rangle \quad (c \in C)$$

の双対k線型写像である．ゆえに，R_fは連続写像(問2.2(3)参照)で，

$$\bar{\mathfrak{a}} = \overline{Af} = \overline{R_f(A)} = R_f(\bar{A}) = \bar{A}f = Af = \mathfrak{a}. \qquad ▌$$

注意　一般に可換環Rの任意のイデアルが有限生成のとき，RをNoether環という．とくに，C^*がNoether環ならば定理2.2.16の仮定を満たし，Cは余反射的である．体k上のn変数多項式環や体k上のn変数巾級数環などはNoether環である．(第1章の参考文献，永田[2]定理3.0.3，5.1.3参照．)

例2.9　Cを例2.2で定義したk余代数とすると，その双対k代数C^*は1変数巾級数環$k[[x]]$と同型である．$f \in C^{*0} = k[[x]]^0$とすると，$\mathrm{Ker}\, f \supset x^n k[[x]]$を満たす負でない整数$n$が存在する．このとき，

$$c = f(1)c_0 + f(x)c_1 + \cdots + f(x^n)c_{n-1}$$

とおくと，$\lambda(c) = f$となり，λは全射である．ゆえに，Cは余反射的である．(これは定理2.2.16の特別の場合にあたる．)

Aをk代数，A^0をその双対k余代数とする．k線型写像$\lambda_A: A \to A^{0*}$を

$$\langle \lambda_A(a), f \rangle = \langle f, a \rangle, \quad a \in A, \ f \in A^0$$

で定義すると，λ_Aはk代数射である．λ_Aが単射であるようなk代数Aを**固有**

であるという．λ_A が全単射(または全射)になるとき，A を**反射的**(または**弱反射的**)であるという．

定理 2.2.17　k 代数 A について，次の条件は同値である．

(i)　A は固有の k 代数である．

(ii)　A^0 が A^* の中で稠密である．

(iii)　$\mathscr{F}$ を A の有限余次元イデアルの全体の集合とすると，

$$\bigcap_{\mathfrak{a}\in\mathscr{F}}\mathfrak{a} = \{0\}.$$

証明　(i), (ii) が同値であることは定義から明らか．$A^0=\bigcup_{\mathfrak{a}\in\mathscr{F}}\mathfrak{a}^{\perp}$ だから，$(A^0)^{\perp(A)}=\bigcap_{\mathfrak{a}\in\mathscr{F}}\mathfrak{a}^{\perp\perp(A)}=\bigcap_{\mathfrak{a}\in\mathscr{F}}\mathfrak{a}$ となり，(ii), (iii) が同値であることがわかる．∎

§3　代数と余代数の双対性

この節では，余代数とその双対代数，代数とその双対余代数との間の関係を調べる．有限次元のときはこれら2つの代数系の間には同値な双対的な性質があるが，一般にはそうではない．k 余代数は有限次元部分 k 余代数の和(帰納的極限)で，有限次元部分 k 余代数の性質に帰着できるような k 余代数の性質は，その双対をとって，有限次元 k 代数の理論を応用して証明することができる．このような方法は今後しばしば利用される．

3.1　イデアルと部分余代数

定理 2.3.1　C を k 余代数，C^* をその双対 k 代数とする．

(i)　$\mathfrak{a}$ が C^* のイデアルならば $\mathfrak{a}^{\perp(C)}$ は C の部分 k 余代数である．

(ii)　D が C の部分 k 余代数⇔$D^{\perp}$ が C^* のイデアル．このとき，k 代数として，$C^*/D^{\perp}\cong D^*$．

証明　(i)　$x\in\mathfrak{a}^{\perp(C)}$ のとき，$\Delta x\in\mathfrak{a}^{\perp(C)}\otimes\mathfrak{a}^{\perp(C)}$ を示せばよい．$\Delta x=\sum_{i=1}^{n}y_i\otimes z_i$ として，$\{z_i\}_{1\leqq i\leqq n}$ を k 上1次独立にとる．もし，$\Delta x\notin\mathfrak{a}^{\perp(C)}\otimes C$ ならば，$y_j\notin\mathfrak{a}^{\perp(C)}$ となる j が存在する．ゆえに，$\langle y_j, f\rangle\neq 0$ となる $f\in\mathfrak{a}$ が存在する．$g\in C^*$ を $\langle g, z_i\rangle=\delta_{ij}\,(1\leqq i\leqq n)$ を満たすようにとると，$fg\in\mathfrak{a}$ だから，

$$0=\langle x, fg\rangle=\langle\Delta x, f\otimes g\rangle=\langle y_j, f\rangle\langle z_j, g\rangle\neq 0$$

となり矛盾である．したがって，$\Delta x\in\mathfrak{a}^{\perp(C)}\otimes C$．同様に，$\Delta x\in C\otimes\mathfrak{a}^{\perp(C)}$ となり，

$\Delta x\in(\mathfrak{a}^{\perp(C)}\otimes C)\cap(C\otimes\mathfrak{a}^{\perp(C)})=\mathfrak{a}^{\perp(C)}\otimes\mathfrak{a}^{\perp(C)}$ がえられる.

(ii) 自然な埋め込み $i:D\to C$ の双対写像 $i^*:C^*\to D^*$ は全射で $\mathrm{Ker}\, i^*=D^\perp$ は C^* のイデアル. ゆえに, $C^*/D^\perp\cong D^*$. 逆に, $\mathfrak{a}=D^\perp$ が C^* のイデアルならば $D=D^{\perp\perp(C)}=\mathfrak{a}^{\perp(C)}$ は(i)から C の部分 k 余代数である. ▌

定理 2.3.2 A を k 代数, A^0 をその双対 k 余代数とする.

(i) $\mathfrak{a}$ が A のイデアルならば $\mathfrak{a}^\perp\cap A^0$ は A^0 の部分 k 余代数である.

(ii) D が A^0 の部分 k 余代数ならば $D^{\perp(A)}$ は A のイデアルである.

証明 (i) $f\in\mathfrak{a}^\perp\cap A^0$ のとき, $\Delta f\in(\mathfrak{a}^\perp\cap A^0)\otimes(\mathfrak{a}^\perp\cap A^0)$ を示せばよい. $\Delta f=\sum_{i=1}^n g_i\otimes h_i$ として, $\{g_i\}_{1\leq i\leq n}$ を k 上1次独立にとる. A の部分集合 $\{a_i\}_{1\leq i\leq n}$ を $\langle a_i, g_j\rangle=\delta_{ij}$ を満たすようにとる. $a\in\mathfrak{a}$ ならば $a_ia\in\mathfrak{a}$ だから,

$$0=\langle a_ia, f\rangle=\sum_{j=1}^n\langle a_i, g_j\rangle\langle a, h_j\rangle=\langle a, h_i\rangle.$$

ゆえに, $h_i\in\mathfrak{a}^\perp$. したがって, $\Delta f\in A^0\otimes(\mathfrak{a}^\perp\cap A^0)$. 同様にして, $\Delta f\in(\mathfrak{a}^\perp\cap A^0)\otimes(\mathfrak{a}^\perp\cap A^0)$ がえられる.

(ii) $a\in A$, $b\in D^{\perp(A)}$, $f\in D$ とすると,

$$\langle ab, f\rangle=\langle a\otimes b, \Delta f\rangle\subseteq\langle a, D\rangle\langle b, D\rangle=0.$$

ゆえに, $ab\in D^{\perp(A)}$. 同様に, $ba\in D^{\perp(A)}$. したがって, $D^{\perp(A)}$ は A のイデアルである. ▌

注意 この定理の逆は必ずしも成立しない. たとえば, A を k 上の1変数有理関数体 $k(x)$ とし, $\mathfrak{a}=kx$ とおくと, $\mathfrak{a}$ はイデアルでも部分 k 代数でもない. しかし, $\mathfrak{a}^\perp\cap A^0=\{0\}$ は A^0 の部分 k 余代数である.

k 余代数 C の部分 k 余代数 M が $\{0\}$ と M 以外に部分 k 余代数をもたないとき, **単純部分 k 余代数**という. また, C のすべての単純部分 k 余代数の和を C の**余根基**といい, $\mathrm{corad}\, C$ と書く. $C=\mathrm{corad}\, C$ のとき, C を**余半単純**であるという. C がただ1つの単純部分 k 余代数をもつとき, C を**既約**, C のすべての単純部分 k 余代数の次元が1のとき, C を**分裂 k 余代数**という. 分裂既約 k 余代数を**連結**であるといい, 余可換連結 k 双代数を k **超代数**という. たとえば, 例2.1の k 余代数 kS は単純部分 k 余代数 $ks\,(s\in S)$ の和で余半単純分裂 k 余代数である. 例2.5の k リー代数 L の包絡 k 双代数 $U(L)$ は k 余代数とみて, ただ1つの単純部分 k 余代数 $k1$ をもち, 既約分裂 k 余代数で, 余可換だから k 超代数である.

定理 2.3.3　k を代数的閉体とすると，余可換 k 余代数は分裂 k 余代数である．

証明　D を余可換 k 余代数 C の単純部分 k 余代数とすると，D は有限次元余可換 k 余代数だから，D^* は有限次元可換単純 k 代数になる(定理 2.3.1)．ゆえに，D^* は k の有限次元拡大体で，k が代数的閉体だから $D\cong k$．したがって，C は分裂 k 余代数である．▌

定理 2.3.4　C を k 余代数とし，$\mathcal{M}$ を C の単純部分 k 余代数の全体の集合，$\mathcal{I}$ を C^* の稠密でない極大イデアルの全体の集合とすると，$M\in\mathcal{M}$ のとき，$M^\perp\in\mathcal{I}$，$\mathfrak{a}\in\mathcal{I}$ のとき，$\mathfrak{a}^{\perp(C)}\in\mathcal{M}$ である．しかも，これらの対応は $\mathcal{M}$ と $\mathcal{I}$ との1対1対応をあたえ，互いに逆の対応である．

証明　$M\in\mathcal{M}$ ならば，M は有限次元で $C^*/M^\perp\cong M^*$．定理 2.3.1 により M^* は単純だから，$M^\perp$ は C^* の極大イデアルである．また，$M^{\perp\perp(C)}=M\neq 0$ だから，$M^\perp$ は C^* の中で稠密でない．ゆえに，$M^\perp\in\mathcal{I}$．逆に，$\mathfrak{a}\in\mathcal{I}$ ならば $\mathfrak{a}^{\perp(C)}$ は C の部分 k 余代数で，$\neq\{0\}$．ゆえに，単純部分 k 余代数 $M\neq\{0\}$ で $\mathfrak{a}^{\perp(C)}$ に含まれるものが存在する．このとき，$\mathfrak{a}\subset\mathfrak{a}^{\perp(C)\perp}\subset M^\perp\subsetneqq C^*$ で $\mathfrak{a}$ は極大イデアルだから $\mathfrak{a}^{\perp(C)}=M^{\perp\perp(C)}=M$．ゆえに，$M\in\mathcal{M}$．これらの対応が互いに逆であることは明らか．▌

3.2　部分 k 代数と余イデアル

k 余代数 C の部分 k 線型空間 V が

$$\Delta V\subset V\otimes C+C\otimes V \quad \text{かつ} \quad \varepsilon(V)=0$$

を満たすとき，V を**余イデアル**という．このとき，剰余空間 C/V には自然に k 余代数の構造が定義できる．これを C の V による**剰余 k 余代数**という．また，

$$\Delta V\subset V\otimes C \qquad (\text{または}\ \Delta V\subset C\otimes V)$$

を満たす C の部分 k 線型空間 V を右(または左)余イデアルという．部分 k 余代数は右(または左)余イデアルである．

定理 2.3.5　C を k 余代数とする．

(i)　$\mathfrak{a}$ が C^* の右(または左)イデアルならば $\mathfrak{a}^{\perp(C)}$ は C の右(または左)余イデアルである．

(ii)　V が C の右(または左)余イデアルならば，$V^\perp$ は C^* の右(または左)イデアルであり，逆も成り立つ．

証明 (i) $\mathfrak{a}$ を C^* の右イデアルとすると，$\Delta^*(\mathfrak{a}\otimes C^*)\subset\mathfrak{a}$．ゆえに，$\langle\Delta\mathfrak{a}^{\perp(C)}, \mathfrak{a}\otimes C^*\rangle=\langle\mathfrak{a}^{\perp(C)}, \Delta^*(\mathfrak{a}\otimes C^*)\rangle=0$．したがって，

$$\Delta\mathfrak{a}^{\perp(C)}\subset(\mathfrak{a}\otimes C^*)^{\perp(C)} = \mathfrak{a}^{\perp(C)}\otimes C+C\otimes C^{*\perp(C)} = \mathfrak{a}^{\perp(C)}\otimes C.$$

(ii)も同様．逆については $V^{\perp\perp(C)}=V$ に(i)を適用すればよい．▌

定理 2.3.6 C を k 余代数，C^* をその双対 k 代数とする．

(i) I が C^* の部分 k 代数ならば，$I^{\perp(C)}$ は C の余イデアルである．

(ii) J が C の余イデアルならば，$J^\perp$ は C^* の部分 k 代数で，逆も成り立つ．

証明 (i) I を C^* の部分 k 代数とする．I は単位元を含むから $\varepsilon(I^{\perp(C)})=0$．また，$\langle\rho(I\otimes I), \Delta I^{\perp(C)}\rangle=\langle\Delta^*\rho(I\otimes I), I^{\perp(C)}\rangle\subset\langle I, I^{\perp(C)}\rangle=0$．ゆえに，$\Delta I^{\perp(C)}\subset\rho(I\otimes I)^{\perp(C)}\subset C\otimes I^{\perp(C)}+I^{\perp(C)}\otimes C$.（写像 ρ については，問 1.8 を参照せよ．）したがって，$I^{\perp(C)}$ は C のイデアルである．

(ii) J を C の余イデアルとする．$\langle\Delta^*\rho(J^\perp\otimes J^\perp), J\rangle=\langle\rho(J^\perp\otimes J^\perp), \Delta J\rangle\subset\langle\rho(J^\perp\otimes J^\perp), J\otimes C\rangle+\langle\rho(J^\perp\otimes J^\perp), C\otimes J\rangle=0$．ゆえに，$\mu_{C^*}(J^\perp\otimes J^\perp)\subset J^\perp$．同様に，$\eta_{C^*}(1)\in J^\perp$．逆は，$J^\perp=I$ とおいて，$I^{\perp(C)}=J^{\perp\perp(C)}=J$ に(i)を適用すればよい．▌

定理 2.3.7 A を k 代数，A^0 をその双対 k 余代数とする．

(i) B が A の部分 k 代数ならば，$B^\perp\cap A^0$ は A^0 の余イデアルである．

(ii) D が A^0 の余イデアルならば，$D^{\perp(A)}$ は A の部分 k 代数である．

証明 (i) $1\in B$ だから，$\varepsilon(B^\perp\cap A^0)=\langle B^\perp\cap A^0, 1\rangle=0$．$A^0=(B^\perp\cap A^0)\oplus Y$ を A^0 の k 線型空間としての直和分解とする．$\{f_\lambda\}_{\lambda\in\Lambda}$, $\{g_\mu\}_{\mu\in M}$ をそれぞれ $B^\perp\cap A^0$, Y の基底とすると，$\{g_\mu|_B\}_{\mu\in M}$ は k 上1次独立である．実際，$\langle\sum\alpha_\mu g_\mu, B\rangle=0$ ならば，$\sum\alpha_\mu g_\mu\in B^\perp\cap A^0\cap Y=0$．ゆえに，各 μ について，$\alpha_\mu=0$ である．$B^\perp\cap A^0$ が A^0 の余イデアルであることを示すには，$f\in B^\perp\cap A^0$ とし，$\Delta f=\sum_\lambda f_\lambda\otimes f_\lambda'+\sum_\mu g_\mu\otimes g_\mu'$ ($f_\lambda', g_\mu'\in A^0$) としたとき，$g_\mu'\in B^\perp\cap A^0$ をいえばよい．B の有限部分集合 $\{a_\nu\}$ を $\langle a_\nu, g_\mu\rangle=\delta_{\nu\mu}$ で $\langle a_\nu, f_\lambda\rangle=0$ を満たすようにとる．$a\in B$ ならば，$a_\nu a\in B$ だから，

$$\begin{aligned}0 = \langle a_\nu a, f\rangle &= \sum_\lambda\langle a_\nu, f_\lambda\rangle\langle a, f_\lambda'\rangle+\sum_\mu\langle a_\nu, g_\mu\rangle\langle a, g_\mu'\rangle\\ &= \langle a, g_\nu'\rangle.\end{aligned}$$

ゆえに，$g_\mu'\in B^\perp\cap A^0$ となり，$B^\perp\cap A^0$ は A^0 の余イデアルである．

(ii) $\varepsilon(D)=0$ だから $\langle D, 1\rangle=0$．ゆえに，$1\in D^{\perp(A)}$．$a, b\in D^{\perp(A)}$，$f\in D$ ならば

$$\langle ab, f\rangle = \langle a\otimes b, \Delta f\rangle \subset \langle a\otimes b, D\otimes A^0\rangle + \langle a\otimes b, A^0\otimes D\rangle = 0.$$

ゆえに，$ab \in D^{\perp(A)}$．したがって，$D^{\perp(A)}$ は部分 k 代数である．▌

注意 定理2.3.6(i)，2.3.7(i), (ii)の逆は必ずしも成り立たない．

3.3 根基と余根基

k 余代数 C の余根基と，その双対 k 代数 C^* の根基との関係を調べてみよう．C が有限次元ならば容易に $(\mathrm{corad}\, C)^\perp = \mathrm{rad}\, C^*$ であることがわかる．このことが一般に成り立つことを示すために，まず k 代数のイデアルの積と双対的な演算を k 余代数で定義しよう．X, Y を k 余代数 C の部分 k 線型空間とし，σ を C の余積写像 $\Delta: C\to C\otimes C$ と自然な k 線型写像 $C\otimes C \to C/X \otimes C/Y$ との結合とする．このとき，$\mathrm{Ker}\, \sigma = X \sqcap Y$[1] とおく．定義から $X\sqcap Y = \Delta^{-1}(C\otimes Y + X\otimes C)$ で，$X\sqcap Y = (X^\perp Y^\perp)^{\perp(C)}$ である．とくに，$\sqcap^0 X = \{0\}$，$\sqcap^1 X = X$，$\sqcap^n X = (\sqcap^{n-1}X)\sqcap X$ とおく．X が左余イデアルで，Y が右余イデアルならば $X^\perp$ は左イデアル，$Y^\perp$ は右イデアルとなるから，$X^\perp Y^\perp$ は C^* の両側イデアルで，$X\sqcap Y$ は C の部分 k 余代数になる．とくに，X, Y が C の部分 k 余代数ならば，$X\sqcap Y$，$Y\sqcap X$ も C の部分 k 余代数である．

問2.4 (i) X が左(右)余イデアルならば $X\sqcap Y(Y\sqcap X)$ は左(右)余イデアルで $X\subset X\sqcap Y (X\subset Y\sqcap X)$ であることを示せ．

(ii) $X\subset \mathrm{Ker}\,\varepsilon$ ならば $\bigcap_{n=0}^{\infty}(\sqcap^n X)$ は余イデアルである．

(iii) C, D を k 余代数とし，$f: C\to D$ を k 余代数射とすると，C の部分 k 線型空間 X, Y に対して，$f(X\sqcap Y)\subset f(X)\sqcap f(Y)$ が成り立つ．

D を k 余代数 C の部分 k 余代数とし，$D^\perp = \mathfrak{a}$ とおく．このとき，任意の自然数 n について，$\sqcap^n D = (\mathfrak{a}^n)^{\perp(C)}$ となる．$D_n = \sqcap^{n+1} D$ とおくと，C の部分 k 余代数の列 $D = D_0 \subset D_1 \subset D_2 \subset \cdots$ がえられる．$D_\infty = \bigcup_{n=0}^{\infty} D_n$ とおき，$D_\infty = C$ のとき，D を**余巾零**であるという．

補題2.3.8 C を k 余代数とし，D を C の余巾零部分 k 余代数とすると，$D^\perp \subset \mathrm{rad}\, C^*$．

証明 $f\in D^\perp$ ならば $\varepsilon - f$ が C^* の可逆元であることを示せばよい．k 余代数の自然な埋め込み $D_n = \sqcap^{n+1} D \to C$ の双対 k 代数射を $\pi_n: C^* \to D_n{}^*$ とおくと，

---

1) この定義には通常記号 $\wedge$ が使われている．本書では外積の記号との混同をさけて，記号 $\sqcap$ を使った．

D が余巾零だから $\varprojlim(D_n)^*=C^*$. 一方，各 n について，$m>n$ ならば $\pi_n(f^m)=0$ だから，$\pi_n(\varepsilon+f+\cdots+f^n)$ は $\pi_n(\varepsilon-f)$ の逆元である．したがって，$\varepsilon-f$ は C^* の可逆元である．▌

定理 2.3.9 C を k 余代数とする．

(i) $\mathrm{rad}\, C^* = (\mathrm{corad}\, C)^\perp$

(ii) D が C の余巾零部分 k 余代数 $\Leftrightarrow D\supset \mathrm{corad}\, C$.

証明 (i) $x\in C$ ならば，x は C の有限次元部分 k 余代数 D に含まれる．$\mathcal{R}=\mathrm{rad}\, D^*=(\mathrm{corad}\, D)^\perp$ は D^* の最大巾零イデアルだから，$\mathcal{R}^n=\{0\}$ となる自然数 n が存在する．

$$D=(\mathcal{R}^n)^{\perp(C)}=\sqcap^n(\mathrm{corad}\, D)=D_{n-1}\subset\sqcap^n(\mathrm{corad}\, C)=C_{n-1},$$

したがって，$C=\bigcup_{n=0}^{\infty}C_n$. すなわち，$\mathrm{corad}\, C$ は余巾零である．補題 2.3.8 から $(\mathrm{corad}\, C)^\perp\subset\mathrm{rad}\, C^*$. 一方，$(\mathrm{corad}\, C)^\perp$ は或る有限余次元極大イデアルの族の共通部分だから，$(\mathrm{corad}\, C)^\perp\supset\mathrm{rad}\, C^*$. したがって，$(\mathrm{corad}\, C)^\perp=\mathrm{rad}\, C^*$.

(ii) (i)により，$\mathrm{corad}\, C$ は余巾零．したがって，部分 k 余代数 D が $\mathrm{corad}\, C$ を含むならば，D も余巾零である．逆に，D が余巾零部分 k 余代数ならば，補題 2.3.8 から $D^\perp\subset\mathrm{rad}\, C^*$. したがって，$D=D^{\perp\perp(C)}\supset(\mathrm{rad}\, C^*)^{\perp(C)}=\mathrm{corad}\, C$. ▌

系 2.3.10 $\sqcap^{n+1}(\mathrm{corad}\, C)=((\mathrm{rad}\, C^*)^{n+1})^{\perp(C)}$.

3.4 k 余代数の分解定理

有限次元 k 代数の分解定理 1.4.9 は，双対的に(必ずしも有限次元とは限らない) k 余代数の分解定理に拡張される．単純 k 余代数 N に対して，その双対 k 代数 N^* は単純 k 代数であるが，N^* が分離的であるとき，N を**分離的**であるという．C を k 余代数とし，$\mathrm{corad}\, C$ を C の余根基とする．$\mathrm{corad}\, C$ の任意の単純部分 k 余代数 N が分離的であるとき，$\mathrm{corad}\, C$ を**分離的余根基**という．k が代数的閉体ならば $\mathrm{corad}\, C$ はつねに分離的である．C を k 余代数とし，D をその部分 k 余代数とする．k 余代数射 $\pi: C\to D$ で，π の D への制限が恒等写像になるものを C から D への**射影**とよぶ．

定理 2.3.11 C を k 余代数とし，$\mathrm{corad}\, C$ が分離的であるとする．このとき，C の余イデアル I で $C=I\oplus(\mathrm{corad}\, C)$ (k 線型空間としての直和) となるものが存在する．いいかえれば，C から $\mathrm{corad}\, C$ への射影が存在する．

この定理を証明するために，補題を準備する．

補題 2.3.12　$\sigma: C \to D$ を k 余代数射で，全射とすると，$\sigma(\operatorname{corad} C) \supset \operatorname{corad} D$ が成り立つ．したがって，D の任意の単純部分 k 余代数は $\sigma(\operatorname{corad} C)$ に含まれる．

証明　E を D の単純部分 k 余代数とする．σ が全射だから，$y \in E$, $y \neq 0$ に対して，$\sigma(x) = y$ となる $x \in C$ が存在する．X を x から生成される C の部分 k 余代数とする．このとき，$\dim X < \infty$, $X \cap (\operatorname{corad} C) = \operatorname{corad} X$, かつ $E \cap \sigma(X) \neq \{0\}$ だから，C, D を有限次元と仮定してよい．σ の双対 k 代数射 $\sigma^*: D^* \to C^*$ は単射で C^* の根基 $(\operatorname{corad} C)^\perp$ は巾零イデアルだから，$(\operatorname{corad} C)^\perp \cap D^*$ も D^* の巾零イデアルであり，$(\operatorname{corad} C)^\perp \cap D^* \subset \operatorname{rad} D^*$ となる．一方，$((\operatorname{corad} C)^\perp \cap D^*)^{\perp(D)} = \sigma(\operatorname{corad} C)$ だから，$\sigma(\operatorname{corad} C) \supset (\operatorname{rad} D^*)^{\perp(D)} = \operatorname{corad} D$. ▌

補題 2.3.13　C を有限次元 k 余代数とし，$\operatorname{corad} C$ は分離的な余根基であるとする．D を C の部分 k 余代数とすると，D から $D \cap (\operatorname{corad} C)$ への射影は C から $\operatorname{corad} C$ への射影に延長できる．

証明　D から $D \cap (\operatorname{corad} C)$ への射影を π と書く．自然な埋め込み $i: \operatorname{corad} C \to C$ と自然な k 余代数射 $\pi': C \to C/\operatorname{Ker} \pi = E$ との結合を $\alpha = \pi' \circ i$ とおくと，$\operatorname{Ker} \alpha = \{0\}$ で $\operatorname{Im} \alpha \subset \operatorname{corad} E$. 一方，補題 2.3.12 から，$\operatorname{Im} \alpha \supset \operatorname{corad} E$ だから $\operatorname{Im} \alpha = \operatorname{corad} E$. k 余代数射 α の双対 k 代数射 $\alpha^*: E^* \to (\operatorname{corad} C)^*$ は全射で $(\operatorname{corad} C)^*$ は分離的 k 代数だから，定理 1.4.9 により，k 代数射 $\pi''^*: (\operatorname{corad} C)^* \to E^*$ で，$\alpha^* \circ \pi''^*$ が $(\operatorname{corad} C)^*$ の恒等射となるものが存在する．したがって，k 余代数射 $\pi'': E \to \operatorname{corad} C$ で $\pi'' \circ \alpha$ が $\operatorname{corad} C$ の恒等射となるものが存在する．$\tilde{\pi} = \pi'' \circ \pi'$ とおくと，$\tilde{\pi}$ は C から $\operatorname{corad} C$ への射影で，$\tilde{\pi}$ は π の延長である．▌

定理 2.3.11 の証明　(F, π) を k 余代数 C の部分 k 余代数 F と F から $F \cap (\operatorname{corad} C)$ への射影 π との組とする．$\mathfrak{I}$ をこのような組の全体の集合とする．$\operatorname{corad} C$ と恒等写像の組は $\mathfrak{I}$ の元だから，$\mathfrak{I}$ は空でない．$(F, \pi), (F' \pi') \in \mathfrak{I}$ のとき，

$$(F', \pi') \leqq (F, \pi) \Leftrightarrow F' \subset F \quad \text{かつ} \quad \pi|_{F'} = \pi'$$

と定義して，$\mathfrak{I}$ は順序集合になる．$\mathfrak{I}$ は Zorn の補題の仮定を満たし，極大元 (F_0, π_0) が存在する．このとき，$F_0 = C$ を示せばよい．$F_0 \subsetneqq C$ とすると，$x \in C$ で $x \notin F_0$ となるものが存在する．D を x から生成される C の部分 k 余代数とする．$\operatorname{Im}(\pi_0|_{F_0 \cap D}) = D \cap (\operatorname{corad} C) = \operatorname{corad} D$ で D は有限次元だから，$F_0 \cap D \subset D$ と $\pi_0|_{F_0 \cap D}$ に補題 2.3.13 を適用して，D から $D \cap (\operatorname{corad} C)$ への射影 π で

$\pi_0|_{F_0\cap D}$ の延長になっているものが存在する．したがって，(D,π) と (F_0,π_0) はその共通部分で一致するような余根基への射影をもつから，それらは F_0+D から $(F_0+D)\cap(\mathrm{corad}\,C)$ への射影 π' に延長できる．ゆえに，$(F_0+D,\pi')\gneqq(F_0,\pi_0)$ となり，(F_0,π_0) が極大元であることに矛盾する．したがって，$F_0=C$ でなければならない．▌

3.5　代数と余代数との対応

2.3で定義したように，k 代数と k 余代数との間の対応

$$F:\boldsymbol{Cog}_k\to\boldsymbol{Alg}_k,\qquad C\mapsto C^*$$
$$G:\boldsymbol{Alg}_k\to\boldsymbol{Cog}_k,\qquad A\mapsto A^0$$

が存在する．このとき，$\sigma:C\to D$ が k 余代数射ならば，その双対 k 線型写像 $\sigma^*:D^*\to C^*$ は k 代数射であり，$\rho:A\to B$ が k 代数射ならば，その双対 k 線型写像 ρ^* の B^0 への制限 $\rho^0:B^0\to A^0$ は k 余代数射である．このことから，F,G はそれぞれ k 余代数の圏から k 代数の圏へ，k 代数の圏から k 余代数の圏への反変関手であることがわかる．さらに，次の定理から，F,G は互いに随伴である．

定理 2.3.14　A を k 代数，C を k 余代数とするとき，写像

$$\boldsymbol{Alg}_k(A,C^*)\underset{\Psi}{\overset{\Phi}{\rightleftarrows}}\boldsymbol{Cog}_k(C,A^0)$$

を $\Phi:\rho\mapsto\rho^0\circ\lambda_C$，$\Psi:\sigma\mapsto\sigma^*\circ\lambda_A$ で定義すると，Φ,Ψ は互いに逆写像で2つの集合の間の全単射対応をあたえる．

証明　$\Psi\circ\Phi(\rho)=\Psi(\rho^0\circ\lambda_C)=(\rho^0\circ\lambda_C)^*\circ\lambda_A=\lambda_C{}^*\circ\rho^{0*}\circ\lambda_A$ で $a\in A$，$c\in C$ のとき，

$$\begin{aligned}\langle\lambda_C{}^*\circ\rho^{0*}\circ\lambda_A(a),c\rangle&=\langle\rho^{0*}\circ\lambda_A(a),\lambda_C(c)\rangle=\langle a,\rho^0(c)\rangle\\&=\langle\rho(a),c\rangle.\end{aligned}$$

ゆえに，$\Psi\circ\Phi(\rho)=\rho$．同様に，$\Phi\circ\Psi(\sigma)=\sigma$．▌

C が k 余代数のとき，C^0 は C の双対 k 代数 C^* の部分 k 代数であることから，H を k ホップ代数とすると，H^0 は k ホップ代数の構造をもつ．H^0 を H の**双対 k ホップ代数**という．対応 $H\mapsto H^0$ は圏 $\boldsymbol{Hopf}_k$ からそれ自身の中への反変関手で，それ自身と随伴な関手である．すなわち，H,K を k ホップ代数とすると，定理 2.3.14 と同じような対応で全単射対応

$$\boldsymbol{Hopf}_k(H,K^0)\cong\boldsymbol{Hopf}_k(K,H^0)$$

がえられる．

次に，このような関手で対応する k 代数と k 余代数との関係を調べてみよう．

定理 2.3.15　$\sigma\in \boldsymbol{Cog}_k(C,D)$ について，

$$\sigma \text{ 全射} \Leftrightarrow \sigma^* \text{ 単射}, \qquad \sigma \text{ 単射} \Leftrightarrow \sigma^* \text{ 全射}$$

である．

証明は容易である．

定理 2.3.16　$\sigma\in \boldsymbol{Alg}_k(A,B)$ について，

(i)　σ 全射 $\Rightarrow \sigma^0$ 単射

(ii)　σ^0 単射，B 固有かつ A 弱反射的 $\Rightarrow \sigma$ 全射，B 反射的

(iii)　σ 単射，B 固有かつ A 弱反射的 $\Rightarrow \sigma^0$ 全射，A 反射的

(iv)　σ^0 全射，A 固有 $\Rightarrow \sigma$ 単射．

証明　(i)　σ^0 が σ^* の B^0 への制限であることから明らか．

(ii)　σ^0 単射，λ_A 全射から $\sigma^{0*}\circ\lambda_A=\lambda_B\circ\sigma$ 全射．ゆえに λ_B 全射．一方，仮定から λ_B 単射．したがって，B 反射的．λ_B が全単射だから σ が全射になる．

(iii)　σ 単射，λ_B 単射から $\lambda_B\circ\sigma=\sigma^{0*}\circ\lambda_A$ 単射．ゆえに λ_A 単射で A は固有，仮定から λ_A 全射．ゆえに，λ_A 全単射．したがって，σ^{0*} 単射から σ^0 全射をうる．

(iv)　σ^0 全射，λ_A 単射から，$\sigma^{0*}\circ\lambda_A=\lambda_B\circ\sigma$ 単射．したがって σ が単射になる．▌

注意　定理 2.3.16(ii), (iii), (iv) で A, B に関する仮定はとることができない．たとえば，C を例 2.2 で定義した k 余代数とする．$B=C^*$ をその双対 k 代数とすると，$B\cong k[[x]]$ でその部分 k 代数 $k[x]$ を A とおく．自然なうめ込み $\sigma: A\to B$ に対して，$\sigma^0: B^0\cong C\to A^0$ 単射であって，全射ではない．一方 B は固有で，A は弱反射的でない．したがって，(ii) で A が弱反射的という条件をとると，(ii) は必ずしも成立しない．また，$A=k$，k 上の 1 変数関数体を $k(x)=B$ とおくと，$B^0=\{0\}$ で B は固有でなく，A は固有でとくに弱反射的である．このとき，$\sigma: A\to B$ は単射で $\sigma^0: B^0=\{0\}\to A^0$ は全射でない．したがって，(iii) で B 固有の条件をとると，(iii) は必ずしも成立しない．

系 2.3.17　(i)　k 余代数 C について，C 余可換 $\Leftrightarrow C^*$ 可換．

(ii)　k 代数 A について，A 可換 $\Rightarrow A^0$ 余可換．

逆に，A^0 余可換かつ A 固有 $\Rightarrow A$ 可換．

注意　系 2.3.17(ii) で，A が固有でなければ A^0 が余可換でも A が可換であるとは限らない．たとえば，k を有限体とし，G を無限単純群(たとえば交代群 A_n の自然なうめ

込み $A_n \subset A_{n+1}$ に関する帰納的極限 $\varinjlim_n A_n$) とする．$A=kG$ とおくと，k 代数 A は可換でなく $A^0=R_k(A_m)\cap A^*$ は，次の問2.5から $R_k(G)=k$ で余可換である．

問 **2.5**　k を有限体とし，G を有限指数の真の部分群をもたない群とすると，$R_k(G)=k$ である．

定理 2.3.18　k 余代数 C の双対 k 代数 C^* は固有である．

証明　系2.2.14から，C の元 c は C の中で有限次元部分 k 余代数を生成する．したがって，C は有限次元部分 k 余代数 $C_\lambda\,(\lambda\in\Lambda)$ の和で $C=\sum_{\lambda\in\Lambda}C_\lambda$ とかける．

$$\mathfrak{a}_\lambda = C_\lambda{}^\perp = \{\, f\in C^*;\ \langle f, C_\lambda\rangle = 0\}$$

は C^* のイデアルで $C^*/\mathfrak{a}_\lambda\cong C_\lambda{}^*$ から $\mathfrak{a}_\lambda$ は有限余次元である．$\bigcap_\lambda \mathfrak{a}_\lambda=\bigcap_\lambda C_\lambda{}^\perp=(\sum_\lambda C_\lambda)^\perp=\{0\}$ だから定理2.2.17により，C^* は固有である．▌

定理 2.3.19　有限生成可換 k 代数は固有である．

証明　$a\neq 0$ を有限生成可換 k 代数 A の元とするとき，a を含まない A の有限余次元イデアルが存在することを示せばよい．

$\mathfrak{a}=\{x\in A;\ xa=0\}$ とおくと，$\mathfrak{a}$ は A の真のイデアルである．$\mathfrak{a}$ を含む極大イデアルの1つを $\mathfrak{m}$ とする．このとき，A の $S=A-\mathfrak{m}$ による商環 $A_\mathfrak{m}$ は有限生成 k 代数でただ1つの極大イデアル $\mathfrak{m}A_\mathfrak{m}=\mathrm{rad}(A_\mathfrak{m})$ をもつ．ゆえに，Krull の共通部分定理1.5.9(ii)により，$\bigcap_n(\mathfrak{m}A_\mathfrak{m})^n=\{0\}$．したがって，或る自然数 n が存在して，$a\notin\mathfrak{m}^n$．一方，$A/\mathfrak{m}$ は k の有限次代数拡大体(定理1.5.4，1.5.5参照)，すなわち $\mathfrak{m}$ は有限余次元イデアルである．したがって，次の補題により，$\mathfrak{m}^n$ は有限余次元イデアルで A が固有であることがわかる．▌

補題 2.3.20　A を可換 k 代数，$\mathfrak{a}$ を A の有限余次元イデアル，M を有限生成 A 加群とすると，$\mathfrak{a}M$ は M の有限余次元部分 A 加群である．

証明　$M/\mathfrak{a}M\cong A/\mathfrak{a}\otimes_A M$ が有限次元であることを示せばよい．M が有限生成 A 加群だから，或る自然数 n について，$\underbrace{A\oplus\cdots\oplus A}_{n\text{個}}\to M\to 0$ は完全列．ゆえに

$$A/\mathfrak{a}\oplus\cdots\oplus A/\mathfrak{a}\to A/\mathfrak{a}\otimes_A M\to 0$$

も完全列(問1.10参照)．一方 $\mathfrak{a}$ は有限余次元だから，$A/\mathfrak{a}\otimes_A M$ は有限次元である．▌

系 2.3.21　$\mathfrak{a}$ を有限生成 k 代数 A の有限余次元イデアルとすると，任意の

自然数 n について，$\mathfrak{a}^n$ は有限余次元イデアルである．

§4 既約双代数

単純部分 k 余代数がただ1つであるような k 余代数または k 双代数を既約であるとよぶ．この節では，既約 k 双代数の余根基フィルターや k 双代数の既約部分 k 余代数の性質などを調べる．とくに余可換 k 双代数は既約部分 k 余代数の直和に分解される．このような性質は第4,5章で有効に応用される．

4.1 フィルター双代数

第1章2.2でフィルター代数と次数代数を定義したが，これと双対的に k 余代数について，フィルター k 余代数を定義し，2つの構造をもつフィルター k 双代数を定義する．負でない整数の全体の集合を $I=\{0,1,2,\cdots\}$ とおく．C を k 余代数とし，C の部分 k 線型空間の族 $\{C_i\}_{i\in I}$ が

$$C_i\subset C_{i+1}\ (i\in I),\qquad C=\bigcup_{i\in I}C_i,\qquad \Delta C_n\subset\sum_{i=0}^{n}C_i\otimes C_{n-i}\ (n\in I)$$

を満たすとき，C を**フィルター k 余代数**といい，$\{C_i\}_{i\in I}$ を C の**フィルター**という．定義から $C_i\,(i\in I)$ は C の部分 k 余代数である．また，C の部分 k 線型空間の族 $\{C_{(i)}\}_{i\in I}$ があって，

$$C=\coprod_{i\in I}C_{(i)},\qquad \varepsilon(C_{(n)})=0\ (n\neq 0),\qquad \Delta C_{(n)}\subset\sum_{i=0}^{n}C_{(i)}\otimes C_{(n-i)}\ (n\in I)$$

を満たすとき，C を**次数 k 余代数**という．定義から，$\varepsilon(C)\subset C_{(0)}$，$C_{(1)}\subset P(C)$ である．$C_n=\coprod_{i\leqq n}C_{(i)}$ とおくと，$\{C_n\}_{n\in I}$ は C のフィルターでフィルター k 余代数がえられる．とくに，$C_{(0)}=k$, $C_{(1)}=P(C)$ のとき，C を**強次数 k 余代数**という．強次数 k 余代数は分裂既約 k 余代数である．C がフィルター k 余代数で $\{C_i\}_{i\in I}$ をそのフィルターとすると，$C_{(i)}=C_i/C_{i-1}$ ($i\in I$, ただし $C_{-1}=\{0\}$ とする)とおき，自然に，次数 k 余代数 $\mathrm{gr}\,C=\coprod_{i\in I}C_{(i)}$ がえられる．これを**フィルター k 余代数 C に属する次数 k 余代数**という．

B を k 双代数とするとき，B の部分 k 線型空間の族 $\{B_i\}_{i\in I}$ があって，$\{B_i\}_{i\in I}$ が k 代数および k 余代数としてのフィルターになっているとき，B を**フィルター k 双代数**という．また，B の部分 k 線型空間の族 $\{B_{(i)}\}_{i\in I}$ があって，これに

関して，B が k 代数および k 余代数として，次数 k 代数かつ次数 k 余代数になっているとき，B を**次数 k 双代数**という．とくに，B が k ホップ代数のとき，$\{B_i\}_{i\in I}$ が k 双代数としてのフィルターで，$S(B_i)\subset B_i\,(i\in I)$ を満たすとき，B を**フィルター k ホップ代数**という．

C, D がフィルター k 余代数で $\{C_i\}_{i\in I}, \{D_i\}_{i\in I}$ をそれぞれそのフィルターとする．k 余代数射 $\sigma: C\to D$ が $\sigma(C_i)\subset D_i\,(i\in I)$ を満たすとき，σ を**フィルター k 余代数射**という．フィルター k 双代数射，フィルター k ホップ代数射なども同様に定義できる．

例 2.10　k 線型空間 V 上のテンソル k 代数 $T(V)$，および対称 k 代数 $S(V)$（第1章2.2参照）は i 次の斉次成分 $T_{(i)}(V)=V\otimes\cdots\otimes V$（$i$ 個），およびその $S(V)$ の中への像を $S_{(i)}(V)$ とおいて，次数 k 代数になっている．いま，V_1, V_2 を2つの k 線型空間とするとき，$S(V_1\oplus V_2)$ は $S(V_1)\otimes S(V_2)$ と同型で，

$$\Delta: S(V)\to S(V)\otimes S(V)\cong S(V\oplus V)$$
$$\varepsilon: S(V)\to S(0)\cong k$$
$$S: S(V)\to S(V)$$

をそれぞれ k 線型写像 $x\mapsto x+x\,(V\to V\oplus V)$，$x\mapsto 0\,(V\to k)$ および $x\mapsto -x\,(V\to V)$ からひきおこされる k 代数射とすると，これらは，$S(V)$ に次数 k ホップ代数の構造を定義する．また，k リー代数 L の包絡 k 双代数 $U(L)$（例2.5参照）は $T_i(V)$ の $U(L)$ の中への像を $U_i(L)$ とおいて，フィルター双代数の構造をもつ．とくに，例2.6の k 双代数 $C=\coprod_{i\in I} kc_i$ は $C_{(i)}=kc_i\,(i\in I)$ とおいて，次数 k 双代数である．

C を k 余代数，D をその部分 k 余代数とし，$D_i=\sqcap^{i+1}D\,(i\in I)$ とおき，$D_\infty=\bigcup_{i\in I} D_i$ とおく．D の部分 k 加群の族 $\{D_i\}_{i\in I}$ は次の定理から D_∞ のフィルターで，D_∞ はフィルター k 余代数，とくに，D が余巾零，すなわち $D_\infty=C$ ならば $\{D_i\}_{i\in I}$ は C のフィルターで C はフィルター k 余代数になる．C の余根基 $\mathrm{corad}\,C$ を D とおくと，D は余巾零で，C のフィルター $\{D_i\}_{i\in I}$ がえられる．これを C の**余根基フィルター**という．

定理 2.4.1　C を k 余代数，D をその部分 k 余代数とし，$D_i=\sqcap^{i+1}D$ とおくと，$\Delta D_n\subset \sum_{i=0}^{n} D_i\otimes D_{n-i}$.

証明　$\sqcap^{n+1}D=(\sqcap^i D)\sqcap(\sqcap^{n-i+1}D)$ だから，各 $i\,(1\leqq i\leqq n)$ について，$\Delta(\sqcap^{n+1}$

$D)\subset C\otimes(\sqcap^{n-i+1}D)+(\sqcap^{i}D)\otimes C$ が成り立つ．$\sqcap^{n+1}D$ は部分 k 余代数だから，この関係は $i=0$, $n+1$ についても成り立つ．したがって，V を k 線型空間とし，$\{V_i\}_{i\in I}$ を部分 k 線型空間の族で $V_0\subset V_1\subset V_2\subset\cdots$ とするとき，

$$\bigcap_{i=0}^{n}(V\otimes V_{n-i}+V_i\otimes V)=\sum_{i=1}^{n}V_i\otimes V_{n+1-i}$$

を示せばよい．$V=\bigcup_{i\in I}V_i$ としてよい．各 V_j について，V_j の中での V_{j-1} の補空間を1つとり W_j とおく．このとき，$V_1=W_1$, $V_j=\coprod_{i=1}^{j}W_i$, $V\otimes V=\coprod_{i,j}W_i\otimes W_j$ で，

$$V\otimes V_{n-i}+V_i\otimes V=\coprod_{r<i\ \text{または}\ s\leqq n-i}(W_r\otimes W_s)$$

となる．ゆえに，

$$\bigcap_{i=0}^{n}\coprod_{r<i\ \text{または}\ s\leqq n-i}(W_r\otimes W_s)=\coprod_{r+s\leqq n+1}W_r\otimes W_s=\sum_{i=1}^{n}V_i\otimes V_{n+1-i}.$$ ∎

4.2 余自由 k 余代数

k 線型空間 V 上のテンソル k 代数，対称 k 代数と双対的に V 上の余自由 k 余代数，余可換余自由 k 余代数を定義しよう．k 余代数 C と k 線型写像 $\pi:C\to V$ との組 (C,π) が次の性質 (P) を満たすとき，(C,π) または C を V 上の**余自由 k 余代数**という．

(P) 任意の k 余代数 D と k 線型写像 $f:D\to V$ に対して，k 余代数射 $F:D\to C$ で，$f=\pi\circ F$ を満たすものが一意的にきまる．すなわち，対応 $F\mapsto\pi\circ F=f$ で定義される写像

$$\boldsymbol{Cog}_k(D,C)\to\boldsymbol{Mod}_k(D,V)$$

は全単射である．

このような (C,π) は存在すれば同型を除いて一意的にきまる．この定義の C,D を余可換 k 余代数におきかえてえられる余可換 k 余代数 (C,π) を V 上の**余可換余自由 k 余代数**という．

定理 2.4.2 k 線型空間 V 上の余自由 k 余代数が存在する．

証明 $T(V^*)$ を V の双対 k 線型空間 V^* 上のテンソル k 代数とし，$i:V^*\to T(V^*)$ を自然な埋め込みとする．π を次の合成写像とする．

$$T(V^*)^0\to T(V^*)^*\xrightarrow{i^*}V^{**}.$$

このとき，$(T(V^*)^0,\pi)$ は V^{**} 上の余自由 k 余代数である．実際，X,Y を k 線

型空間とすると，$\boldsymbol{Mod}_k(X, Y^*)\cong\boldsymbol{Mod}_k(Y, X^*)$ だから，任意の k 余代数 D について，

$$\boldsymbol{Mod}_k(D, V^{**})\cong\boldsymbol{Mod}_k(V^*, D^*)\cong\boldsymbol{Alg}_k(T(V^*), D^*)\cong\boldsymbol{Cog}_k(D, T(V^*)^0).$$

(第1章2.2および定理2.3.14参照.) このとき，$f\in\boldsymbol{Mod}_k(D, V^{**})$ に対応する $F\in\boldsymbol{Cog}_k(D, T(V^*)^0)$ は $f=\pi\circ F$ を満たす．したがって，定理の証明には，次の補題を証明すればよい．

補題2.4.3　(C,π) を k 線型空間 V 上の余自由 k 余代数とし，$W\subset V$ を V の部分 k 線型空間とする．C の部分 k 余代数 E で $\pi(E)\subset W$ を満たすものの全体の和を D とし ρ を π の D への制限とすると，(D,ρ) は W の余自由 k 余代数である．

証明　M を k 余代数，$f:M\to W$ を k 線型写像とすると，f は k 線型写像 $M\to V$ とみることができるから，k 余代数射 $F:M\to C$ で $f=\pi\circ F$ を満たすものが存在する．$\pi(F(M))\subset W$ だから $F(M)\subset D$ となり，F は M から D への k 余代数射となる．▮

定理2.4.4　k 線型空間 V 上の余可換余自由 k 余代数が存在する．これを $C(V)$ と書く．

証明　$(\overline{C},\bar{\pi})$ を V 上の余自由 k 余代数とする．C を $\overline{C}$ のすべての部分余可換 k 余代数の和とし，π を $\bar{\pi}$ の C への制限とすると，(C,π) は V 上の余可換余自由 k 余代数になることがたしかめられる．▮

V_1, V_2 を k 線型空間とし，(C_i,π_i) を V_i 上の余可換余自由 k 余代数とする $(i=1,2)$．このとき，k 線型写像 $\rho:C_1\otimes C_2\to V_1\oplus V_2$ を，$c\otimes d\in C_1\otimes C_2$ に対して，

$$\rho(c\otimes d) = \pi_1(c)\varepsilon(d)+\pi_2(d)\varepsilon(c)$$

で定義すると，$(C_1\otimes C_2,\rho)$ は $V_1\oplus V_2$ 上の余可換余自由 k 余代数になる．k 線型写像

$$\mu:C(V)\otimes C(V)\cong C(V\oplus V)\to C(V)$$
$$\eta:C(\{0\})\cong k\to C(V)$$
$$S:C(V)\to C(V)$$

をそれぞれ $(v,w)\mapsto v+w\ (V\oplus V\mapsto V)$，$0\mapsto 0(\{0\}\to V)$ および $v\mapsto -v\ (V\to V)$ からひきおこされる k 余代数射とすると，$C(V)$ はこれらを k 代数の構造射として，可換かつ余可換な k ホップ代数になる．

問 2.6 上記の μ, η, S が $C(V)$ の k 代数の構造射になることを証明せよ.

注意 同じ方法で A を k 代数とするとき, k 線型空間 A 上の余可換余自由 k 余代数 $C(A)$ に $\pi: C(A)\to A$ が k 代数射になるような k 双代数の構造を定義することができる.

4.3 既約 k 余代数と k 余代数の既約成分

すでに定義したように, ただ1つの単純部分 k 余代数をもつ k 余代数を既約であるという. このことは, 任意の0でない2つの部分 k 余代数の共通部分が0でないといってもよい.

定理 2.4.5 C を k 余代数, $C_\lambda\,(\lambda\in\Lambda)$ を C の部分 k 余代数の族とし, $C=\sum_{\lambda\in\Lambda} C_\lambda$ とする.

(i) C の単純部分 k 余代数は或る C_λ の中に含まれる.

(ii) C 既約 $\Leftrightarrow$ 各 C_λ が既約で $\bigcap_\lambda C_\lambda \neq \{0\}$.

(iii) C 分裂的 $\Leftrightarrow$ 各 C_λ が分裂的.

証明 (i) D を C の単純部分 k 余代数とする. $\dim D<\infty$ だから, $D\subset\sum_{i=1}^{n} C_{\lambda_i}$ となる有限個の族 $\{C_{\lambda_i}\}_{1\leq i\leq n}$ をとることができる. n に関する帰納法で, $D\subset C_\lambda+C_{\lambda'}$ ならば $D\subset C_\lambda$ または $D\subset C_{\lambda'}$ であることをいえばよい. $D\not\subset C_\lambda$ とすると, D が単純だから, $D\cap C_\lambda=\{0\}$. ゆえに, $f\in C^*$ で $f|_D=\varepsilon_D$ かつ $f|_{C_\lambda}=0$ を満たすものが存在する. 一方, $D\subset C_\lambda+C_{\lambda'}$ だから, $\Delta(D)\subset C_\lambda\otimes C_\lambda+C_{\lambda'}\otimes C_{\lambda'}$. したがって, $d\in D$ ならば

$$\sum_{(d)} d_{(1)}\langle f, d_{(2)}\rangle = \sum_{(d)} d_{(1)}\varepsilon(d_{(2)}) = d\in C_{\lambda'},$$

すなわち, $D\subset C_{\lambda'}$ となる.

(ii) C を既約とし, R をそのただ1つの単純部分 k 余代数とする. (i)から, すべての $\lambda\in\Lambda$ について, $R\subset C_\lambda$. ゆえに, C_λ は既約で $\bigcap_\lambda C_\lambda\neq\{0\}$. 逆に, 各 C_λ が既約で $\bigcap_\lambda C_\lambda\neq\{0\}$ とする. R を $\bigcap_\lambda C_\lambda$ に含まれる単純部分 k 余代数とすると, R は各 C_λ のただ1つの単純部分 k 余代数で, (i)から C の単純部分 k 余代数はある C_λ に含まれるから, R はただ1つの C の単純部分 k 余代数である.

(iii)は(i)から明らか. ▌

系 2.4.6 $C=\sum_{\lambda\in\Lambda} C_\lambda$ を定理と同じとする.

$$C\text{ 分裂既約} \Leftrightarrow \text{各 } C_\lambda \text{ が分裂既約で, } \bigcap_{\lambda\in\Lambda} C_\lambda\neq\{0\}.$$

C を k 余代数とするとき, C の極大既約部分 k 余代数を C の**既約成分**(IC)と

いう．既約成分で分裂的なものを**分裂既約成分**(PIC)という．

定理 2.4.7　C を k 余代数とする．

(i)　任意の C の既約部分 k 余代数 E は C の既約成分に含まれる．

(ii)　相異なる既約成分の和は直和である．

(iii)　C が余可換ならば C は既約成分の直和である．

証明　(i)　E を含む既約部分 k 余代数の和を F とおくと，F は既約部分 k 余代数である(定理 2.4.5(ii))．つくり方から F は E を含むただ1つの極大既約部分 k 余代数である．

(ii)　$\{C_\lambda\}_{\lambda\in\Lambda}$ を相異なる既約成分の族とする．$C_\beta\cap\sum_{\lambda\neq\beta}C_\lambda\neq\{0\}$ と仮定する．R を C_β のただ1つの単純部分 k 余代数とすると，$R\subset\sum_{\lambda\neq\beta}C_\lambda$．定理 2.4.5(i) から $R\subset C_\gamma$ $(\gamma\neq\beta)$ となる $\gamma\neq\beta$ がある．ゆえに $C_\beta\cap C_\gamma\neq\{0\}$．したがって，$C_\beta+C_\gamma$ は既約(定理 2.4.5(ii))で C_β, C_γ は既約成分だから，$C_\beta=C_\gamma=C_\beta+C_\gamma$．これは $\{C_\lambda\}_{\lambda\in\Lambda}$ のとり方に矛盾する．ゆえに，$\sum_{\lambda\in\Lambda}C_\lambda$ は直和である．

(iii)　(i), (ii) から，C が既約部分 k 余代数の和であることをいえばよい．$x\in C$ のとき，C_x を x から生成される C の部分 k 余代数とする．(iii) は C_x について示せばよく，C_x は有限次元だから，C を有限次元としてよい．このとき，C^* は有限次元可換 k 代数で，C^* は局所 k 代数の直和として $C^*=A_1\oplus\cdots\oplus A_n$ とあらわせる．ゆえに，

$$C\cong C^{**}\cong A_1{}^*\oplus\cdots\oplus A_n{}^*$$

で各 $A_i{}^*$ は既約 k 余代数である．▌

系 2.4.8　C を k 余代数とする．

(i)　相異なる単純部分 k 余代数の和は直和である．

(ii)　C 既約 $\Leftrightarrow$ 任意の C の元は既約部分 k 余代数に含まれる．

(iii)　C 分裂既約 $\Leftrightarrow$ 任意の C の元は分裂既約部分 k 余代数に含まれる．

証明　(i)　単純部分 k 余代数は既約だから，或る既約成分に含まれる．このとき，相異なる単純部分 k 余代数は相異なる既約成分に含まれる．既約成分の和は直和であることから，単純部分 k 余代数の和も直和になる．

(ii)　$\Rightarrow$ は明らか．$\Leftarrow$　C が既約でないとすると，C は相異なる2つの単純部分 k 余代数 D, E を含む．(i) から $D+E$ は直和．$d\in D$, $e\in E$ を0でない元とする．F を $d+e\neq 0$ から生成される C の部分 k 余代数とすると，仮定から F は

既約部分 k 余代数に含まれる．ゆえに，F は既約．R を F のただ1つの単純部分 k 余代数とすると，$R=D$ または $R=E$(定理 2.4.5(i))．ゆえに，$R=D$ ならば，$d, d+e\in F$ となり $e\in F$．したがって，$D, E\subset F$ となり，F が既約であることに矛盾する．(iii)は(ii)から明らか．▌

補題 2.4.9 M, N を k 余代数 C の部分 k 余代数とし，L を C の単純部分 k 余代数とする．このとき，$L\subset M\sqcap N$ ならば $L\subset M$ または $L\subset N$.

証明 $L\not\subset M$ とすると，M は単純だから，$L\cap M=\{0\}$ である．したがって，$f\in C^*$ で $f|_L=\varepsilon_L$，$f|_M=0$ となるものが存在する．一方，$l\in L\subset M\sqcap N$ ならば，$\Delta(l)\in C\otimes M+N\otimes C$．したがって，

$$l=\sum_{(l)}l_{(1)}\varepsilon(l_{(2)})=\sum l_{(1)}\langle f, l_{(2)}\rangle\subset N\langle f, C\rangle\subset N,$$

すなわち，$L\subset N$．▌

定理 2.4.10 D を k 余代数 C の既約部分 k 余代数とし，$D_n=\sqcap^{n+1}D$ とおくと，$D_\infty=\bigcup_{n=0}^{\infty}D_n$ は既約 k 余代数で，D_∞ は D を含む C の既約成分である．

証明 L を D_∞ の単純部分 k 余代数とする．L は有限次元だから $L\subset D_n$ となる自然数 n がある．$D_n=D\sqcap D_{n-1}$ に補題 2.4.9 を適用して，$L\subset D$ または $L\subset D_{n-1}$．n に関する帰納法で $L\subset D$ がえられる．D は既約だから，L は D のただ1つの単純部分 k 余代数である．ゆえに，D_∞ も既約．D を含む C の既約成分を E とおくと，D_∞ が既約であることから，$D_\infty\subset E$．一方，L を D(したがって E)のただ1つの単純部分 k 余代数とすると，$L=\mathrm{corad}\,E$．E の中での演算 $\sqcap$ を $\sqcap_E$ と書くと，定理 2.3.9(ii)から $E=\bigcup_{n=0}^{\infty}\sqcap_E{}^nL\subset\bigcup_{n=0}^{\infty}\sqcap_E{}^nD\subset D_\infty$．ゆえに，$E=D_\infty$．▌

定理 2.4.11 C, D を k 余代数とし，$f:C\to D$ を k 余代数射とする．C が分裂既約ならば，

$$f\text{ 単射}\Leftrightarrow f|_{P(C)}\text{ 単射},\qquad\text{すなわち}\quad \mathrm{Ker}\,f\cap P(C)=\{0\}.$$

定理を証明するために，2つの補題を準備する．g を C のただ1つの乗法的な元とすると，$C_0=kg$ は C の余根基である．$\{C_n\}_{n\in I}$ $(I=\{0,1,2,\cdots\}$, $C_n=\sqcap^{n+1}kg)$ を C の余根基フィルターとする．

補題 2.4.12 C を分裂既約 k 余代数とすると，

$$C_1=kg\sqcap kg=kg\oplus P(C).$$

証明 $P(C)\subset \mathrm{Ker}\,\varepsilon$ で $\varepsilon(g)=1$ だから $kg+P(C)$ は直和．$c\in C_1$ のとき，$d=c-\varepsilon(c)g$ とおくと，$d\in C_1\cap \mathrm{Ker}\,\varepsilon$ である．$d\in P(C)$ を示そう．$d\in C_1$ だから，$\Delta d\in C\otimes kg+kg\otimes C$．ゆえに，$\Delta d=d_1\otimes g+g\otimes d_2$ とおくと，$\varepsilon(d)=(\varepsilon\otimes\varepsilon)\Delta d=\varepsilon(d_1)+\varepsilon(d_2)=0$．一方，$(1\otimes\varepsilon)\Delta d=d=(\varepsilon\otimes 1)\Delta d$ だから $d_1\varepsilon(g)+g\varepsilon(d_2)=d=\varepsilon(d_1)g+\varepsilon(g)d_2$．したがって，

$$\begin{aligned}\Delta d &= d_1\otimes g+g\otimes d_2 = (d-g\varepsilon(d_2))\otimes g+g\otimes(d-g\varepsilon(d_1))\\ &= d\otimes g+g\otimes d-(\varepsilon(d_1)+\varepsilon(d_2))g\otimes g = d\otimes g+g\otimes d,\end{aligned}$$

すなわち，$d\in P(C)$ で $c=\varepsilon(c)g+d\in kg\oplus P(C)$． ▌

補題 2.4.13 $C_n^+=C_n\cap \mathrm{Ker}\,\varepsilon$ とおく．$c\in C_n^+$ ならば

$$\Delta c = g\otimes c+c\otimes g+y, \qquad y\in\sum_{i=1}^{n-1}C_i^+\otimes C_{n-i}^+\subset C_{n-1}^+\otimes C_{n-1}^+.$$

証明 $y=\Delta c-g\otimes c-c\otimes g$ とおくと，$(1\otimes\varepsilon)y=(1\otimes\varepsilon)\Delta c-c\varepsilon(g)=c-c=0$．ゆえに，$y\in C\otimes(\mathrm{Ker}\,\varepsilon)$．同様に，$y\in(\mathrm{Ker}\,\varepsilon)\otimes C$．ゆえに，$y\in(\mathrm{Ker}\,\varepsilon)\otimes(\mathrm{Ker}\,\varepsilon)$．一方，$\Delta c\in\sum_{i=0}^{n}C_i\otimes C_{n-i}$ だから，$y\in\left(\sum_{i=0}^{n}C_i\otimes C_{n-i}\right)\cap(\mathrm{Ker}\,\varepsilon\otimes\mathrm{Ker}\,\varepsilon)=\sum_{i=0}^{n}C_i^+\otimes C_{n-i}^+$．$C_0^+=\{0\}$ だから，$y\in\sum_{i=1}^{n-1}C_n^+\otimes C_{n-i}^+\subset C_{n-1}^+\otimes C_{n-1}^+$． ▌

定理 2.4.11 の証明 $\Rightarrow$は明らか．$\Leftarrow$ 各 i について $f|_{C_i}$ が単射であることを示せばよい．f が k 余代数射であることから，$\varepsilon f(g)=\varepsilon(g)=1$，$\varepsilon f(P(C))=\varepsilon(P(C))=0$．ゆえに，$f(kg)+f(P(C))$ は直和である．補題 2.4.12 により，$C_1=kg\oplus P(C)$ だから $f|_{P(C)}$ が単射ならば，$f|_{C_1}$ も単射である．n に関する帰納法で，$f|_{C_n}$ が単射なら $f|_{C_{n+1}}$ も単射であることを示せばよい．$x\in C_{n+1}^+=C_{n+1}\cap\mathrm{Ker}\,\varepsilon$ とすると，補題 2.4.13 により，$\Delta x=g\otimes x+x\otimes g+y$，$y\in C_n^+\otimes C_n^+$．ゆえに，$\Delta f(x)=(f\otimes f)\Delta(x)=f(g)\otimes f(x)+f(x)\otimes f(g)+(f\otimes f)(y)$．一方，$x\in\mathrm{Ker}\,f$ ならば $(f\otimes f)(y)=0$ で $f|_{C_n}$ が単射であることから $y=0$．したがって，$x\in P(C)\cap\mathrm{Ker}\,f=\{0\}$．すなわち，$f|_{C_{n+1}}$ も単射である． ▌

系 2.4.14 分裂既約 k 余代数 C の余イデアル I について，$I\cap P(C)=\{0\}$ ならば $I=\{0\}$．

証明 自然な k 余代数射 $\pi:C\to C/I$ に定理 2.4.11 を適用する．仮定から $\pi|_{P(C)}$ は単射だから π も単射になる．ゆえに，$\mathrm{Ker}\,\pi=I=\{0\}$． ▌

このことから，ただちに次の系がえられる．

系 2.4.15 C,D を k 余代数とし，$f,g:C\to D$ を k 余代数射とする．D が分

裂既約ならば，

$$f=g\Leftrightarrow \mathrm{Im}(f-g)\cap P(D)=\{0\}.$$

系 2.4.16 分裂既約 k 余代数 C の双対 k 代数を C^* とする．C^* の部分 k 代数 A が $A^{\perp(C)}\cap P(C)=\{0\}$ を満たすならば A は C^* の中で稠密である．すなわち $A^{\perp(C)}=\{0\}$ である．

系 2.4.17 $D=\coprod_{i\in I}D_{(i)}$ を強次数 k 余代数とし，$\pi:D\to D_{(1)}$ を自然な射影とする．

(i) f,g を k 余代数 C から D への k 余代数射とするとき，$\pi f=\pi g$ ならば $f=g$.

(ii) C が次数 k 余代数で $f,g:C\to D$ が次数 k 余代数射のとき，$f|_{C_{(1)}}=g|_{C_{(1)}}$ ならば $f=g$.

定理 2.4.18 C,D を次数 k 双代数とし，$C_{(0)}=D_{(0)}=k$ かつ D は強次数 k 双代数であるとすると，C から D への次数 k 余代数射は次数 k 双代数射である．

証明 $f(C_{(0)})\subset D_{(0)}$ で 1 は D のただ 1 つの乗法的元だから $f(1)=1$. 一方，$C\otimes C$ は $C_{(n)}=\sum_{i+j=n}C_{(i)}\otimes C_{(j)}$ とおいて次数 k 余代数で $x\in(C\otimes C)_{(1)}=C_{(1)}\otimes k+k\otimes C_{(1)}$ ならば，$x=1\otimes c+d\otimes 1$ とかける．ゆえに，$f\circ\mu_C(x)=f(c)+f(d)=\mu_D\circ(f\otimes f)(x)$. したがって，$f\circ\mu_C$ と $\mu_D\circ(f\otimes f)$ は $(C\otimes C)_{(1)}$ 上で一致する．系 2.4.17 により，$f\circ\mu_C=\mu_D\circ(f\otimes f)$ となり，f は k 双代数射になる． ▌

系 2.4.19 C,D を分裂既約 k 双代数とし，$f:C\to D$ を余根基フィルターに関して，フィルター k 余代数射であるとする．このとき，$\mathrm{gr}\,f:\mathrm{gr}\,C\to\mathrm{gr}\,D$ は次数 k 双代数射になる．

定理 2.4.20 C,E を k 余代数とし，C は既約で，R をそのただ 1 つの単純部分 k 余代数とする．$f:C\to E$ が k 余代数全射のとき，

(i) $F\neq\{0\}$ を E の部分 k 余代数とすると，$F\cap f(R)\neq\{0\}$.

(ii) $f(R)$ は E のすべての単純部分 k 余代数を含む．

(iii) E 既約 $\Leftrightarrow$ $f(R)$ 既約.

(iv) R が余可換ならば，E は既約で $f(R)$ はそのただ 1 つの単純部分 k 余代数である．

証明 (i) F の元 $d\neq 0$ を 1 つとり，$f(c)=d$ となる $c\in C$ を 1 つとる．c から生成される C の部分 k 余代数を Y とおく．Y は有限次元既約で，R はその

ただ1つの単純部分 k 余代数であり，$F\cap f(Y)\neq\{0\}$ は $f(Y)$ の部分 k 余代数である．ゆえに，C を Y，E を $f(Y)$，F を $f(Y)$ におきかえて，C, E を有限次元としてよい．$f: C\to E$ の双対 k 代数射 $f^*: E^*\to C^*$ は単射で，$M=R^\perp$ は C^* のただ1つの極大イデアルである．ゆえに，M は巾零イデアルで $N=M\cap E^*$ も巾零イデアル．したがって，$N\subset \mathrm{rad}\, E^*$ で，E^* の任意の極大イデアルは N を含む．すなわち，E の任意の単純部分 k 余代数は $N^{\perp(E)}$ に含まれる．一方，$N^{\perp(E)}=(E^*\cap R^\perp)^{\perp(E)}=f(R)$ で F は単純部分 k 余代数を含むから，$F\cap f(R)\neq\{0\}$ がえられる．(i)$\Rightarrow$(ii)$\Rightarrow$(iii) は明らか．

(iv)　$f(R)$ が単純であることをいえばよい．R は有限次元余可換 k 余代数だから，R^* は有限次元可換単純 k 代数である．ゆえに，R^* は k の有限次元拡大体で，R^* のすべての部分 k 代数は単純．したがって，R のすべての剰余 k 余代数は単純で，とくに，$f(R)$ も単純である．▌

系 2.4.21　分裂既約 k 余代数の k 余代数射による像は分裂既約である．

定理 2.4.22　C, E を既約 k 余代数とし，R, S をそれぞれ C, E のただ1つの単純部分 k 余代数とする．

(i)　$X\neq\{0\}$ を $C\otimes E$ の部分 k 余代数とすると，$X\cap(R\otimes S)\neq\{0\}$．

(ii)　$R\otimes S$ は $C\otimes E$ のすべての単純部分 k 余代数を含む．

(iii)　$C\otimes E$ 既約 $\Leftrightarrow$ $R\otimes S$ 既約．

(iv)　C が分裂既約ならば $R\otimes S$ は $C\otimes E$ の単純部分 k 余代数．したがって，$C\otimes E$ は分裂既約である．

証明　(i)$\Rightarrow$(ii)$\Rightarrow$(iii)$\Rightarrow$(iv) は明らかだから，(i) を証明すればよい．$\sum_{i=1}^{n} c_i\otimes e_i\neq 0$ を X の元とする．C', E' をそれぞれ $\{c_i\}_{1\leqq i\leqq n}$，$\{e_i\}_{1\leqq i\leqq n}$ から生成される C, E の部分 k 余代数とすると，$R\subset C'$，$S\subset E'$，C', E' は既約かつ，$X\cap(C'\otimes E')\neq\{0\}$．ゆえに，$C$ を C'，E を E' におきかえて，C, E を有限次元としてよい．したがって，k 代数として，$(C\otimes E)^*\cong C^*\otimes E^*$ で，$M=R^\perp$，$N=S^\perp$ はそれぞれ，C^*, E^* のただ1つの極大イデアルである．M, N は巾零イデアルで，$P=M\otimes E^*+C^*\otimes N$ は $C^*\otimes E^*$ の巾零イデアルとなるから，$P\subset \mathrm{rad}(C^*\otimes E^*)$．ゆえに，$C^*\otimes E^*$ のすべての極大イデアルは P を含む．すなわち，$C\otimes E$ のすべての単純部分 k 余代数は $P^{\perp(C\otimes E)}=R\otimes S$ に含まれる．とくに，$X\cap(R\otimes S)\neq\{0\}$．▌

4.4 既約 k 双代数と k 双代数の既約成分

k 余代数として既約な k 双代数を**既約 k 双代数**という．既約 k 双代数の性質と，k 双代数の既約成分への分解について調べてみよう．

補題 2.4.23 C を k 余代数とし，D をその部分 k 余代数とすると，$\sqcap^n D\otimes\sqcap^m D\subset\sqcap^{n+m-1}(D\otimes D)$.

証明 $n+m$ に関する帰納法で証明する．$n+m\leqq 2$ ならば明らかである．$n+m>2$ とし，$\sqcap^{n+1}D=D_n$ とおくと，定理 2.4.1 と帰納法の仮定から，

$$\Delta(D_{n-1}\otimes D_{m-1})\subset\Delta D_{n-1}\otimes\Delta D_{m-1}\subset\left(\sum_{i=0}^{n}D_i\otimes D_{n-i+1}\right)\otimes\left(\sum_{j=0}^{m-1}D_j\otimes D_{m-j+1}\right)$$
$$\subset(D\otimes D)\otimes(C\otimes C)+C\otimes C\otimes(\sqcap^{n+m-2}D\otimes D).$$

ゆえに，$D_{n-1}\otimes D_{m-1}\subset\sqcap^{n+m-1}(D\otimes D)$. ∎

定理 2.4.24 B を既約 k 双代数とする．

(i) B は分裂的で，余根基は k である．

(ii) $B_i=\sqcap^{i+1}k$ とおくと，$B=\bigcup_{i=0}^{\infty}B_i$，$B_iB_j\subset B_{i+j}$.

(iii) B は k ホップ代数で，$S(B_i)\subset B_i$.

したがって，既約 k 双代数は余根基フィルターに関して，フィルター k ホップ代数になる．

証明 (i) B は k 双代数だから，$k1$ は単純部分 k 余代数で，B は分裂的 k 余代数である．

(ii) 積写像 $\mu:B\otimes B\to B$ は k 余代数射だから $\mu((B\otimes B)_{i+j})\subset B_{i+j}$.（問 2.4 (iii) 参照.）一方，補題 2.4.23 から，$B_i\otimes B_j\subset(B\otimes B)_{i+j}$. ゆえに，$B_iB_j\subset B_{i+j}$. 定理 2.3.9 (ii) から $B=\bigcup_{i=0}^{\infty}B_i$ は明らか．

(iii) 次の補題から B は対合射 S をもつ．B^{op} は分裂的で $(B_i)^{op}=(B^{op})_i$. 一方，S は逆 k 余代数射だから，$S(B_i)=S((B^{op})_i)\subset B_i$. ∎

補題 2.4.25 C を分裂既約 k 余代数，g を C のただ 1 つの乗法的な元とする．A を k 代数とするとき，

$f\in\boldsymbol{Mod}_k(C,A)$ がたたみ込み $*$ に関して可逆元 $\Leftrightarrow$ $f(g)$ が A の可逆元，

とくに，既約 k 双代数 B について，1_B の逆元 S が存在する．

証明 f が逆元 h をもつとすると，

$$f(g)h(g)=(f*h)(g)=\varepsilon(g)1=(h*f)(g)=h(g)f(g).$$

$\varepsilon(g)=1$ だから，$h(g)$ は $f(g)$ の逆元である．

逆に，$a=f(g)$ が A の可逆元で，b を a の逆元とする．$x(c)=f(c)-\varepsilon(c)a$ ($c\in C$) で定義される $x\in \boldsymbol{Mod}_k(C, A)$ をとる．$x(g)=0$ だから $R=kg\subset \mathrm{Ker}\, x$．$C_n=\sqcap^{n+1}R$ とおき，n に関する帰納法で $C_{n-1}\subset \mathrm{Ker}\, x^n$ を示そう．$n=1$ のときは $R\subset \mathrm{Ker}\, x$ が成り立つ．$n-1$ まで成立するとする．$x^n=x*x^{n-1}=\mu(x\otimes x^{n-1})\Delta$ だから，

$$\mathrm{Ker}\, x^n\supset \{z\in C;\ \Delta z\in R\otimes C+C\otimes \mathrm{Ker}\, x^{n-1}\} = R_{\sqcap}(\mathrm{Ker}\, x^{n-1})$$

帰納法の仮定から $\mathrm{Ker}\, x^{n-1}\supset C_{n-2}$．ゆえに，$\mathrm{Ker}\, x^n\supset C_{n-1}$．

$C_n\subset C_{n+1}$ で $C=\bigcup_{n=0}^{\infty} C_n$ だから，$c\in C$ ならば或る自然数 n が存在して，$c\in C_{n-1}$．ゆえに，$c\in \mathrm{Ker}\, x^n$．したがって，

$$h(c) = b\varepsilon(c)-b^2x(c)+b^3x^2(c)-\cdots \qquad (c\in C)$$

として，$h\in \boldsymbol{Mod}_k(C, A)$ が定義できる．このとき，

$$f*h = (a\varepsilon+x)(b\varepsilon-b^2x+b^3x^2-\cdots) = \eta\circ\varepsilon.$$

同様に，$h*f=\eta\circ\varepsilon$．ゆえに，h は f の逆元である．▌

とくに，B を分裂既約 k 双代数とすると，$1_B\in \boldsymbol{Mod}_k(B, B)$ で $1_B(g)=g$ は B の可逆元だから 1_B の逆元 S が存在する．

系 2.4.26 k 余代数 C が分裂既約部分 k 余代数 $C_\lambda(\lambda\in\Lambda)$ の直和ならば，g_λ を C_λ のただ1つの乗法的元とし，A を k 代数とするとき，

$$f\in \boldsymbol{Mod}_k(C, A) \text{ が可逆元} \Leftrightarrow \text{各 } \lambda\in\Lambda \text{ について } f(g_\lambda) \text{ が } A \text{ の可逆元.}$$

定理 2.4.27 B を k 双代数とし，$G(B)$ を B の乗法的元の全体のなす半群とする．$g\in G(B)$ に対して，B_g を kg を含む B の既約成分とすると，

(i) $g, h\in G(B)$ のとき，$B_gB_h\subset B_{gh}$．したがって，1 を $G(B)$ の単位元とすると，B_1 は B の部分 k 双代数である．

(ii) B が k ホップ代数ならば，B_1 は部分 k ホップ代数である．

証明 (i) kg は B_g の単純部分 k 余代数だから B_g は分裂既約である．定理 2.4.22(iv) から，$B_g\otimes B_h$ は分裂既約で，1次元単純部分 k 余代数 $k(g\otimes h)$ をもつ．積写像 μ は k 余代数射だから，系 2.4.21 により，B_gB_h は分裂既約で gh を含む．したがって，$B_gB_h\subset B_{gh}$．

(ii) S を B の対合射とする．$S:(B_1)^{op}\to B$ は k 余代数射で $(B_1)^{op}$ は分裂既約だから，$S((B_1)^{op})\subset B_1$．したがって，$S(B_1)\subset B_1$．▌

系 2.4.28　B が余可換分裂 k 双代数ならば，

$$B=\coprod_{g\in G(B)} B_g \qquad (k\text{ 余代数としての直和}).$$

証明　定理 2.4.7(iii) から，B は既約成分の直和である．したがって，$B_g\ (g\in G(B))$ が B の既約成分の全体であることを示せばよい．E を B の 1 つの既約成分とすると，$G(E)=\{g\}$．E, B_g は g を含む既約成分だから $E=B_g$．▮

系 2.4.29　B が余可換分裂 k 双代数ならば，次の条件は同値である．

(i)　B が k ホップ代数である．

(ii)　$G(B)$ が群である．

(iii)　$G(B)$ の各元が B の可逆元である．

証明　(i)⇒(ii)　B が k ホップ代数ならば，$g\in G(B)$ のとき，$S(g)$ は g の逆元で $G(B)$ は群になる．(ii)⇒(iii) は明らか．(iii)⇒(i)　系 2.4.28 から，$B=\coprod_{g\in G(B)} B_g$ と書ける．補題 2.4.25 により，$1_B\in \boldsymbol{Mod}_k(B,B)$ は可逆元で，その逆元 S は B の対合射である．

系 2.4.30　B を余可換分裂 k 双代数とし，$B=\coprod_{g\in G(B)} B_g$ とする．写像 $\pi_g: B_g\to kG$ を $\pi_g(h)=\varepsilon(h)g$ で定義すると，

$$\pi=\coprod_{g\in G(B)} \pi_g: B\to kG$$

は k 双代数射である．

§5　既約余可換双代数

既約余可換 k 双代数は k の標数が 0 ならば，k リー代数の包絡 k 双代数と同型である．また，このことから，既約余可換 k 双代数の (k 余代数とみての) 双対 k 代数は被約であることがわかる．k の標数が $p>0$ のときは，一般に，このような性質をもたない．このような性質をもつための条件を調べる．

5.1　双代数 $B(V)$

4.2 で k 線型空間 V 上の余自由余可換 k 余代数 $C(V)$ は可換 k ホップ代数の構造をもつことを示した．k ホップ代数 $C(V)$ の単位元 1 を含む既約成分を $B(V)$ とおく．$B(V)$ は分裂既約余可換かつ可換な k ホップ代数である．$B(V)$ の性質を調べてみよう．

定理 2.5.1 分裂既約余可換 k 余代数 C の余根基を C_0 とし，$C^+=\mathrm{Ker}\,\varepsilon\cong C/C_0$ とおく．Vを k 線型空間とすると，$\boldsymbol{Cog}_k(C, C(V))\cong\boldsymbol{Mod}_k(C, V)$ からひきおこされる写像で

$$\boldsymbol{Cog}_k(C, B(V)) \cong \boldsymbol{Mod}_k(C^+, V).$$

証明 Dを任意の余可換 k 余代数とし，$f:C\to D$ を k 余代数射とする．gを D の乗法的元とし，g を含む D の既約成分を D_g とおくと，$f(C)\subset D_g\Leftrightarrow f(C_0)\subset kg$ である．実際，$f(C)\subset D_g$ ならば $f(C_0)\subset kg$(定理 2.4.20 参照)．逆に，$f(C_0)\subset kg$ ならば，$\{C_n\}_{n\in I}$ を C の余根基フィルターとすると，$f(C_n)\subset\sqcap^{n+1}kg$(問 2.4 参照)．一方，$C=\bigcup_{n\in I}C_n$(定理 2.3.9(ii))かつ $\bigcup_{n\in I}(\sqcap^{n+1}kg)=D_g$(定理 2.4.10)だから，$f(C)\subset D_g$．$D=B(V)$，$g=1$ にこれを適用して，

$$\begin{aligned}\boldsymbol{Cog}_k(C, B(V)) &\cong \{f\in\boldsymbol{Cog}_k(C, C(V));\ f(C_0)=k1\}\\ &\cong \mathrm{Ker}\,(\boldsymbol{Mod}_k(C, V)\to\boldsymbol{Mod}_k(C_0, V))\\ &\cong \boldsymbol{Mod}_k(C/C_0, V)\cong\boldsymbol{Mod}_k(C^+, V).\end{aligned}$$

この対応が $\boldsymbol{Cog}_k(C, C(V))\cong\boldsymbol{Mod}_k(C, V)$ からひきおこされることは明らか．∎

$B(V)$ の構造 $\dim V=1$ のとき $B=\coprod_{i=0}^{\infty}kc_i$ を例 2.2 で定義した k 余代数とする．$B_n=\coprod_{i=0}^{n}kc_i$ は B の部分 k 余代数で $\{B_n\}_{n\in I}$ は B の余根基フィルターをあたえる．k 線型写像 $\pi:B\to k$ を $\pi(c_n)=\delta_{1n}$ で定義し，C を任意の k 余代数とし，$\{C_n\}_{n\geqq 0}$ を C の余根基フィルターとする．$\sigma\in\boldsymbol{Cog}_k(C, B)$ のとき，$\pi\circ\sigma\in\boldsymbol{Mod}_k(C, k)$ とおくと，$\pi\circ\sigma(C_0)=0$．ゆえに，$\pi\circ\sigma$ は k 線型写像 $g:C/C_0\to k$ をひきおこす．したがって，写像

$$\Phi:\boldsymbol{Cog}_k(C, B)\to\boldsymbol{Mod}_k(C/C_0, k)$$

がえられる．このとき，Φ は全射である．実際，$g\in\boldsymbol{Mod}_k(C/C_0, k)$ は C_0 上で 0 になるような $f\in\boldsymbol{Mod}_k(C, k)$ を定義する．C から B への k 線型写像 σ を

$$\sigma(c)=\sum_{n=0}^{\infty}f^n(c)c_n \qquad (c\in C)$$

で定義すると，$f^n|_{C_{n-1}}=0$ だから，任意の c について和は有限和で $\sigma(c)$ は B の元として意味をもつ．このとき，

$$(\sigma\otimes\sigma)\Delta(c)=\sum_{i=0}^{n}f^i(c_{(1)})f^{n-i}(c_{(2)})c_i\otimes c_{n-i}$$

$$\Delta\sigma(c)=\sum_{i=0}^{\infty}f^n(c)c_i\otimes c_{n-i}.$$

一方，$f^n(c)=\sum_{i=0}^{n} f^i(c_{(1)})f^{n-i}(c_{(2)})$ だから，$(\sigma\otimes\sigma)\circ\Delta=\Delta\circ\sigma$ がえられる．また，$\varepsilon(\sigma(c))=f^0(c)=\varepsilon(c)$．ゆえに，$\sigma\in \boldsymbol{Cog}_k(C,B)$．$\pi\circ\sigma(c)=f^1(c)=g(c)$ だから，$\Phi(\sigma)=g$．したがって，Φ は全単射となり，(B,π) は1次元 k 線型空間 k 上の余可換余自由分裂既約 k 余代数である．$B=B(k)$ の k 代数の構造は $\pi\circ\mu=\pi\otimes\varepsilon+\varepsilon\otimes\pi=\zeta$ できまる．$\zeta(c_i\otimes c_j)=\delta_{(0,1)(i,j)}+\delta_{(1,0)(i,j)}$ だから，

$$\mu(c_i\otimes c_j)=\sum_{\substack{i_1+\cdots+i_r=i\\ j_1+\cdots+j_r=j}}\zeta(c_{i_1}\otimes c_{j_1})\cdots\zeta(c_{i_r}\otimes c_{j_r})c_r.$$

ゆえに，

$$\mu(c_i\otimes c_j)=\binom{i+j}{i}c_{i+j}.$$

したがって，B は例2.6で定義した k 双代数にほかならない．$\{c_i\}_{i\geqq 0}$ を $B=B(k)$ の標準的な基底という．

一般の場合　V を k 線型空間とし，$\{v_\lambda\}_{\lambda\in\Lambda}$ をその1つの基底とする．$I=\{0,1,2,\cdots\}$ とおいて，

$$I^{(\Lambda)}=\{f:\Lambda\to I \quad 写像;\ 有限個の\ \lambda\ を除いて\ f(\lambda)=0\}$$

とおく．$f,g\in I^{(\Lambda)}$ のとき，

$$(f+g)(\lambda)=f(\lambda)+g(\lambda),\qquad (fg)(\lambda)=f(\lambda)g(\lambda)$$

と定義すると，$f+g$，$fg\in I^{(\Lambda)}$．また，$\mathrm{Supp}\,f=\{\lambda\in\Lambda;\ f(\lambda)\neq 0\}$，$|f|=\sum_{\lambda\in\Lambda}f(\lambda)$ とおき，

$$\binom{f}{g}=\prod_{\lambda\in\Lambda}\binom{f(\lambda)}{g(\lambda)},\ \text{ただし}\ f(\lambda)<g(\lambda)\ \text{のとき}\binom{f(\lambda)}{g(\lambda)}=0$$

とおく．$kv_\lambda\subset V$ は V の1次元部分 k 線型空間で，$B(kv_\lambda)\subset B(V)$．$\{v_{\lambda(i)}\}_{i\geqq 0}$ を $B(kv_\lambda)$ の標準的基底とする．Λ に全順序を定義して1つ固定し，全順序集合とみなし，$f\in I^{(\Lambda)}$ のとき，

$$v_{(f)}=\prod_{\lambda\in\Lambda}v_{\lambda(f(\lambda))}\in B(V),\qquad v_{\lambda(0)}=1$$

とおくと，$\{v_{(f)};\ f\in I^{(\Lambda)}\}$ は $B(V)$ の基底で

$$\Delta(v_{(f)})=\sum_{g+h=f}v_{(g)}\otimes v_{(h)},\qquad \varepsilon(v_{(f)})=\delta_{0,|f|}$$

$$v_{(f)}v_{(g)}=\binom{f+g}{f}v_{(f+g)},\qquad v_{(0)}=1$$

が成り立つ．$B(V)_{(i)}$ を $\{v_{(f)},\ |f|=i\}$ から生成される $B(V)$ の部分 k 線型空間

とすると，$B(V)=\prod_{i=0}^{\infty}B(V)_{(i)}$ となり，$B(V)$ は強次数 k ホップ代数となる．また，$B(V)_n=\prod_{i=0}^{n}B(V)_{(i)}$ とおくと，$\{B(V)_n\}_{n\geqq 0}$ は $B(V)$ の余根基フィルターである．実際，$\dim V<\infty$ として一般性を失わないから，$\Lambda=\{\lambda_1,\cdots,\lambda_n\}$ として，写像

$$\varphi: B(kv_{\lambda_1})\otimes\cdots\otimes B(kv_{\lambda_n})\to B(V)$$

を $x_1\otimes\cdots\otimes x_n\mapsto x_1x_2\cdots x_n$ で定義すると，φ は次数 k 双代数の同型射である．このとき $\{v_{\lambda_i(j)}\}_{j\geqq 0}$ が $B(kv_{\lambda_i})$ の基底であることから，$\{v_{(f)}\}_{f\in I^{(\Lambda)}}$ が $B(V)$ の基底になる．他のことは，ほとんど明らかである．

定理 2.5.2　分裂既約余可換 k 余代数はある $B(V)$ の部分 k 余代数と同型である．

証明　C を分裂既約余可換 k 余代数とする．$V=P(C)$ とおき，$i: V\to C^+=\mathrm{Ker}\,\varepsilon_C$ を自然な埋め込みとし，k 線型写像 $f: C^+\to V$ を $f\circ i=1_V$ を満たすようにとる．定理 2.5.1 により，k 余代数射 $F: C\to B(V)$ で $\pi\circ F|_{C^+}=f$ を満たすものが存在する．$F|_{P(C)}=\pi\circ F|_{P(C)}=f|_{P(C)}$ だから，F の $P(C)$ への制限は単射．ゆえに，定理 2.4.11 により，F は単射．したがって，C は $B(V)$ の部分 k 余代数と同型である．▌

5.2　既約余可換 k ホップ代数（k の標数$=0$ の場合）

定理 2.5.3　k を標数 0 の体とすると，既約余可換 k ホップ代数 H は k リー代数 $P(H)$ の包絡 k ホップ代数 $U(P(H))$ と同型である．

証明　まず，k 余代数として，$H\cong U(P(H))$ を示そう．$\{v_\lambda\}_{\lambda\in\Lambda}$ を $P(H)$ の 1 つの基底とし，Λ に順序を定義して，全順序集合としておく．$v_\lambda{}^{(i)}=\dfrac{1}{i!}v_\lambda{}^i$ とおくと，

$$\Delta(v_\lambda{}^{(n)})=\sum_{i=0}^{n}v_\lambda{}^{(i)}\otimes v_\lambda{}^{(n-i)},\qquad \varepsilon(v_\lambda{}^{(n)})=\delta_{0n}$$

が成り立つ．

$$v^{(f)}=\prod_{\lambda\in\Lambda}\frac{v_\lambda{}^{f(\lambda)}}{f(\lambda)!},\qquad f\in I^{(\Lambda)},\ I=\{0,1,2,\cdots\}$$

とおき，k 線型写像

$$\chi: B(P(H))\to H$$

を $v_{(f)}\mapsto v^{(f)}$ で定義すると，χ は k 余代数射で $P(H)$ 上で恒等写像である．ゆ

えに，系 2.4.17(ii) から，χ は k 余代数同型射である．$\{v_{(f)};\ f\in I^{(\Lambda)}\}$ は $B(P(H))$ の基底だから $\{v^{(f)};\ f\in I^{(\Lambda)}\}$ は H の基底であることがわかる．一方，k 余代数射

$$\sigma: B(P(H)) \to U(P(H))$$

を $v_{(f)}\mapsto v^{(f)}$ で定義すると，σ は $P(H)$ 上で恒等写像だから σ は単射．また，$\{v^{(f)};\ f\in I^{(\Lambda)}\}$ は $U(P(H))$ を生成するから全射で，σ は k 余代数同型射である．したがって，k 余代数として，$H\cong U(P(H))$．つぎに，この対応で，k 代数として同型であることをたしかめよう．$\rho: P(H)\to U(P(H))$ を自然な埋め込みとすると，包絡 k 代数の定義から，k 代数射 $\tau: U(P(H))\to H$ で $\tau\circ\rho$ が $P(H)$ の H への自然な埋め込みになっているものが一意的にきまる．このとき，$\tau(v^{(f)})=v^{(f)}$ だから，τ は k 代数の同型射である．τ は k 余代数射 $\sigma\circ\chi^{-1}$ の逆写像だから k 双代数の同型射となり，H と $U(P(H))$ は k ホップ代数として同型になる．▌

系 2.5.4 k を標数 0 の体とするとき，可換 k ホップ代数は被約である．

証明 k を代数的閉体，H を有限生成としてよい．H は有限生成可換 k 代数だから固有である(定理 2.3.19)．すなわち，自然な k 代数射 $\lambda_H: H\to H^{0*}$ は単射である．ゆえに，H^{0*} が被約であることを示せばよい．H^0 は分裂余可換 k ホップ代数(定理 2.3.3)だから，系 2.4.28，定理 2.5.3 により，H^0 は k 余代数として，$U(P(H^0))g$ $(g\in G(H^0))$ の直和である．ゆえにその双対 k 代数 H^{0*} は $U(P(H^0))^*$ と同型な k 代数の直積と同型になる．次の補題から，$U(P(H^0))^*$ は k 上の巾級数環と同型で整域だから H^{0*} は被約である．▌

補題 2.5.5 $B(V)^*\cong k[[X_\lambda]]_{\lambda\in\Lambda}$ は整域である．

証明 $f, g\in B(V)^*$ を 0 でない元とすると，$x, y\in B(V)$ で $\langle f, x\rangle\neq 0$, $\langle g, y\rangle\neq 0$ となるものが存在する．V の有限次元 k 線型空間 V_1 で $x, y\in B(V_1)\subset B(V)$ を満たすものをとり，自然なうめ込み $i: B(V_1)\to B(V)$ の双対 k 代数射を $i^*: B(V)^*\to B(V_1)^*$ とおくと，$i^*f\neq 0$, $i^*g\neq 0$ で，$B(V_1)^*$ は整域だから $i^*f\cdot i^*g\neq 0$ で $fg\neq 0$ となる．▌

5.3 既約余可換 k ホップ代数(k の標数 $p>0$ の場合)

この節では k は標数 $p>0$ の完全体とする．k から k への p 巾写像 $\alpha\mapsto\alpha^p$ を $p: k\to k$ とおく．また，可換 k 代数 A に対して，k 線型写像

$$\mathscr{F}: A\to p_*A, \qquad a\mapsto a^p \qquad (a\in A)$$

を A の Frobenius 写像という．k 余代数にこれと双対的な写像を定義しよう．k 線型空間 V 上のテンソル k 代数，対称 k 代数をそれぞれ $T(V)$, $S(V)$ とおき，$T_{(n)}(V)$, $S_{(n)}(V)$ をそれらの n 次斉次成分とする．σ を n 次対称群 S_n の元とするとき，σ の $T_{(n)}(V)$ への作用を

$$\sigma: x_1\otimes\cdots\otimes x_n \mapsto x_{\sigma(1)}\otimes\cdots\otimes x_{\sigma(n)}, \qquad x_i\in V\ (1\leqq i\leqq n)$$

で定義し，

$$\mathcal{S}_{(n)}(V)=\{t\in T_{(n)}(V);\ \sigma(t)=t\ \ \forall\sigma\in S_n\}$$

とおく．$\mathcal{S}_{(n)}(V)$ は $T_{(n)}(V)$ の部分 k 線型空間である．

$$i:\mathcal{S}_{(n)}(V)\to T_{(n)}(V), \qquad \pi: T_{(n)}(V)\to S_{(n)}(V)$$

をそれぞれ自然な埋め込みと射影とする．

定理 2.5.6 (i) k 線型写像 $F: V\to p_*S_{(p)}(V)$ を

$$F: y\mapsto y\otimes\cdots\otimes y\ (p\text{ 個のテンソル積}), \qquad y\in V$$

で定義すると，次の図式が可換になるような k 線型写像 $V: p_*\mathcal{S}_{(p)}(V)\to V$ が存在する．

$$\begin{array}{ccc} p_*\mathcal{S}_{(p)}(V) & \xrightarrow{p_*(i)} & p_*T_{(p)}(V) \\ V\downarrow & & \downarrow p_*(\pi) \\ V & \xrightarrow{F} & p_*S_{(p)}(V) \end{array}$$

(ii) 任意の $y\in\mathcal{S}_{(p)}(V)$ に対して，$\pi\circ i(y)=F\circ V(y)$ を満たす $V(y)$ がただ1つ存在する．

証明 F は単射だから $V(y)$ が存在すれば一意的にきまる．$X=\{v_\lambda;\ \lambda\in\Lambda\}$ を V の基底とし，$P=\{1,2,\cdots,p\}$ とおく．P から X の中への写像 $f\in X^P$ に対して，$[f]=f(1)\otimes\cdots\otimes f(p)\in T_{(p)}(V)$ とおく．X の全順序関係を1つ固定し，$f(1)\leqq f(2)\leqq\cdots\leqq f(p)$ を満たす $f\in X^P$ の全体の集合を Z とおく．

$$\mathrm{Orb}[f]=\{\sigma[f];\ \sigma\in S_p\}$$
$$\mathrm{Sym}[f]=\sum_{y\in\mathrm{Orb}[f]} y$$

とおくと，$\{[f];\ f\in X^P\}$ は $T_{(p)}(V)$ の基底で，$f\in X^P$ のとき，$\mathrm{Orb}[f]$ の元の個数を $|\mathrm{Orb}[f]|$ とおくと，f が定関数でないとき，$|\mathrm{Orb}[f]|=pm\ (m\geqq 1)$, f が定関数のとき，$|\mathrm{Orb}[f]|=1$ となる．また，$\mathrm{Orb}[f]$ の中には Z の元がただ1つ含まれていて，$\{\mathrm{Sym}[f],\ f\in Z\}$ は $\mathcal{S}_{(p)}(V)$ の基底になっている．$f\in Z$ で f が定関数でないとき，$V(\mathrm{Sym}[f])=0$, f が定関数のとき，$V(\mathrm{Sym}[f])=f(1)$

$\otimes 1$ と定義して，この写像からひきおこされる k 線型写像を

$$V : p_* \mathcal{S}_{(p)}(V) \to V$$

とおくと，V が定理の条件を満たす．実際，$F \circ V$ は k 線型写像で，f が定関数ならば $\mathrm{Sym}[f] = f(1) \otimes \cdots \otimes f(1) = \otimes^p f(1)$．ゆえに，

$$\pi \circ i(\mathrm{Sym}[f]) = \otimes^p f(1) = F(f(1) \otimes 1) = F(V(\mathrm{Sym}[f])).$$

また，f が定関数でないとき，$\mathrm{Orb}[f] = \{[g_1], \cdots, [g_{pm}]\}$，$g_i \in X^P \ (1 \leqq i \leqq pm)$ とおくと，$\pi(g_1) = \cdots = \pi(g_{pm})$ だから，

$$\pi \circ i(\mathrm{Sym}[f]) = pm\pi(g_1) = 0 = F(0) = F(V(\mathrm{Sym}[f])).$$

したがって，V は定理の条件を満たす．▌

C を余可換 k 余代数とする．$\Delta_{p-1}(C) \subset \mathcal{S}_{(p)}(C)$ だから，$\mathcal{V} = V \circ \Delta_{p-1}$ とおいて，k 線型写像 $\mathcal{V} : p_* C \to C$ が定義できる．とくに C を明示したいときは $\mathcal{V}_C$ と書く．

補題 2.5.7 C を余可換 k 余代数，A を可換 k 代数とする．$f \in \boldsymbol{Mod}_k(C, A)$ の合成積に関する p 巾を $f^p = f * \cdots * f$ (p 個) とおくと，

(i) $f^p(c) = \mathcal{F}(f(\mathcal{V}(c)))$，　$c \in C$

(ii) B を C^* の稠密な部分集合とする．$c \in C$ のとき，任意の $f \in B$ に対して，$f^p(c) = \mathcal{F}(f(\mathcal{V}(c)))$ を満たす $\mathcal{V}(c)$ はただ 1 つ存在する．

証明 まず $A = S(C)$ とし，$\rho \in \boldsymbol{Mod}_k(C, A)$ を自然な埋め込みとすると，$c \in C$ に対して，$\mathcal{V}(c)$ は $\rho^p(c) = \mathcal{F}(\rho(\mathcal{V}(c)))$ を満たすただ 1 つの元である．実際，

$$\mathcal{F}(\rho(\mathcal{V}(c))) = F \circ V(\Delta_{p-1}(c)) = \pi \circ i(\Delta_{p-1}(c)) = \rho^p(c).$$

(i) の証明：$f \in \boldsymbol{Mod}_k(C, A)$ は $\bar{f} \in \boldsymbol{Alg}_k(S(C), A)$ に一意的に延長できる．写像

$$\varphi : \boldsymbol{Mod}_k(C, S(C)) \to \boldsymbol{Mod}_k(C, A)$$

を $\varphi(g) = \bar{f} \circ g$ で定義すると，φ は k 代数射で $\varphi(\rho) = f$．ゆえに，$\varphi(\rho^p) = \varphi(\rho)^p = f^p$．したがって，任意の $c \in C$ に対して，

$$f^p(c) = \bar{f} \circ \rho^p(c) = \bar{f} \circ \mathcal{F}(\rho(\mathcal{V}(c))) = \mathcal{F}(\bar{f} \circ \rho(\mathcal{V}(c))) = \mathcal{F}(f(\mathcal{V}(c))).$$

(ii) の証明：$x \in C$ とし，任意の $f \in B$ に対して，$f^p(c) = \mathcal{F}(f(x))$ が成り立つとすると，$\mathcal{F}(f(\mathcal{V}(c))) = \mathcal{F}(f(x))$．一方，$\mathcal{V}(c) \neq x$ とすると，$f(\mathcal{V}(c)) \neq f(x)$ を満たす $f \in B$ が存在する．したがって，$\mathcal{F}(f(\mathcal{V}(c))) \neq \mathcal{F}(f(x)) = f^p(c)$ となり矛盾．ゆえに，$\mathcal{V}(c) = x$ でなければならない．▌

補題 2.5.8 余可換 k 余代数 C の元の列 $\{c_0, c_1, \cdots, c_n\}$ が $\Delta(c_n) = \sum_{i=0}^{n} c_i \otimes c_{n-i}$ を満たすとすると，

$$\mathcal{V}(c_n)=\begin{cases}0 & (n\text{ と }p\text{ が互いに素のとき})\\ c_{n/p} & (n\text{ が }p\text{ で割り切れるとき}).\end{cases}$$

証明 $V=\coprod_{i=0}^{n}kc_i$ は C の部分 k 余代数で，V の双対 k 代数 V^* は $A=k[X]/(X^{n+1})$ と同型である．$x^i\in A$ を X^i を含む同値類とすると，$\langle x^i, c_j\rangle=\delta_{ij}\,(1\leqq i,j\leqq n)$. ゆえに，

$$\left\langle\left(\sum_{i=0}^{n}\alpha_i x^i\right)^p, c_j\right\rangle=\begin{cases}\alpha_r{}^p=\mathscr{F}(\alpha_r)=\mathscr{F}\left(\sum_{i=0}^{n}\alpha_i x^i\right)(c_r) & (j=pr\text{ のとき})\\ 0=\mathscr{F}(0) & (j\text{ が }p\text{ で割り切れないとき}).\end{cases}$$

ゆえに，補題2.5.7を適用して，求める結果がえられる．▌

これらの補題を余可換既約 k ホップ代数 $B(V)$ とその標準的基底 $\{v_\lambda\}_{\lambda\in\Lambda}$ に適用して，次の定理がえられる．$\lambda\in\Lambda$ のとき，$\delta_\lambda\in I^{(\Lambda)}$ を $\delta_\lambda(\mu)=\delta_{\lambda\mu}$ で定義すると，$v_{(\delta_\lambda)}=v_\lambda\in V=B(V)_{(1)}$．$f\in I^{(\Lambda)}$ のとき，$\mathrm{Supp}\,f=\{\lambda\in\Lambda;\ f(\lambda)\neq 0\}$ とおく．

定理 2.5.9 (i) $f,g\in I^{(\Lambda)}$，$\mathrm{Supp}\,f\cap\mathrm{Supp}\,g=\phi$ ならば $v_{(f)}v_{(g)}=v_{(f+g)}$.

(ii) $f\in I^{(\Lambda)}$ ならば $f=n_1\delta_{\lambda_1}+\cdots+n_r\delta_{\lambda_r}\,(\lambda_i\in\Lambda, n_i\in I)$ と一意的に書ける．

(iii) $$\mathcal{V}(v_{(f)})=\begin{cases}0 & p\nmid f\\ v_{(g)} & p\mid f,\ f=pg\end{cases}$$

ここで，$p|f$（または $p\nmid f$）は $f(\lambda)\,(\lambda\in\Lambda)$ が p で割り切れる（または $f(\lambda)$ が p で割り切れない λ が存在する）ことを意味する．また，$f=pg$ は $pg(\lambda)=f(\lambda)\,(\lambda\in\Lambda)$ とする．——

H を余可換既約 k ホップ代数，$f:H\to B(V)$ を k 余代数単射とし，$B(V)$ の部分 k 余代数 $\mathrm{Im}\,f$ を C とおく．次の補題 2.5.10–2.5.13 では H, C, V などはこのようなものとする．これらは定理 2.5.14 を証明するための準備である．

補題 2.5.10 $c\in C_n$，$d\in C_m$ とすると，

(i) $e-cd\in B(V)_{n+m-1}$ を満たす $e\in C_{n+m}$ が存在する．

(ii) $\mathcal{V}(c)=0$ ならば (i) の e を $\mathcal{V}(e)=0$ を満たすようにとることができる．

証明 $f:H\to C$ はフィルター k 余代数の同型射になるから，$x\in H_n$，$y\in H_m$ で $f(x)=c$，$f(y)=d$ を満たすものが一意的にきまる．

(i) $f(xy)=e$ とおくと，系 2.4.19 により $\mathrm{gr}\,f:\mathrm{gr}\,H\to\mathrm{gr}\,B(V)$ は k 双代数射だから $f(xy)-f(x)f(y)\in B(V)_{n+m-1}$.

(ii) $0=\mathcal{V}(c)=\mathcal{V}(f(x))=f\circ\mathcal{V}_H(x)$ で f は単射だから $\mathcal{V}_H(x)=0$. ゆえに，

$\mathcal{V}(e)=f\circ\mathcal{V}_H(xy)=f(\mathcal{V}_H(x)\mathcal{V}_H(y))=0$. ▮

補題 2.5.11 $P(C)=V$ とする．$c\in C_n$ を $c=\sum_i \alpha_i v_{\langle f_i\rangle}+d, |f_i|=n, d\in B(V)_{n-1}$ とおくと，任意の $\lambda\in\Lambda$ に対して，

$$\tilde{c}=\sum_i \alpha_i f_i(\lambda)v_{\langle f_i\rangle}+e\in C_n,\qquad e\in B(V)_{n-1},\qquad \mathcal{V}(\tilde{c})=0$$

なる $\tilde{c}$ が存在する．

証明 $h\in B(V)^*$ で $\langle h, v_{\langle\delta_\lambda\rangle}\rangle=1$，$f\neq\delta_\lambda$ ならば $\langle h, v_{\langle f\rangle}\rangle=0$ を満たすものをとる．$h\rightharpoonup c=\sum_{(c)}c_{(1)}\langle h, c_{(2)}\rangle$，$c\in B(V)$ とおくと，

$$h\rightharpoonup v_{\langle f\rangle}=\begin{cases} v_{\langle f-\delta_\lambda\rangle}, & \lambda\in \operatorname{Supp} f\\ 0 & \lambda\notin \operatorname{Supp} f.\end{cases}$$

ゆえに，$h\rightharpoonup c=\sum_i \alpha_i' v_{\langle f_i-\delta_\lambda\rangle}+\tilde{d}\in C_{n-1}$．ここで，$f_i(\lambda)>0$ なら $\alpha_i'=\alpha_i$，$f_i(\lambda)=0$ なら $\alpha_i'=0$ で $\tilde{d}\in B(V)_{n-2}$．一方，$P(C)=V$ から $v_\lambda\in C$ で，補題 2.5.10(i) から，

$$(h\rightharpoonup c)v_\lambda-\tilde{c}\in B(V)_{n-1}$$

を満たす $\tilde{c}\in C_{(n-1)+1}$ が存在する．$f_i(\lambda)>0$ ならば $v_{\langle f_i-\delta_\lambda\rangle}v_{\delta_\lambda}=f_i(\lambda)v_{\langle f_i\rangle}$ だから，

$$(h\rightharpoonup c)v_\lambda=\sum_i \alpha_i f_i(\lambda)v_{\langle f_i\rangle}+\tilde{d}v_\lambda.$$

ここで，$\tilde{d}\in B(V)_{n-2}$ だから，$\tilde{d}v_\lambda\in B(V)_{n-1}$ で，$\tilde{c}$ は求めるものである．また，補題 2.5.10(ii) から，$\mathcal{V}(\tilde{c})=0$ を満たすようにとることができる．▮

補題 2.5.12 $P(C)=V$ とする．$c\in C_n$ とし，$c=\sum_i \alpha_i v_{\langle f_i\rangle}+d$，$|f_i|=n$，$d\in B(V)_{n-1}$ とおくと，$c'\in C_n$ で

$$c'=\sum_{p|f_i}\alpha_i v_{\langle f_i\rangle}+d',\qquad d'\in B(V)_{n-1},\qquad \mathcal{V}(c)=\mathcal{V}(c')$$

を満たすものが存在する．とくに，すべての i について $p\nmid f_i$ ならば $c'\in B(V)_{n-1}$ になる．

証明 $p\nmid f_1$ とすると，$f_1(\lambda)\not\equiv 0 \pmod p$ となる $\lambda\in\Lambda$ が存在する．補題 2.5.11 から，

$$\tilde{c}=\sum_i \alpha_i f_i(\lambda)v_{\langle f_i\rangle}+e\in C_n,\qquad e\in B(V)_{n-1},\ \mathcal{V}(\tilde{c})=0$$

を満たす $\tilde{c}$ が存在する．$c-\tilde{c}/f_1(\lambda)\in C_n$ をとると，

$$\sum \alpha_i(1-f_i(\lambda)/f_1(\lambda))v_{\langle f_i\rangle}+(d-e/f_1(\lambda)).$$

ここで，$d-e/f_1(\lambda)\in B(V)_{n-1}$．$p|f_i$ ならば $f_i(\lambda)\equiv 0 \pmod p$ だから $v_{\langle f_i\rangle}$ の係数 $\alpha_i(1-f_i(\lambda)/f_1(\lambda))=\alpha_i$．一方，$\mathcal{V}(\tilde{c})=0$ だから，$\mathcal{V}(c-\tilde{c}/f_1(\lambda))=\mathcal{V}(c)$．ゆえに，$v_{\langle f_1\rangle}$ の項を除いてよい．同様にして，$p\nmid f_i$ を満たす項を消去して，補題の c'

がえられる．▌

補題 2.5.13　$P(C)=V$ とする．$c\in C_n\cap\mathcal{V}(C)$ とし，$c=\sum v_{(f_i)}\otimes\alpha_i+d$, $|f_i|=n$, $\alpha_i\in k$, $d\in B(V)_{n-1}$ とおく．このとき，

$$\tilde{c}=\sum\bar{\alpha}_i{}^p v_{(pf_i)}+e\in C_{pn},\qquad e\in B(V)_{pn-1},\ \mathcal{V}(\tilde{c})=c$$

を満たす $\tilde{c}\in C$ が存在する．

証明　$\tilde{c}\in C$ を $\mathcal{V}(\tilde{c})=c$, $\tilde{c}\in C_r$ のようにとり，r を可能な最小数になるようにとる．$\tilde{c}=\sum\beta_j v_{(g_j)}+z$, $|g_j|=r$, $z\in B(V)_{r-1}$ と書くと，補題 2.5.12 により，各 j について，$g_j=ph_j$ としてよい．また，r が最小数であることから $\beta_j\neq 0$ としてよい．$|g_j|=r$ だから各 j について，$|h_j|=s$, $r=ps$. 補題 2.5.8 により，$\mathcal{V}(\tilde{c})=\sum\beta_j{}^{1/p}v_{(h_j)}+\mathcal{V}(z)$. ここで，$\mathcal{V}(z)\in B(V)_{s-1}$. したがって，$\tilde{c}$ は補題の条件を満たす．▌

定理 2.5.14　H を余可換既約 k ホップ代数，$f:H\to B(V)$ を k 余代数射とし，$C=\mathrm{Im}\,f$ とする．$P(C)=V$ ならば，

$$f \text{ が全射} \Leftrightarrow \mathcal{V}:p_*C\to C \text{ 全射}.$$

証明　$C=B(V)$ のとき，$x=\sum_i\alpha_i v_{(f_i)}\in B(V)$ に対して，$y=\sum_i\alpha_i{}^{1/p}v_{(pf_i)}$ とおくと，$\mathcal{V}(y)=x$. ゆえに，$\mathcal{V}$ は全射である．逆に，$\mathcal{V}$ が全射のとき，n に関する帰納法で $C_n=B(V)_n$ を証明しよう．$C_0\neq\{0\}$. ゆえに，$C_0=k=B(V)_0$. 一方，$P(C)=V$ だから，

$$B(V)_1=k\oplus V\subset C_0+P(C)=C_1\subset B(V)_1.$$

$n\geqq 2$ とし，$C_{n-1}=B(V)_{n-1}$ を仮定して，$C_n=B(V)_n$ を示そう．任意の $f\in I^{(\Lambda)}$, $|f|=n$ について，$v_{(f)}\in C$ を示せばよい．Supp f が2個以上の元をもつとき，$f=n_1\delta_{\lambda_1}+\cdots+n_r\delta_{\lambda_r}\left(r>1,\ \sum_{i=1}^r n_i=n\right)$ と書ける．ここで，$0\leqq n_i<n$ だから帰納法の仮定から $v_{(n_i\delta_\lambda)}\in C$. gr f: gr $H\to$ gr $B(V)$ は k 双代数射だから，

$$c-v_{(n_1\delta_{\lambda_1})}\cdots v_{(n_r\delta_{\lambda_r})}\in B(V)_{n-1}$$

を満たす $c\in C_n$ が存在する．$B(V)_{n-1}=C_{n-1}$ だから $v_{(f)}\in C$. したがって，$r=1$ のとき，すなわち $v_{(n\delta_\lambda)}\in C$ を示せばよい．$p\nmid n$ のとき，$v_{(\delta_\lambda)}$, $v_{((n-1)\delta_\lambda)}\in C$ だから補題 2.5.10 (i) により

$$c-v_{(\delta_\lambda)}v_{((n-1)\delta_\lambda)}\in B(V)_{n-1}$$

を満たす $c\in C_n$ が存在する．$v_{(\delta_\lambda)}v_{((n-1)\delta_\lambda)}=nv_{(n\delta_\lambda)}$. $n\neq 0$ で $B(V)_{n-1}=C_{n-1}$ だから $v_{(n\delta_\lambda)}\in C_n$. $p|n$ のとき，$n=pm\ (n\geqq 2, m\geqq 1)$ とおくと，帰納法の仮定から，

任意の λ について，$v_{(m\delta_\lambda)} \in C_m$. $\mathcal{V}$ が全射だから補題 2.5.13 により

$$\tilde{c} = v_{(pm\delta_\lambda)} + e, \quad e \in B(V)_{n-1}, \quad \mathcal{V}(\tilde{c}) = v_{(m\delta_\lambda)}$$

を満たす $\tilde{c}$ が存在する．$B(V)_{n-1} = C_{n-1}$ で $pm = n$ だから $v_{(n\delta_\lambda)} \in C_n$. したがって，いずれの場合も $v_{(n\delta_\lambda)} \in C_n$ がえられた．▌

系 2.5.15 余可換既約 k ホップ代数 H の加法的元のなす k 線型空間 $P(H)$ を V とおくと，

$$k \text{ 余代数として } H \cong B(V) \Leftrightarrow \mathcal{V}_H : p_* H \to H \text{ 全射}.$$

証明 定理 2.5.2 により H は k 余代数として，$B(V)$ の部分 k 余代数と同型で $f: H \to B(V)$ をその埋め込みとし，$\mathrm{Im}\, f = C$ とおくと，$V = P(C)$ である．このとき，$\mathcal{V}_H$ が全射ならば $\mathcal{V}_C$ も全射で，定理 2.5.14 により $C = B(V)$. ゆえに，k 余代数として $H \cong B(V)$. 逆に，k 余代数として，$H \cong B(V)$ ならば $\mathcal{V}_{B(V)}$ が全射だから $\mathcal{V}_H$ も全射である．▌

系 2.5.16 余可換既約 k ホップ代数 H について，次の条件は同値である．

(i) $H^* \cong k[[X_1, \cdots, X_n]]$ （k 上の n 変数巾級数環）

(ii) k 余代数として $H \cong B(V)$, $V = P(H)$

(iii) H^* は整域である．

(iv) H^* は被約である．

証明 (i)⇔(ii)：k 余代数として $H \cong B(V)$ ならば $H^* \cong k[[X_1, \cdots, X_n]]$. 逆に，$n$ 次元 k 線型空間を V とおくと，$B(V)^* \cong k[[X_1, \cdots, X_n]]$ で $H^* \cong k[[X_1, \cdots, X_n]]$ ならば定理 2.2.16 およびその注意により，$B(V), H$ は余反射的，ゆえに，k 余代数として，

$$H \cong H^{*0} \cong k[[X_1, \cdots, X_n]]^0 \cong B(V)^{*0} \cong B(V).$$

(ii)⇒(iii)⇒(iv) は明らか．したがって，(iv)⇒(ii) を証明すればよい．k 余代数として H が $B(V)$ に同型でないとすると，系 2.5.15 により $\mathcal{V}_H : p_* H \to H$ が全射でない．ゆえに，$f \in H^*$, $f \neq 0$ で $\mathrm{Im}\, \mathcal{V}_H \subset \mathrm{Ker}\, f$ を満たすものが存在する．このとき，任意の $h \in H$ について，$f^p(h) = \mathcal{F}(f(\mathcal{V}_H(h))) = 0$. すなわち，$f^p = 0$. したがって，$H^*$ は被約でない．▌

注意 k の標数が 0 のときは系 2.5.16 の条件は成り立つ．一般に k が完全体でないとき系 2.5.16 (i), (ii) は同値で，さらに，次の各条件は (i) と同値である．

(ii)′ k 余代数として $H \otimes_k k^{1/p} \cong B(V) \otimes_k k^{1/p} = B(V \otimes_k k^{1/p})$

(iii)′ $\boldsymbol{Mod}_{k^{1/p}}(H\otimes_k k^{1/p}, k^{1/p})$ は整域である.

(iv)′ $\boldsymbol{Mod}_{k^{1/p}}(H\otimes_k k^{1/p}, k^{1/p})$ は被約である.

5.4 Birkhoff–Witt k 双代数

C を k 余代数とし，$I=\{0,1,2,\cdots\}$ とおく．C の元の列 $\{d_i\}_{i\in I}$ で

$$d_0=1,\quad d_1=d,\quad \Delta d_n=\sum_{i=0}^{n} d_i\otimes d_{n-i}\quad (i\in I)$$

を満たすものを d 上の ∞ **除巾列**という.

B を分裂既約余可換 k 双代数とする．任意の $x\in P(B)$ について，x 上の ∞ 除巾列が存在するとき，B を **Birkhoff–Witt k 双代数**という．k 線型空間 V 上の余可換余自由 k 余代数 $B(V)$ は Birkhoff–Witt k 双代数である．実際，$P(B(V))=V$ で $\{v_\lambda\}_{\lambda\in\Lambda}$ を V の基底とするとき，$B(kv_\lambda)$ の標準的基底を $\{v_{\lambda(i)}\}_{i\in I}$ とおくと，$\{v_{\lambda(i)}\}_{i\in I}$ は v_λ 上の ∞ 除巾列である．一般に，$\alpha,\beta\in k$ のとき，

$$(\alpha v_\lambda+\beta v_\mu)_{(n)}=\sum_{i=0}^{n}\alpha^i\beta^{n-i}v_{\lambda(i)}v_{\mu(n-i)}$$

とおくと，$\{(\alpha v_\lambda+\beta v_\mu)_{(i)}\}_{i\in I}$ は $\alpha v_\lambda+\beta v_\mu$ 上の ∞ 除巾列である．ゆえに，任意の V の元の上の ∞ 除巾列が存在する.

逆に，Birkhoff–Witt k 双代数 B は k **余代数として**，或る k 線型空間 V 上の余可換余自由 k 余代数 $B(V)$ と同型であることが知られているがその証明は省略する.

注意 L を複素数体 $\boldsymbol{C}$ 上の半単純リー代数とし，Φ を L のルート系とする．$L_{\boldsymbol{Z}}$ を L の1つの Chevalley 基底 $\{H_1,\cdots,H_l,X_\alpha,\alpha\in\Phi\}$ で張られる $\boldsymbol{Z}$ リー代数とする.

$$X_\alpha{}^{(n)}=\frac{1}{n!}X_\alpha{}^n\qquad(\alpha\in\Phi,\ n\in I)$$

$$H_i{}^{(n)}=\frac{1}{n!}H_i(H_i-1)\cdots(H_i-n+1)\qquad(1\leqq i\leqq l,\ n\in I)$$

とおくと，これらは L の包絡 $\boldsymbol{C}$ 双代数 $U(L)$ の中の ∞ 除巾列である．$U_{\boldsymbol{Z}}$ を $X_\alpha{}^{(n)}$, $H_i{}^{(n)}$ $(\alpha\in\Phi, 1\leqq i\leqq l, n\in I)$ から生成される $U(L)$ の部分 $\boldsymbol{Z}$ 代数とする．k を任意の体として，$U_k=U_{\boldsymbol{Z}}\otimes_{\boldsymbol{Z}}k$ とおくと，U_k は Birkhoff–Witt k 双代数である．k の標数$=0$ ならば，U_k は k リー代数 $L_k=L_{\boldsymbol{Z}}\otimes_{\boldsymbol{Z}}k$ の包絡 k 双代数 $U(L_k)$ と同型であるが，k の標数が素数のときは，$U(L_k)$ と同型ではない.

U_k の双対 k ホップ代数 $(U_k)^0$ を $H(L_k)$ とおくと，$H(L_k)$ は可換 k ホップ代数で，k が代数的閉体ならば，$G(k)=\boldsymbol{M}_k(H(L_k),k)$ は Borel–Chevalley の定義で，連結かつ単連結な半単純アフィン k 代数群になる.

第3章　ホップ代数と群の表現

§1　余加群と双加群

この節ではk代数A上の加群と双対的に，k余代数C上の余加群を定義し，その性質を調べる．余加群は或る有限性の条件をもった加群(有理的加群)に対応していることがわかる．さらに，加群と余加群の2つの構造をもつ双加群を定義し，その構造定理(定理3.1.8)が証明される．この定理は第4章以下で有効に働く．この章でもkは体とする．

1.1　余 加 群

Cをk余代数とするとき，k線型空間Mとk線型写像

$$\psi: M \to M\otimes C$$

があたえられていて，次の図式が可換であるとき，(M,ψ)を右C**余加群**といい，ψをその**構造射**という．

$$\begin{array}{ccc} M\otimes k & \xrightarrow{1\otimes\varepsilon} & M\otimes C \\ & \nwarrow{\scriptstyle\sim} & \uparrow{\scriptstyle\psi} \\ & & M \end{array} \qquad\qquad \begin{array}{ccc} M\otimes C\otimes C & \xleftarrow{\psi\otimes 1} & M\otimes C \\ {\scriptstyle 1\otimes\Delta}\uparrow & & \uparrow{\scriptstyle\psi} \\ M\otimes C & \xleftarrow{\psi} & M \end{array}$$

左C余加群も同様に定義できる．

たとえば，Aをk代数とするとき，積写像μを構造射として，Aは右A加群であり，また左A加群であるが，これと同様に，Cをk余代数とするとき，余積写像Δを構造射として，Cは左C余加群であり，また右C余加群でもある．

記号　右C余加群Mの構造射をψとするとき，次のような記号を使う．

$$\psi(m) = \sum_{(m)} m_{(0)}\otimes m_{(1)}, \qquad m, m_{(0)} \in M,\ \ m_{(1)} \in C$$

$$(\psi\otimes 1)\psi(m)=(1\otimes\varDelta)\psi(m)=\sum_{(m)}m_{(0)}\otimes m_{(1)}\otimes m_{(2)}.$$

このとき，右C余加群の性質から，

$$m=\sum_{(m)}m_{(0)}\varepsilon(m_{(1)}),\qquad \sum_{(m)}\psi(m_{(0)})\otimes m_{(1)}=\sum_{(m)}m_{(0)}\otimes\varDelta(m_{(1)})$$

と書ける．同様に，Mが左C余加群のときは，

$$\psi(m)=\sum_{(m)}m_{(-1)}\otimes m_{(0)},\quad m,m_{(0)}\in M,\quad m_{(-1)}\in C$$

$$(\psi\otimes 1)\psi(m)=\sum_{(m)}m_{(-2)}\otimes m_{(-1)}\otimes m_{(0)}$$

と書く．

右C余加群Mのk線型部分空間Nが$\psi(N)\subset N\otimes C$を満たすとき，$N$は$\psi$の$N$への制限$\psi|_N$を構造射として，右$C$余加群になる．このような，$N$を$M$の部分右$C$余加群という．$M,N$を右$C$余加群とし，$\psi_M,\psi_N$をそれぞれ$M,N$の構造射とする．$k$線型写像$f:M\to N$が$\psi_N\circ f=(f\otimes 1)\circ\psi_M$を満たすとき，すなわち，図式

$$\begin{array}{ccc} M & \xrightarrow{\ f\ } & N \\ \psi_M\downarrow & & \downarrow\psi_N \\ M\otimes C & \xrightarrow{f\otimes 1} & N\otimes C \end{array}$$

が可換のとき，fをC**余加群射**という．右C余加群とその射によってつくられる圏を右C余加群の圏とよび$\boldsymbol{Com}_C$と書く．M,Nが右C余加群のとき，MからNへのC余加群射の全体の集合を$\boldsymbol{Com}_C(M,N)$と書く．

定理 3.1.1　$f:M\to N$を右C余加群射とするとき，

$$\mathrm{Ker}\,f=\{m\in M;\ f(m)=0\}$$

$$\mathrm{Im}\,f=\{f(m)\in N;\ m\in M\}$$

はそれぞれ，M,Nの部分右C余加群である．

証明　ψ_M,ψ_NをそれぞれM,Nの構造射とすると，

$$\psi_M(\mathrm{Ker}\,f)\subset\mathrm{Ker}\,(f\otimes 1)=(\mathrm{Ker}\,f)\otimes C$$

$$\psi_N(\mathrm{Im}\,f)=(f\otimes 1)\psi_M(M)\subset(\mathrm{Im}\,f)\otimes C.$$

ゆえに，$\mathrm{Ker}\,f$，$\mathrm{Im}\,f$はそれぞれ，M,Nの部分右C余加群である．▌

問 3.1　Nを右C余加群Mの部分右C余加群とすると，剰余空間M/Nには，自然なk線型写像$\pi:M\to M/N$が右C余加群射になるような右C余加群の構造が一意的にきまることを示せ．

1.2　有理的加群

G を単位元 e をもつ半群とし，G から k 線型空間 V の中への写像の全体の集合を $M_V(G)$ とおく．$f, g \in M_V(G)$ のとき，$x \in G$，$c \in k$ に対して，

$$(f+g)(x) = f(x)+g(x), \qquad (cf)(x) = cf(x)$$

と定義して，$M_V(G)$ は k 線型空間になる．さらに，$x, y, z \in G$ に対して，

$$(xf)(y) = f(yx), \qquad (fx)(y) = f(xy)$$

と定義して，$M_V(G)$ は両側 G 加群になる．このとき，k 線型写像 $\zeta: V \otimes M_k(G) \to M_V(G)$ を

$$\zeta(v \otimes f)(x) = f(x)v, \qquad v \in V,\ f \in M_k(G),\ x \in G$$

で定義すると，ζ は k 線型空間の同型射になる．

$$R_V(G) = \{f \in M_V(G);\ \dim kGf < \infty\}$$

とおくと，$R_V(G)$ は $M_V(G)$ の部分左 G 加群である．

V を左 G 加群とし，その構造射を $\rho: G \times V \to V$ とおく．任意の $v \in V$ が有限次元部分左 G 加群を生成するとき，V を**局所有限左 G 加群**という．V を局所有限左 G 加群とするとき，k 線型写像 $\rho^*: V \to M_V(G)$ を

$$\rho^*(v)(x) = \rho(x, v), \qquad x \in G,\ v \in V$$

で定義すると，$\rho^*(V) \subset R_V(G)$ となり，k 線型写像

$$\psi_\rho = \zeta^{-1} \circ \rho^*: V \to V \otimes R_k(G)$$

は V に右 $R_k(G)$ 余加群の構造を定義する．実際，$\{v_i\}_{i \in I}$ を V の 1 つの基底とするとき，この基底に関して，

$$\rho(x, v_i) = \sum_j \rho_{ji}(x) v_j$$

とおくと，V が局所有限であることから，この和は有限和で意味をもつ．このとき，$\rho^*(v_i)(x) = \zeta(\sum_j v_j \otimes \rho_{ji})(x)$ だから

$$\psi_\rho(v_i) = \sum_j v_j \otimes \rho_{ji}$$

となり，$\Delta\rho_{ij} = \sum_l \rho_{il} \otimes \rho_{lj}$ から $(\psi_\rho \otimes 1)\psi_\rho = (1 \otimes \Delta)\psi_\rho$ が成り立ち，$(1 \otimes \varepsilon)\psi_\rho(v_i) = v_i \otimes 1$ も成り立つ．逆に，V が右 $R_k(G)$ 余加群で $\psi: V \to V \otimes R_k(G)$ をその構造射とすると，$\psi(v) = \sum_{(v)} v_{(0)} \otimes v_{(1)}$ のとき，

$$\rho_\psi(x, v) = \sum_{(v)} v_{(1)}(x) v_{(0)}$$

と定義して，V は局所有限左 G 加群になる．このことから，

(3.1)　　局所有限左 G 加群 $\leftrightarrow$ 右 $R_k(G)$ 余加群

は対応 $\rho\mapsto\psi_\rho$, $\psi\mapsto\rho_\psi$ によって1対1に対応することがわかる.

A を k 代数とし, A_m を k 代数 A の積に関する半群とするとき, $G=A_m$ として, (3.1)を適用すると, 1対1対応

(3.2)　　局所有限左 A_m 加群 $\leftrightarrow$ 右 $R_k(A_m)$ 余加群

がえられる. とくに, 局所有限左 A 加群に対しては, $\rho^*(V)\subset\zeta(V\otimes A^0)$ となり, 右 A^0 余加群が対応し, 逆に, V が右 A^0 余加群ならば, $A^0=R_k(A_m)\cap A^*$ だから, V は右 $R_k(A_m)$ 余加群で, これに対応する局所有限左 A_m 加群は A 加群になる. したがって, 対応(3.2)から,

(3.3)　　局所有限左 A 加群 $\leftrightarrow$ 右 A^0 余加群

がえられる.

k 代数 A の双対 k 余代数 A^0 はその余積写像 $\mu^0: A^0\to A^0\otimes A^0$ を構造射として, 右 A^0 余加群で(3.3)の対応で, えられる局所有限左 A 加群の構造射は

$$\rho_{\mu^0}(x, f) = \sum_{(f)}\langle f_{(2)}, x\rangle f_{(1)}, \qquad f\in A^0,\ \ x\in A$$

であたえられる. この作用を $x\rightharpoonup f$ と書く. すなわち,

(3.4)　　$\langle x\rightharpoonup f, y\rangle = \langle f, yx\rangle$

となり, A をその積に関して右 A 加群とみたときの双対にほかならない. 一般に, A^* はこの作用によって, 左 A 加群になっているが, 必ずしも局所有限ではない. 同様に, A^0 または A^* は

(3.5)　　$\langle f\leftharpoonup x, y\rangle = \langle f, xy\rangle$

として, 右 A 加群の構造をもつ.

また, H を k ホップ代数とし, S をその対合射とするとき, $f\in H^*$, $x, y\in H$ に対して,

(3.6)　　$\langle x\rightharpoondown f, y\rangle = \langle f, S(x)y\rangle$

(3.7)　　$\langle f\leftharpoondown x, y\rangle = \langle f, yS(x)\rangle$

として, H^* に左または右 H 加群の構造が定義できる.

k 余代数 C の双対 k 代数 C^* に(3.3)を適用すると,

(3.8)　　局所有限左 C^* 加群 $\leftrightarrow$ 右 C^{*0} 余加群

がえられる. V を右 C 余加群とするとき, 自然な単射 $\lambda_C: C\to C^{*0}$ によって, V

は右 C^{*0} 余加群となる．(3.8)でこれに対応する局所有限左 C^* 加群のことを**有理的左 C^* 加群**という．一般に，局所有限左 C^* 加群は必ずしも，右 C 余加群に対応するとは限らない．定義から

(3.9)　　有理的左 C^* 加群 $\leftrightarrow$ 右 C 余加群

がえられる．C はその余積写像 $\Delta: C\to C\otimes C$ を構造射として，右 C 余加群で，これに対応する有理的左 C^* 加群の構造射は

$$\rho_\Delta(f, x) = \sum\langle x_{(2)}, f\rangle x_{(1)}, \qquad x\in C,\ f\in C^*$$

であたえられる．この作用を $f\rightharpoonup x$ と書く．すなわち，

(3.10)　　$\langle f\rightharpoonup x, g\rangle = \langle x, gf\rangle, \qquad g\in C^*$

である．同様に，C の有理的右 C^* 加群の構造を

(3.11)　　$\langle x\leftharpoonup f, g\rangle = \langle x, fg\rangle, \qquad g\in C^*$

によって定義することができる．

A を C^* の稠密な部分 k 代数とする．すなわち，

$$A^{\perp(C)} = \{x\in C; \langle f, x\rangle=0 \quad \forall f\in A\} = \{0\}$$

とする．自然な埋め込み $i: A\to C^*$ の双対 k 余代数射を $i^0: C^{*0}\to A^0$ とおき，k 余代数射 $\phi=i^0\circ\lambda_C: C\to A^0$ をつくる．このとき，$x\in C$ ならば

$$\phi(x): f\mapsto\langle f, x\rangle, \qquad f\in A$$

となり，A が C^* の中で稠密なことから，ϕ は単射である．したがって右 C 余加群 V は，$\phi: C\to A^0$ によって，右 A^0 余加群となり，対応(3.3)によって，局所有限左 A 加群の構造をもつ．このような A 加群を，**有理的左 A 加群**という定義から，

(3.12)　　有理的左 A 加群 $\leftrightarrow$ 有理的左 C^* 加群 $\leftrightarrow$ 右 C 余加群

がえられる．A が C^* の中で稠密ならば，有理的左 A 加群は一意的に有理的 C^* 加群に作用域を延長することができ，有理的 C^* 加群をあたえることと，有理的 A 加群をあたえることとは同値である．

定理 3.1.2　C^* を k 余代数 C の双対 k 代数とする．V を有理的左 C^* 加群とし，対応する V の右 C 余加群の構造射を $\phi: C\to V\otimes C$ とおくと，

$$\begin{aligned} V^{C^*} &= \{v\in V;\ fv=\langle f, 1\rangle v \quad \forall f\in C^*\} \\ &= \{v\in V;\ \phi(v)=v\otimes 1\}. \end{aligned}$$

証明　$\phi(v)=v\otimes 1$ ならば $fv=\langle f, 1\rangle v$ は明らか．逆に，$fv=\langle f, 1\rangle v$ $(f\in C^*)$

とする．V の基底 $\{v_\lambda\}_{\lambda\in\Lambda}$ を1つとって，$\phi(v)=\sum_{\lambda\in\Lambda}v_\lambda\otimes a_\lambda$，$v=\sum_{\lambda\in\Lambda}\alpha_\lambda v_\lambda$ とおくと，

$$fv=\sum_\lambda v_\lambda\langle f,a_\lambda\rangle=\sum_\lambda v_\lambda\alpha_\lambda\langle f,1\rangle.$$

ゆえに，$\langle f,a_\lambda\rangle=\langle f,\alpha_\lambda 1\rangle$ がすべての $f\in C^*$ について成り立つ．したがって，$a_\lambda=\alpha_\lambda 1$ で $\phi(v)=\sum_\lambda v_\lambda\otimes\alpha_\lambda 1=v\otimes 1$. ▮

定理 3.1.3　k 余代数 C について，次の条件は同値である．

(i)　C が余反射的である．すなわち，$C\cong C^{*0}$.

(ii)　すべての有限次元 C^* 加群が有理的である．

証明　(i)⇒(ii)は明らか．逆に，(ii)を仮定して，任意の $c\in C^{*0}$ が C に含まれることを示そう．c から生成される C^{*0} の部分 k 余代数を M とする．M は有限次元で，Δ を構造射として，右 C^{*0} 余加群とみることができる．したがって，対応(3.8)によって，M は左 C^* 加群の構造をもち，(ii)の仮定から，M は有理的左 C^* 加群である．ゆえに，(3.12)によって，M は右 C 余加群で，対応が1対1であることから，この構造は右 C^{*0} 余加群の構造と一致する．したがって，$\Delta(c)=\sum_{(c)}c_{(1)}\otimes c_{(2)}$ とおくと，$c_{(2)}$ から生成される C^{*0} の k 線型部分空間は C に含まれる．ゆえに，$c=(\varepsilon\otimes 1)\Delta(c)=\sum\varepsilon(c_{(1)})c_{(2)}\in C$. ▮

注意　H を k ホップ代数とし，H^0 を H の双対 k ホップ代数とする．H^0 の乗法的元の全体のなす群 $G(H^0)$ は $\boldsymbol{Alg}_k(H,k)$ に積を合成積(定理2.1.5参照)で定義したものと一致する．実際，$f\in H^*$，$x,y\in H$ のとき，

$$\langle\Delta f-f\otimes f,x\otimes y\rangle=f(xy)-f(x)f(y)$$

だから，$\Delta f=f\otimes f\Leftrightarrow f(xy)=f(x)f(y)$ となる．とくに，k が代数的閉体で，H が被約可換有限生成 k 代数のとき，$kG(H^0)$ は H^* の中で稠密で(補題4.2.10参照)，有理的 $kG(H^0)$ 加群と有理的 H^* 加群は同一視できる．このことは第4章で代数群の表現に応用される．

C を k 余代数，M を右 C 余加群とし，$\phi:M\to M\otimes C$ をその構造射とする．M の基底 $\{m_\lambda\}_{\lambda\in\Lambda}$ を1つ固定し

$$\{c_\lambda\in C;\ \phi(m)=\sum_\lambda m_\lambda\otimes c_\lambda\quad\forall m\in M\}$$

で張られる C の部分線型空間を $C(M)$ とおく．$C(M)$ は M の基底のとり方に無関係で，等式 $(\phi\otimes 1)\phi=(1\otimes\Delta)\phi$ から，$C(M)$ は C の部分 k 余代数であることがわかる．また，

M が1次元(または有限次元)$\Rightarrow C(M)$ が1次元(または有限次元)

$M_1\subset M_2\Rightarrow C(M_1)\subset C(M_2)$

$$M = M_1 + M_2 \Rightarrow C(M) = C(M_1) + C(M_2)$$

が成り立つ．さらに，

定理 3.1.4　(i)　M が単純右 C 余加群ならば $C(M)$ は単純部分 k 余代数である．

(ii)　D が C の単純部分 k 余代数ならば，$C(M)=D$ を満たす単純右 C 余加群 M が存在する．

証明　(i)　M の基底 $\{m_\lambda\}_{\lambda\in\Lambda}$ に対して，$\phi(m_\lambda)=\sum_{\lambda'} m_{\lambda'}\otimes c_{\lambda'\lambda}$ とおくと，$C(M)$ は $\{c_{\lambda'\lambda}\}_{\lambda,\lambda'\in\Lambda}$ で張られる k 線型空間である．$f\in C^*$ のとき，

$$fm_\lambda = \sum m_{\lambda'}\langle f, c_{\lambda'\lambda}\rangle = 0 \qquad \forall\lambda\in\Lambda \Rightarrow \langle f, c_{\lambda'\lambda}\rangle = 0 \qquad \forall\lambda', \lambda\in\Lambda,$$

ゆえに，$(\mathrm{ann}\, M)^{\perp(C)} \supset C(M)$．$M$ は左 C^* 加群として，$C^*/\mathrm{ann}\, M$ だから $\mathrm{ann}\, M$ は C^* の極大イデアル．ゆえに，定理 2.3.4 から $(\mathrm{ann}\, M)^{\perp(C)}$ は C の単純部分 k 余代数で $(\mathrm{ann}\, M)^{\perp(C)}=C(M)$．したがって，$C(M)$ は C の単純部分 k 余代数である．

(ii)　M を D の極小右余イデアルとすると，$\Delta M\subset M\otimes D$．ゆえに，$C(M)\subseteq D$．$D$ は単純部分 k 余代数だから，$D=C(M)$．∎

系 3.1.5　k 余代数 C について，次の条件は同値である．

(i)　すべての有理的単純左 C^* 加群は 1 次元である．

(ii)　すべての C の極小右余イデアルは 1 次元である．

(iii)　C は分裂 k 余代数，すなわちすべての単純部分 k 余代数は 1 次元である．

証明　C 余加群 M について，$\dim M=1 \Leftrightarrow \dim C(M)=1$ と定理 3.1.4 から明らか．∎

系 3.1.6　k 余代数 C について，

(i)　C はすべての有限次元右 C 余加群 M についての部分 k 余代数 $C(M)$ の和である．

(ii)　$\mathrm{corad}\, C$ はすべての単純右 C 余加群 M についての部分 k 余代数 $C(M)$ の和である．

証明　$c\in C$ とするとき，$\Delta c=\sum_i c_i\otimes d_i$ を $\{c_i\}$ が k 上 1 次独立のようにとる．$\{c_i\}$ で張られる C の部分 k 線型空間を M とおくと，M は Δ を構造射として，有限次元右 C 余加群になる．このとき，すべての i について，$d_i\in C(M)$．ゆえ

に，$c=(\varepsilon\otimes 1)\Delta c=\sum_i \varepsilon(c_i)d_i\in C(M)$. したがって，(i)がえられる．(ii)は(i)と定理3.1.4から明らか．▌

定理 3.1.7 k 余代数 C について，次の条件は同値である．

(i) すべての有理的左 C^* 加群が完全可約である．

(ii) C は余半単純である．

証明 (i)⇒(ii)は系3.1.6から明らか．

(ii)⇒(i) M を有理的左 C^* 加群とする．M が完全可約であることを示すには，任意の $m\in M$ が M の単純部分左 C^* 加群に含まれることをいえばよい．m は M の有限次元部分左 C^* 加群に含まれるから M を有限次元としてよい．したがって，$C(M)$ は C の有限次元部分 k 余代数としてよい．C が余半単純だから $C(M)$ は C の有限個の単純部分 k 余代数の直和 D に含まれる．D^* は有限次元半単純 k 代数，M は右 D 余加群となるから有理的左 D^* 加群で D^* 加群として完全可約である．一方，k 代数射 $C^*\to D^*$ は全射だから C^* 加群としても完全可約である．▌

1.3 双加群

K を k 双代数とし，M を右 K 加群，その構造射を $\varphi_M:M\otimes K\to M$ とし，$\varphi(m\otimes x)=mx$ と書く．このとき，k 線型写像 $\varphi_{M\otimes K}:(M\otimes K)\otimes K\to M\otimes K$ を $\varphi_{M\otimes K}=(\varphi_M\otimes\mu)(1\otimes\tau\otimes 1)(1\otimes\Delta)$，すなわち $m\otimes x\in M\otimes K$，$y\in K$ のとき，

$$\varphi_{M\otimes K}(m\otimes x\otimes y)=\sum_{(y)}my_{(1)}\otimes xy_{(2)} \tag{3.13}$$

で定義すると，$M\otimes K$ は $\varphi_{M\otimes K}$ を構造射として，右 K 加群になる．これと双対的に，M を右 K 余加群，その構造射を $\psi_M:M\to M\otimes K$ とするとき，k 線型写像 $\psi_{M\otimes K}:M\otimes K\to(M\otimes K)\otimes K$ を $\psi_{M\otimes K}=(1\otimes\mu)(1\otimes\tau\otimes 1)(\psi_M\otimes\Delta)$，すなわち $m\otimes x\in M\otimes K$ に対して，

$$\psi_{M\otimes K}(m\otimes x)=\sum_{(m)(x)}m_{(0)}\otimes x_{(1)}\otimes m_{(1)}x_{(2)} \tag{3.14}$$

と定義すると，$M\otimes K$ は $\psi_{M\otimes K}$ を構造射として，右 K 余加群になる．左 K 加群または左 K 余加群 M についても同様に，$K\otimes M$ に左 K 加群または左 K 余加群の構造が定義できる．

M が右 K 加群でかつ右 K 余加群であるとする．その構造射をそれぞれ φ_M，ψ_M とし，$M\otimes K$ を(3.13), (3.14)によって右 K 加群および右 K 余加群とみる

と，

(3.15) φ_M が右 K 余加群射 $\Leftrightarrow \psi_M$ が右 K 加群射

が成り立つ．実際，$(\varphi_M\otimes 1)\circ\psi_{M\otimes K}=\psi_M\circ\varphi_M$ と $\varphi_{M\otimes K}(\psi_M\otimes 1)=\psi_M\circ\varphi_M$ とはともに，

$$(\varphi_M\otimes\mu)(1\otimes\tau\otimes 1)(\psi_M\otimes\Delta)=\psi_M\circ\varphi_M,$$

すなわち，$m\in M$，$x\in K$ に対して，

(3.16) $$\psi_M(mx)=\sum_{(m)(x)}m_{(0)}x_{(1)}\otimes m_{(1)}x_{(2)}$$

であたえられる．M が右 K 加群でかつ右 K 余加群であって，同値な条件(3.15)または(3.16)を満たすとき，M を**右 K 双加群**という．左 K 双加群も同様に定義できる．

M, N を K 双加群とするとき，k 線型写像 $f:M\to N$ が K 加群射でありかつ K 余加群射であるとき，f を **k 双加群射**という．

定理 3.1.8(双加群の構造定理) K を k ホップ代数とする．M を右 K 双加群とし，その右 K 加群，右 K 余加群の構造射をそれぞれ φ, ψ とおく．

$$N=\{m\in M;\ \psi(m)=m\otimes 1\}$$

は M の部分右 K 余加群で，$N\otimes K$ は $M\otimes K$ の部分右 K 余加群になる．さらに，$N\otimes K$ は k 線型写像 $\varphi_{N\otimes K}:N\otimes K\otimes K\to N\otimes K$

$$\varphi_{N\otimes K}(n\otimes x\otimes y)=n\otimes xy,\ \ n\in N,\ \ x, y\in K$$

を構造射にもつ右 K 加群で，これら 2 つの構造に関して右 K 双加群になる．このとき，右 K 双加群として，

$$M\cong N\otimes K$$

である．

証明 k 線型写像 $\alpha:N\otimes K\to M$ を，$\alpha(n\otimes x)=nx$ $(n\in N, x\in K)$ で定義すると，

$$(\alpha\otimes 1)\psi_{N\otimes K}(n\otimes x)=\sum_{(n)(x)}n_{(0)}x_{(1)}\otimes n_{(1)}x_{(2)}=\sum_{(x)}nx_{(1)}\otimes x_{(2)}$$
$$=\psi(n)x=\psi(nx)=\psi(\alpha(n\otimes x)).$$

ゆえに，α は右 K 余加群射である．k 線型写像 $\beta:M\to M\otimes K$ を $m\in M$ のとき，

$$\beta(m)=\sum_{(m)}m_{(0)}S(m_{(1)})\otimes m_{(2)}$$

で定義する．このとき，β が M から $N\otimes K$ への右 K 余加群射で，α の逆写像

になっていることを示そう．

$$\psi(\sum_{(m)} m_{(0)} S(m_{(1)})) = \sum_{(m)} m_{(0)} S(m_{(3)}) \otimes m_{(1)} S(m_{(2)}) = \sum_{(m)} m_{(0)} S(m_{(2)}) \otimes \varepsilon(m_{(1)})$$
$$= \sum_{(m)} m_{(0)} S(m_{(1)}) \otimes 1.$$

ゆえに，$\sum_{(m)} m_{(0)} S(m_{(1)}) \in N$ で $\beta(M) \subset N \otimes K$．また

$$(\beta \otimes 1)\psi(m) = \sum_{(m)} m_{(0)} S(m_{(1)}) \otimes m_{(2)} \otimes m_{(3)} = (1 \otimes \Delta)\beta(m).$$

ゆえに，β は右 K 余加群射である．

$$(\alpha \circ \beta)(m) = \sum_{(m)} \alpha(m_{(0)} S(m_{(1)}) \otimes m_{(2)}) = \sum_{(m)} m_{(0)} S(m_{(1)}) m_{(2)} = m$$
$$(\beta \circ \alpha)(n \otimes x) = \beta(nx) = \sum n x_{(1)} S(x_{(2)}) \otimes x_{(3)} = n \otimes x.$$

ゆえに，α, β は互いに逆写像である．したがって，α は右 K 余加群の同型射である．α が右 K 加群射であることは明らか．また，

$$(\psi \otimes 1)\psi(mx) = \sum_{(m)(x)} m_{(0)} x_{(1)} \otimes m_{(1)} x_{(2)} \otimes m_{(2)} x_{(3)} = (1 \otimes \Delta)\psi(mx)$$

だから，

$$\beta(mx) = \sum_{(m)(x)} m_{(0)} x_{(1)} S(m_{(1)} x_{(2)}) \otimes m_{(2)} x_{(3)}$$
$$= \sum_{(m)(x)} m_{(0)} x_{(1)} S(x_{(2)}) S(m_{(1)}) \otimes m_{(2)} x_{(3)}$$
$$= \sum_{(m)} m_{(0)} S(m_{(1)}) \otimes m_{(2)} x = \beta(m) x.$$

ゆえに，β も右 K 加群射である．このことから，α は右 K 双加群の同型射であることがわかる．▮

例 3.1 H を余可換分裂 k ホップ代数とし，$G = G(H)$ を H の乗法的な元の全体のなす群とする．系 2.4.30 のように k 双代数射 $\pi: H \to kG$ をとる．H の積写像 μ の $H \otimes kG$ への制限を

$$\varphi: H \otimes kG \to H.$$

また，k 線型写像 $(1 \otimes \pi)\Delta$ を

$$\psi: H \to H \otimes kG$$

とおくと，φ, ψ はそれぞれ H の右 kG 加群，右 kG 余加群の構造射で，H は右 kG 双加群になる．このとき，

$$H_1 = \{h \in H; \psi(h) = h \otimes 1\}, \qquad H_1 g = H_g$$

が成り立つから，定理 3.1.8 により，H の積写像からひきおこされる写像

$$\alpha : H_1 \otimes kG \to H$$

は右 kG 双加群の同型射である.

例 3.2　H を k ホップ代数とし，M を H^* の有限次元左イデアルの全体の和とする.

$$M' = \{f \in H^*; \operatorname{Ker} f \supset I,\ I \text{ は } H \text{ の有限余次元左余イデアル}\}$$

とおくと，$M = M'$ で M は有理的左 H^* 加群になる．したがって，右 H 余加群の構造をもつ．一方，M は

$$(f \leftharpoondown x)(y) = f(yS(x)), \qquad f \in M,\ x, y \in H$$

によって定義される作用 $\leftharpoondown$ によって，右 H 加群で，これら 2 つの構造に関して，M は右 H 双加群になる．実際，M は定義から局所有限左 H^* 加群である．また，$\mathfrak{a}$ を H^* の有限次元左イデアルとすると，$\mathfrak{a}^{\perp(H)} = \{x \in H; \langle f, x \rangle = 0\ \forall f \in \mathfrak{a}\}$ は H の有限余次元左余イデアルだから $\mathfrak{a} \subset M'$．ゆえに，$M \subset M'$．逆に，J を H の有限余次元左余イデアルとする．H を左 H 余加群とみて，J は H の部分左 H 余加群である．(3.9) から J, H は有理的右 H^* 加群で右 H^* 加群射の完全列

$$0 \to J \to H \to H/J \to 0$$

から自然に，左 H^* 加群の完全列

$$0 \leftarrow J^* \leftarrow H^* \leftarrow (H/J)^* \leftarrow 0$$

がえられる．ここで，H^* の H^* への作用は H^* の H への作用 $\leftharpoonup$ の双対，すなわち，

$$\langle x \leftharpoonup f, g \rangle = \langle x, fg \rangle, \qquad x \in H,\ f, g \in H^*$$

であたえられる．$(H/J)^* \cong J^{\perp}$ は有理的左 H^* 加群で，H^* の部分加群とみて M に含まれる．ゆえに，$M' \subset M$．したがって $M' = M$ が示された．M が右 H 双加群であることを示すために，1 つの補題を準備しよう．

補題 3.1.9　H を k ホップ代数とし，$f, g \in H^*$，$a \in H$ とするとき，

$$f(g \leftharpoondown a) = \sum_{(a)} ((a_{(2)} \rightharpoonup f) g) \leftharpoondown a_{(1)}.$$

証明　$x \in H$ とするとき，

$$\sum_{(a)} \langle ((a_{(2)} \rightharpoonup f) g \leftharpoondown a_{(1)}, x \rangle = \sum_{(a)} \langle (a_{(2)} \rightharpoonup f) g, xS(a_{(1)}) \rangle$$

$$= \sum_{(a)(x)} \langle a_{(2)} \rightharpoonup f, x_{(1)} S(a_{(1)})_{(2)} \rangle \langle g, x_{(2)} S(a_{(1)})_{(1)} \rangle$$

$$= \sum_{(a)(x)} \langle a_{(3)} \rightharpoonup f, x_{(1)}S(a_{(2)})\rangle\langle g, x_{(2)}S(a_{(1)})\rangle$$
$$= \sum_{(x)} \langle f, x_{(1)}\rangle\langle g, x_{(2)}S(a)\rangle = \langle f(g \leftharpoonup a), x\rangle.$$

ゆえに，求める等式がえられる． ▌

ψ を M の右 H 余加群の構造射とし，$g \in M$ のとき，$\psi(g) = \sum g_{(0)} \otimes g_{(1)}$ とおくと，任意の $f \in H^*$ に対して $fg = \sum \langle f, g_{(1)}\rangle g_{(0)}$ だから，補題3.1.9により，

$$f(g \leftharpoonup a) = \sum_{(a)} ((a_{(2)} \rightharpoonup f)g) \leftharpoonup a_{(1)} = \sum_{(a)(g)} \langle a_{(2)} \rightharpoonup f, g_{(1)}\rangle g_{(0)} \leftharpoonup a_{(1)}$$
$$= \sum_{(a)(g)} \langle f, g_{(1)}a_{(2)}\rangle (g_{(0)} \leftharpoonup a_{(1)}).$$

ゆえに，$\psi(g \leftharpoonup a) = \sum_{(a)(g)} (g_{(0)} \leftharpoonup a_{(1)}) \otimes g_{(1)}a_{(2)} = \psi(g) \leftharpoonup a$ となり，M が右 H 双加群であることがわかる．

定理3.1.8から，$M^H = \{f \in M; \psi(f) = f \otimes 1\}$ とおくと

$$\alpha : M^H \otimes H \to M, \qquad f \otimes x \mapsto f \leftharpoonup x$$

は右 H 双加群の同型射になる．

例3.3　H を可換 k 双代数，K を H の部分 k 双代数とし，$i : K \to H$ を自然な埋め込みとする．k 双代数の射影 $q : H \to K$ すなわち，k 双代数射で q の K への制限が恒等写像になるものが存在するとする．また，H が右 H 余加群の構造をもち，$\psi' : H \to H \otimes H$ をその構造射とする．（たとえば Δ など．）このとき，H はそれぞれ

$$\varphi = \mu(1 \otimes i) : H \otimes K \to H$$
$$\psi = (1 \otimes q)\psi' : H \to H \otimes K$$

を構造射として，右 K 加群でかつ右 K 余加群になり，さらに，H はこれら2つの構造に関して右 K 双加群になる．したがって，定理3.1.8により右 K 双加群として，$H^K \otimes K \cong H$ がえられる．

問3.2　H が上記の構造射に関して，右 K 双加群になることをたしかめよ．

§2　双加群と双代数

この節では k 双代数上の加群，余加群または双加群およびこれらの構造と同時に，k 代数，k 余代数または k 双代数の構造をもつものなどを定義する．次の節で重要ないくつかの例もあげる．これらの定義から，群や環の半直積にあ

たるものがホップ代数についてもえられる.

2.1 K 加群 k 代数と K 余加群 k 余代数

K を k 双代数, A を k 代数とする. さらに, A が右 K 加群であるとし, その構造射を $\varphi: A\otimes K\to A$, $\varphi(a\otimes x)=a\leftharpoonup x$ とおく. このとき, $A\otimes A, k$ は, $a, b\in A$, $x\in K$ のとき,

$$(a\otimes b)\leftharpoonup x = \sum(a\leftharpoonup x_{(1)})\otimes(b\leftharpoonup x_{(2)})$$
$$1\leftharpoonup x = \varepsilon(x)1$$

と定義して, それぞれ右 K 加群の構造をもつ. このような K 加群の構造に関して, k 代数 A の構造射 $\mu_A: A\otimes A\to A$, $\eta_A: k\to A$ が右 K 加群射になっているとき, すなわち,

$$(ab)\leftharpoonup x = \sum(a\leftharpoonup x_{(1)})(b\leftharpoonup x_{(2)})$$
$$1\leftharpoonup x = \varepsilon(x)1$$

を満たすとき, A を**右 K 加群 k 代数**という. 同様に, **左 K 加群 k 代数**も定義できる. これと双対的に, C を k 余代数とするとき, さらに, C が右 K 余加群であるとし, その構造射を $\psi: C\to C\otimes K$ とする. $c\in C$ のとき, $\psi(c)=\sum_{(c)} c_{(0)}\otimes c_{(1)}$ と書くと, $C\otimes C$, k は

$$\psi_{C\otimes C}(c\otimes d) = \sum c_{(0)}\otimes d_{(0)}\otimes c_{(1)}d_{(1)}, \qquad c, d\in C$$
$$\psi_k(\alpha) = 1\otimes\eta_K(\alpha), \qquad \alpha\in k$$

と定義して, それぞれ右 K 余加群の構造をもつ. このような右 K 余加群の構造に関して, k 余代数 C の構造射 $\Delta_C: C\to C\otimes C$, $\varepsilon_C: C\to k$ が右 K 余加群射になっているとき, すなわち,

$$(\Delta_C\otimes 1)\psi = (1\otimes 1\otimes\mu_K)(1\otimes\tau\otimes 1)(\psi\otimes\psi)\Delta_C$$
$$(\varepsilon_C\otimes 1)\psi = (1\otimes\eta_K)\varepsilon_C$$

を満たすとき, C を**右 K 余加群 k 余代数**という. A が右 K 加群 k 代数ならば, その双対 k 余代数 A^0 は右 K^0 余加群 k 余代数で, C が右 K 余加群 k 余代数ならば, C^0 は右 K^0 加群 k 代数になる. 左 K 余加群 k 余代数も同様に定義できる.

2.2 K 余加群 k 代数と K 加群 k 余代数

K を k 双代数とする. k 代数 A が右 K 余加群であって, A の構造射 $\mu_A: A\otimes A\to A$, $\eta_A: k\to A$ が K 余加群射であるとき, すなわち,

$$\phi(ab)=\sum_{(a)(b)}a_{(0)}b_{(0)}\otimes a_{(1)}b_{(1)},\qquad \phi(1)=1\otimes 1$$

を満たすとき，A を**右 K 余加群 k 代数**という．たとえば，K は $\Delta_K:K\to K\otimes K$ を右 K 余加群の構造射として，右 K 余加群 k 代数である．**左 K 余加群 k 代数**も同様に定義できる．これと双対的に，k 余代数 C が右 K 加群であって，C の構造射 $\Delta_C:C\to C\otimes C$，$\varepsilon_C:C\to k$ が K 加群射であるとき，すなわち，

$$\sum_{(c)(x)}c_{(0)}x_{(1)}\otimes c_{(1)}x_{(2)}=\sum(cx)_{(0)}\otimes(cx)_{(1)}$$

$$\varepsilon(cx)=\varepsilon(c)\varepsilon(x)$$

を満たすとき，C を**右 K 加群 k 余代数**という．K はその積 $\mu_K:K\otimes K\to K$ に関して右 K 加群で右 K 加群 k 余代数になっている．A が K 余加群 k 代数ならば A^0 は K^0 加群 k 余代数である．

例 3.4　H を k 双代数，H^* をその双対 k 代数とする．$a,b\in H$，$f\in H^*$ のとき，

$$\langle a\rightharpoonup f,b\rangle=\langle f,ba\rangle,\qquad \langle f\leftharpoonup a,b\rangle=\langle f,ab\rangle$$

とおくと，H^*はそれぞれ $\rightharpoonup,\leftharpoonup$ に関して左または右 H 加群 k 代数である．とくに，H が k ホップ代数ならば

$$\langle a\rightharpoondown f,b\rangle=\langle f,S(a)b\rangle,\qquad \langle f\leftharpoondown a,b\rangle=\langle f,bS(a)\rangle$$

とおくと，H^* はそれぞれ $\rightharpoondown,\leftharpoondown$ に関して，左または右 H 加群 k 代数である．((3.4)，(3.5)，(3.6)，(3.7) 参照)

例 3.5　B を k 双代数，B^* をその双対 k 代数とする．$f,g\in B^*$，$a\in B$ のとき，

$$\langle f\rightharpoonup a,g\rangle=\langle a,gf\rangle,\qquad \langle a\leftharpoonup f,g\rangle=\langle a,fg\rangle,$$

すなわち，$f\rightharpoonup a=\sum_{(a)}a_{(1)}\langle a_{(2)},f\rangle$，$a\leftharpoonup f=\sum_{(a)}\langle a_{(1)},f\rangle a_{(2)}$ と定義すると，B はそれぞれ $\rightharpoonup,\leftharpoonup$ に関して，左または右 B^* 加群で，B が可換ならば左または右 B^* 加群 k 代数になる．

2.3　K 加群 k 双代数と K 余加群 k 双代数

K,B を k 双代数とする．さらに，B が $\varphi:B\otimes K\to B$ を構造射にもつ右 K 加群で，φ に関して，B が K 加群 k 代数でかつ K 加群 k 余代数のとき，すなわち，μ_B，η_B，Δ_B，ε_B が K 加群射のとき，いいかえると，$x\in K$，$b\in B$ のとき，$\varphi(b\otimes x)=b\leftharpoonup x$ とおくと，

$$(ab)\leftharpoonup x=\sum_{(x)}(a\leftharpoonup x_{(1)})(b\leftharpoonup x_{(2)}),\qquad 1\leftharpoonup x=\varepsilon(x)1$$

$$\Delta(a \leftharpoonup x) = \sum_{(a)(x)} (a_{(1)} \leftharpoonup x_{(1)}) \otimes (a_{(2)} \leftharpoonup x_{(2)}), \qquad \varepsilon(a \leftharpoonup x) = \varepsilon(a)\varepsilon(x)$$

が成り立つとき，B を**右 K 加群 k 双代数**という．これと双対的に，k 双代数 B が $\psi: B \to B \otimes K$ を構造射にもつ右 K 余加群で，ψ に関して，右 K 余加群 k 代数でかつ右 K 余加群 k 余代数であるとき，すなわち，$\mu_B, \eta_B, \Delta_B, \varepsilon_B$ が K 余加群射のとき B を**右 K 余加群 k 双代数**という．左 K 加群(左 K 余加群) k 双代数についても同様に定義できる．B が右 K 加群(または右 K 余加群) k 双代数ならば B^0 は右 K^0 余加群(または右 K^0 加群) k 双代数である．k ホップ代数が k 双代数として，右 K 加群(または右 K 余加群) k 双代数のとき，それを右 K 加群(または右 K 余加群) k ホップ代数という．

例 3.6 G, S を群とし，$\mathrm{Aut}(S)$ を S の自己同型の全体のなす群とする．$K = kG$, $L = kS$ をそれぞれ G, S の群 k 双代数とする．群射 $\rho: G \to \mathrm{Aut}(S)$ があたえられたとき，k 線型写像 $\varphi: K \otimes L \to L$ を

$$\varphi(x \otimes a) = \rho(x)a = x \rightharpoonup a, \qquad x \in G, \ a \in S$$

で定義すると，L は左 K 加群 k 双代数である．

例 3.7 M, N を k リー代数とする．N から N への k 導分の全体のなす k リー代数を $\mathrm{Der}_k(N)$ とおき，$K = U(M)$, $L = U(N)$ をそれぞれ M, N の包絡 k 代数とする．k リー代数射 $\rho: M \to \mathrm{Der}_k(N)$ があたえられたとき，k 線型写像 $\varphi: K \otimes L \to L$ を

$$\varphi(x \otimes a) = \rho(x)a = x \rightharpoonup a, \qquad x \in M, \ a \in N$$

で定義すると，L は左 K 加群 k 双代数になる．

例 3.8 H を k ホップ代数とし，k 線型写像 $\psi: H \to H \otimes H$ を

$$\psi(x) = \sum_{(x)} x_{(1)} S(x_{(3)}) \otimes x_{(2)}, \qquad x \in H$$

で定義すると，H は左 H 余加群で，H が可換ならば，H は左 H 余加群 k ホップ代数になる．H を可換 k ホップ代数とし，$G = G(H^0) = \boldsymbol{Alg}_k(H, k)$, $L = P(H^0)$ とおくと，ψ の双対 k 線型写像 $\psi^0: H^0 \otimes H^0 \to H^0$ はそれぞれ写像

$$G(\psi): G \times G \to G, \qquad (a, b) \mapsto aba^{-1}$$

$$L(\psi): L \times L \to L, \qquad (a, b) \mapsto [a, b] = ab - ba$$

をひきおこす．G の自己同型 $b \mapsto aba^{-1}$ $(b \in G)$，L の導分 $b \mapsto [a, b]$ $(b \in L)$ を内部自己同型，内部導分という．(例 1.8 参照.)

問 3.3 例 3.7 で述べたことをたしかめよ.

k 線型写像 $\psi':H\to H\otimes H$ を

$$\psi'(x)=\sum_{(x)}x_{(2)}\otimes S(x_{(1)})x_{(3)},\qquad x\in H$$

で定義すると, H は右 H 余加群になり, H が可換ならば右 H 余加群 k ホップ代数になることを示せ.

例 3.9 H を余可換 k ホップ代数, $G=G(H)$, 単位元 1 を含む既約成分を H_1 とおく. k 線型写像

$$\varphi: kG\otimes H_1\to H_1,\qquad g\otimes h\mapsto ghg^{-1}\qquad h\in H_1,\ g\in G$$

を構造射として, H_1 は左 kG 加群 k 双代数になる.

定理 3.2.1 H,K を k ホップ代数とする. H が左 K 加群 k ホップ代数ならば, H の対合射 S は K 線型的である. すなわち,

$$S(x\rightharpoonup a)=x\rightharpoonup S(a),\qquad x\in K,\ a\in H.$$

証明 $\varepsilon(a)1=\sum_{(a)}a_{(1)}S(a_{(2)})$ だから,

$$\varepsilon(x)\varepsilon(a)1=x\rightharpoonup\varepsilon(a)1=x\rightharpoonup\sum_{(a)}a_{(1)}S(a_{(2)})=\sum_{(a)(x)}(x_{(1)}\rightharpoonup a_{(1)})(x_{(2)}\rightharpoonup S(a_{(2)})).$$

ゆえに,

$$\begin{aligned}S(x\rightharpoonup a)&=\sum_{(x)(a)}S(x_{(1)}\rightharpoonup a_{(1)})\varepsilon(x_{(2)}\rightharpoonup a_{(2)})=\sum_{(x)(a)}S(x_{(1)}\rightharpoonup a_{(1)})\varepsilon(x_{(2)})\varepsilon(a_{(2)})\\&=\sum_{(x)(a)}S(x_{(1)}\rightharpoonup a_{(1)})(x_{(2)}\rightharpoonup a_{(2)})(x_{(3)}\rightharpoonup S(a_{(3)}))\\&=\sum_{(x)(a)}\varepsilon(x_{(1)}\rightharpoonup a_{(1)})(x_{(2)}\rightharpoonup S(a_{(2)}))=\sum_{(x)(a)}\varepsilon(x_{(1)})x_{(2)}\rightharpoonup\varepsilon(a_{(1)})S(a_{(2)})\\&=x\rightharpoonup S(a).\end{aligned}$$

∎

2.4 余可換 k ホップ代数の半直積

K,L を余可換 k ホップ代数とする. L を左 K 加群 k ホップ代数, その構造射を $\varphi:K\otimes L\to L$ とし, $\varphi(x\otimes a)=x\rightharpoonup a\ (x\in K, a\in L)$ と書く. このとき, 余可換 k ホップ代数 $L\,\sharp\,K$ を次のように定義し, K と L との**半直積**とよぶ.

(1) $L\,\sharp\,K$ は k 線型空間として, $L\otimes K$ で, $a\otimes x$ を $a\,\sharp\,x$ と書く.

(2) k 代数の構造射を

$$\mu_{L\sharp K}=(\mu_L\otimes\mu_K)(1\otimes\varphi\otimes1\otimes1)(1\otimes1\otimes\tau\otimes1)(1\otimes\Delta\otimes1\otimes1)$$

$$\eta_{L\sharp K}=\eta_L\otimes\eta_K.$$

すなわち, $a,b\in L$, $x,y\in K$ のとき,

$$(a\,\sharp\,x)(b\,\sharp\,y)=\sum_{(x)}a(x_{(1)}\rightharpoonup b)\,\sharp\,x_{(2)}y$$

$$1 = 1 \sharp 1$$

と定義する．($\mu_{L\sharp K}$ および $\eta_{L\sharp K}$ が k 代数の構造射であることをたしかめよ.)

(3)　k 余代数の構造は，L と K の k 余代数のテンソル積で定義する．すなわち，$a\in L$，$x\in K$ のとき，

$$\Delta(a \sharp x) = \sum_{(a)(x)} (a_{(1)} \sharp x_{(1)}) \otimes (a_{(2)} \sharp x_{(2)})$$

$$\varepsilon(a \sharp x) = \varepsilon(a)\varepsilon(x)$$

と定義する．(Δ, ε が k 代数射であることをたしかめよ.)

(4)　対合射 $S_{L\sharp K}$ を

$$S_{L\sharp K} = (S_L \otimes S_K)(\varphi \otimes 1)(S_K \otimes 1 \otimes 1)(\tau \otimes 1)(1 \otimes \Delta).$$

すなわち，$a\in L$，$x\in K$ のとき，

$$S_{L\sharp K}(a \sharp x) = S_K(x_{(1)}) \rightharpoonup S_L(a) \sharp S_K(x_{(2)})$$

と定義する．($\mu_{L\sharp K}(1\otimes S_{L\sharp K})\Delta_{L\sharp K} = \eta_{L\sharp K}\circ\varepsilon_{L\sharp K}$ をたしかめよ．定理3.2.1参照.)

例 3.10　G, S を群とし，$K=kG$，$L=kS$ をそれぞれ G, S の群 k ホップ代数とする．これらは余可換 k ホップ代数で，例3.6で示したように，群射 $\rho: G\to \mathrm{Aut}(S)$ があたえられているとき，L は左 K 加群 k ホップ代数になる．このとき，L と K との半直積 $L\sharp K$ は余可換 k ホップ代数で，$a, b\in S$，$x, y\in G$ とするとき，

$$(a \sharp x)(b \sharp y) = a\rho(x)b \sharp xy$$

となる．S と G との ρ に関する半直積を $S\times_\rho G$ とおくと，$L\sharp K$ は $S\times_\rho G$ の群 k ホップ代数 $k(S\times_\rho G)$ と同型になる．

例 3.11　M, N を k リー代数とし，$K=U(M)$，$L=U(N)$ をそれぞれ M, N の包絡 k ホップ代数とする．これらは余可換 k ホップ代数で，例3.7で示したように，k リー代数射 $\rho: M\to \mathrm{Der}_k(N)$ があたえられているとき，L は左 K 加群 k ホップ代数になる．このとき，L と K との半直積 $L\sharp K$ は余可換 k ホップ代数で，N と M の ρ に関する半直和 $N\oplus_\rho M$ の包絡 k ホップ代数 $U(N\oplus_\rho M)$ と同型になる．(問1.18参照.)

2.5　可換 k ホップ代数の余半直積

半直積と双対的に余半直積を定義しよう．K, L を可換 k ホップ代数とする．

L が左 K 余加群 k ホップ代数であるとし，その構造射を $\phi: L\to K\otimes L$ とする．このとき，可換 k ホップ代数 $L\flat K$ を次のように定義して，これを L と K との**余半直積**とよぶ．

(1)　$L\flat K$ は k 加群として，$L\otimes K$ で，$a\in L$，$x\in K$ のとき，$a\otimes x$ を $a\flat x$ と書く．

(2)　$L\flat K$ の k 代数の構造は L と K の k 代数としてのテンソル積で定義する．すなわち，$a, b\in L$，$x, y\in K$ のとき，

$$(a\flat x)(b\flat y) = ab\flat xy.$$

(3)　$L\flat K$ の k 余代数の構造射を次のように定義する．

$$\Delta_{L\flat K} = (1\otimes\mu_K\otimes 1\otimes 1)(1\otimes 1\otimes\tau\otimes 1)(1\otimes\phi\otimes 1\otimes 1)(\Delta_L\otimes\Delta_K)$$

$$\varepsilon_{L\flat K} = \varepsilon_L\otimes\varepsilon_K.$$

(4)　対合射 $S_{L\flat K}$ を次のように定義する．

$$S_{L\flat K} = (1\otimes\mu_K)(\tau\otimes 1)(S_K\otimes 1\otimes 1)(\phi\otimes 1)(S_L\otimes S_K)$$

問 3.4　(2), (3), (4) で定義した構造射が k ホップ代数の公理を満たすことを証明せよ．

問 3.5　K, L が可換 k ホップ代数で，L が左 K 余加群 k ホップ代数ならば，K^0, L^0 は余可換 k ホップ代数で，L^0 が左 K^0 加群 k ホップ代数となり，$(L\flat K)^0\cong L^0\,\sharp\,K^0$ となる．このとき，

$$G((L\flat K)^0) \cong G(L^0)\,\sharp\,G(K^0) \qquad (\text{半直積})$$
$$P((L\flat K)^0) = P(L^0)\otimes 1+1\otimes P(K^0)$$
$$\cong P(L^0)\oplus P(K^0) \qquad (\text{半直和})$$

となる．

§3　ホップ代数の積分

コンパクト位相群 G 上の実数値連続表現関数の全体 $\mathcal{R}(G)$ は実数体 $\boldsymbol{R}$ 上のホップ代数で(第2章2.2参照)，G 上には，群の元 g による左(または右)移動 $x\mapsto gx$ ($x\mapsto xg$) で不変な Haar 測度が定義され，G 上の積分はこのような変換で不変な $\mathcal{R}(G)$ 上の1次形式になっている．ここでは，k ホップ代数上の1次形式で位相群のときと類似の不変性をもつものをその k ホップ代数上の積分と定義し，その存在や性質について調べてみよう．有限群やコンパクト群の表現

の完全可約性と積分の存在とが互いに関連していることが示される.

3.1　積分の定義とその例

H を k ホップ代数とする. $\sigma\in H^*$ が, 任意の $f\in H^*$ に対して,

$$f\sigma = \langle f, 1\rangle\sigma \tag{3.17}$$

を満たすとき, σ を H 上の**左積分**(または単に**積分**)という. H 上の左積分の全体の集合を $\mathscr{I}_H$ とおく. $\mathscr{I}_H$ は k 線型空間で H^* の左イデアルである. また,

$$\mathscr{I}_H = \{\sigma\in H^*;\ (1\otimes\sigma)\circ\Delta=\eta\circ\sigma\} = \{\sigma\in H^*;\ \sigma \text{ は左 } H \text{ 余加群射}\}$$

となる. 実際, $f\in H^*$, $x\in H$ のとき,

$$\langle(1\otimes\sigma)\Delta x, f\rangle = \sum_{(x)}\langle f, x_{(1)}\rangle\sigma(x_{(2)}) = \langle f\sigma, x\rangle$$
$$\langle\eta\circ\sigma(x), f\rangle = \langle\sigma, x\rangle\langle 1, f\rangle = \langle f, 1\rangle\sigma(x).$$

ゆえに, $(1\otimes\sigma)\Delta=\eta\circ\sigma \Leftrightarrow$ 任意の $f\in H^*$ について $f\sigma=\langle f, 1\rangle\sigma$ がえられる. また, 例3.2で定義した M^H は $\mathscr{I}_H$ にほかならない. 実際, $\sigma\in\mathscr{I}_H$ ならば $k\sigma$ は H^* の1次元左イデアルだから $\sigma\in M$. 一方,

$$\text{任意の } f\in H^* \text{ について } f\sigma = \langle f, 1\rangle\sigma \Leftrightarrow \phi(\sigma) = \sigma\otimes 1$$

から $M^H=\mathscr{I}_H$ がえられる. $M^H\otimes H$ と M は対応 $f\otimes x\mapsto f\leftharpoonup x$ で右 H 余加群として同型で $f\leftharpoonup x=S(x)\rightharpoonup f$ であることから $\mathscr{I}_H\neq\{0\}$ ならば S は単射である. $M^H=\mathscr{I}_H$ から次の定理がえられる.

定理 3.3.1　H を k ホップ代数とするとき, 次の条件は同値である.

(i)　H が0でない左積分をもつ, すなわち, $\mathscr{I}_H\neq\{0\}$.

(ii)　H^* が0でない有限次元左イデアルをもつ.

(iii)　H が真の有限余次元左余イデアルをもつ.

例 3.12　G を群とし, $H=kG$ を群 k ホップ代数とする. $e\in G$ を単位元とし, $\sigma\in H^*$ を $\sigma(e)=1$, $\sigma(x)=0\ (x\in G, x\neq e)$ で定義すると, σ は H 上の左積分である. 実際, $x\in G$ のとき, 任意の $f\in H^*$ に対して,

$$\langle f\sigma, x\rangle = \langle f\otimes\sigma, x\otimes x\rangle = \langle f, x\rangle\langle\sigma, x\rangle$$
$$= \langle f, 1\rangle\sigma(x).$$

例 3.13　G を有限群とし, $H=(kG)^*$ を群 k ホップ代数 kG の双対 k ホップ代数とする. H^* と kG を同一視して, $\sigma=\sum_{g\in G}g\in H^*$ は H 上の積分である. 実際, $x\in H$, $f=\sum_{i=1}^{n}a_ig_i$, $a_i\in k$, $g_i\in G\ (1\leqq i\leqq n)$ とおくと,

$$\langle f\sigma, x\rangle = \langle \sigma, x \leftharpoonup f\rangle = \sum_{g\in G}\langle g, x\leftharpoonup f\rangle = \sum_{g\in G}\langle fg, x\rangle$$
$$= \sum_{g\in G}\sum_{i=1}^{n}\langle a_i g_i g, x\rangle = \sum_{i=1}^{n} a_i \sum_{g\in G}\langle g_i g, x\rangle = \left(\sum_{i=1}^{n} a_i\right)\sigma(x).$$

一方，

$$\langle f, 1\rangle = \sum_{i=1}^{n} a_i \langle g_i, 1\rangle = \sum_{i=1}^{n} a_i.$$

ゆえに，$f\sigma=\langle f, 1\rangle\sigma$ となる．G の位数を $|G|$ とおくと，$\varepsilon(\sigma)=|G|$．したがって，k の標数が $|G|$ と素ならば $\varepsilon(\sigma)\neq 0$ である．

例 3.14　G をコンパクト位相群，$H=\mathcal{R}(G)$ を G 上の実数値連続表現関数の全体のなす $\boldsymbol{R}$ ホップ代数とする．ν を G 上の1つの Haar 測度とし，

$$\sigma(f) = \int_G f d\nu, \qquad f\in H$$

とおくと，$\sigma\in H^*$ は H 上の積分である．実際，Haar 測度は左不変だから，$x\in H^*$，$f\in H$ のとき，

$$\langle x\sigma, f\rangle = \langle \sigma, f\leftharpoonup x\rangle = \int_G (f\leftharpoonup x) d\nu = \int_G f d\nu = \langle \sigma, f\rangle.$$

一方，$\langle x, 1\rangle=1$ だから，$x\sigma=\sigma=\langle x, 1\rangle\sigma$ となる．

例 3.15　$k[X]$ を標数 $p>0$ の体 k 上の1変数多項式環とすると，$\Delta X=X\otimes 1+1\otimes X$，$\varepsilon(X)=0$，$S(X)=-X$ と定義して $k[X]$ は k ホップ代数の構造をもつ．X^p から生成される $k[X]$ のイデアルを $\mathfrak{a}$ とおき，$H=k[X]/\mathfrak{a}$ とし，自然な射影 $k[X]\to H$ による X の像を x として，$H=k[x]$ と書く．$\varepsilon(X^p)=0$，$\Delta X^p=X^p\otimes 1+1\otimes X^p$ だから，H は $k[X]$ の k ホップ代数の構造から自然に定義された構造で k ホップ代数になる．(注意: $\mathfrak{a}$ は第4章§1で定義されるホップイデアルになっている.) $1, x, x^2, \cdots, x^{p-1}$ は H の k 上の基底で $\langle x^i, x^j\rangle=\delta_{ij}(0\leqq i, j\leqq p-1)$ で定義される H 上の双1次形式で H と H^* とを同一視すると，x^{p-1} は H 上の積分である．実際

$$\langle x^i x^{p-1}, x^j\rangle = \langle x^i, 1\rangle\langle x^{p-1}, x^j\rangle = \delta_{i0}\langle x^{p-1}, x^j\rangle.$$

したがって，$x^i x^{p-1}=\langle x^i, 1\rangle x^{p-1}$ となる．このとき，$\varepsilon(x^{p-1})=0$.

3.2　積分と完全可約性

H を k ホップ代数とし，M を左 H 余加群とする．任意の M の部分左 H 余加群 N に対して，$i:N\to M$ を自然な埋め込みとするとき，左 H 余加群射 $p:M$

$\to N$ で $p\circ i=1_N$ を満たすものが存在するとき，M を完全可約な左 H 余加群であるという．このことは，M が単純部分左 H 余加群の直和であらわされることと同値である．

定理 3.3.2　k ホップ代数 H について，次の条件は互いに同値である．

(i)　すべての左 H 余加群は完全可約である．

(ii)　H を $\Delta: H\to H\otimes H$ によって左 H 余加群とみて，H は完全可約である．

(iii)　H 上の左積分 σ で $\sigma\circ\eta=1_k$ を満たすものが存在する．

(iv)　k 線型写像 $\rho: H\otimes H\to k$ で

$$\rho\circ\Delta=\varepsilon \quad かつ \quad (1\otimes\rho)(\Delta\otimes 1)=(\rho\otimes 1)(1\otimes\Delta)$$

を満たすものが存在する．

証明　(i)$\Rightarrow$(ii) は明らか．

(ii)$\Rightarrow$(iii)　k, H は η, Δ に関して左 H 余加群である．$\eta: k\to H$ は左 H 余加群射で (ii) から H は完全可約だから左 H 余加群射 $\sigma: H\to k$ で $\sigma\circ\eta=1_k$ を満たすものが存在する．σ が左 H 余加群射であることは $(1\otimes\sigma)\Delta=\eta\circ\sigma$ を満たすことにほかならない．

(iii)$\Rightarrow$(iv)　$\sigma: H\to k$ を H 上の左積分で $\sigma\circ\eta=1_k$ を満たすものとする．$\rho=\sigma\circ\mu\circ(1\otimes S): H\otimes H\to k$ とおくとき，ρ が (iv) の条件を満たすことを示そう．$x\in H$ に対して，

$$\rho\circ\Delta(x)=\sigma\Big(\sum_{(x)}x_{(1)}S(x_{(2)})\Big)=\sigma\circ\varepsilon(x)=\varepsilon(x).$$

ゆえに，$\rho\circ\Delta=\varepsilon$．また，$(1\otimes\sigma)\Delta=\eta\circ\sigma$ が成り立つから，$\sum_{(x)}x_{(1)}\sigma(x_{(2)})=\eta\sigma(x)=\sigma(x)$ となることに注意して，

$$\begin{aligned}(\rho\otimes 1)(1\otimes\Delta)(x\otimes y)&=\sum_{(y)}\sigma(xS(y_{(1)}))y_{(2)}=\sum_{(x)(y)}\sigma(x_{(2)}S(y_{(1)}))x_{(1)}S(y_{(2)})y_{(3)}\\&=\sum_{(x)(y)}\sigma(x_{(2)}S(y_{(1)}))x_{(1)}\varepsilon(y_{(2)})=\sum_{(x)}\sigma(x_{(2)}S(y))x_{(1)}\\&=(1\otimes\rho)(\Delta\otimes 1)(x\otimes y).\end{aligned}$$

ゆえに，$(\rho\otimes 1)(1\otimes\Delta)=(1\otimes\rho)(\Delta\otimes 1)$ が成り立つ．

(iv)$\Rightarrow$(i)　k 線型写像 $\rho: H\otimes H\to k$ で (iv) の条件を満たすものが存在するとする．N を左 H 余加群 M の部分左 H 余加群とし，$i: N\to M$ を自然な埋め込みとする．k 線型写像 $p: M\to N$ で $p\circ i=1_N$ を満たすものを1つとる．このとき，

$$q=(\rho\otimes 1_N)(1_H\otimes\phi_N)(1_H\otimes p)\phi_M$$

とおくと，$q:M\to N$ が左 H 余加群射で $q\circ i=1_N$ を満たすことを示そう．

$$\begin{aligned}
q\circ i &= (\rho\otimes 1_N)(1_H\otimes\phi_N)(1_H\otimes p)\phi_M\circ i\\
&= (\rho\otimes 1_N)(1_H\otimes\phi_N)(1_H\otimes p)(1_H\otimes i)\phi_N=(\rho\otimes 1_N)(1_H\otimes\phi_N)\phi_N\\
&= (\rho\otimes 1_N)(\varDelta\otimes 1_N)\phi_N=(\rho\circ\varDelta\otimes 1_N)\phi_N=(\varepsilon\otimes 1_N)\phi_N=1_N,
\end{aligned}$$

$$\begin{aligned}
(1_H\otimes q)\phi_M &= (1_H\otimes\rho\otimes 1_N)(1_H\otimes 1_H\otimes\phi_N)(1_H\otimes 1_H\otimes p)(1_H\otimes\phi_M)\phi_M\\
&= (1_H\otimes\rho\otimes 1_N)(1_H\otimes 1_H\otimes\phi_N)(1_H\otimes 1_H\otimes p)(\varDelta\otimes 1_M)\phi_M\\
&= (1_H\otimes\rho\otimes 1_N)(1_H\otimes 1_H\otimes\phi_N)(\varDelta\otimes 1_N)(1_H\otimes p)\phi_M\\
&= (1_H\otimes\rho\otimes 1_N)(\varDelta\otimes 1_H\otimes 1_N)(1_H\otimes\phi_N)(1_H\otimes p)\phi_M\\
&= (\rho\otimes 1_H\otimes 1_N)(1_H\otimes\varDelta\otimes 1_N)(1_H\otimes\phi_N)(1_H\otimes p)\phi_M\\
&= (\rho\otimes 1_H\otimes 1_N)(1_H\otimes 1_H\otimes\phi_N)(1_H\otimes\phi_N)(1_H\otimes p)\phi_M\\
&= \phi_N(\rho\otimes 1_N)(1_H\otimes\phi_N)(1_H\otimes p)\phi_M=\phi_N\circ q.
\end{aligned}$$

したがって，q は左 H 余加群射で $q\circ i=1_N$ を満たす．▌

系 3.3.3　k ホップ代数 H について，定理3.3.2の各条件は次の条件と互いに同値である．

(v)　すべての有理的右 H^* 加群が完全可約である．

(vi)　右 H^* 加群 H は完全可約である．

(vii)　H は余半単純 k 余代数である．

証明　(v)⇔(vii)は定理3.1.7．(i)⇒(v)⇒(vi)⇒(ii)は自明．▌

注意　H が有限次元 k ホップ代数ならば(vii)は H^* が半単純であることと同値である．例3.13で $|G|$ が体 k の標数と素ならば群 k 代数 kG が半単純で，任意の kG 加群が完全可約であることがわかる(Maschke の定理)．

3.3　積分の一意性

k ホップ代数 H の積分のなす k 線型空間 $\mathscr{I}_H$ について，$\dim\mathscr{I}_H\leqq 1$ であることを示そう．このことはもし積分が存在すればスカラー倍を除いて一意的であることを示している．k の代数的閉体を $\bar{k}$ とし，$\bar{k}$ ホップ代数 $H\otimes_k\bar{k}$ を $\overline{H}$ とおく．$\mathscr{I}_H$ は $\mathscr{I}_{\overline{H}}$ の k 部分空間と同一視できるから，$\dim_k\mathscr{I}_H\leqq\dim_{\bar{k}}\mathscr{I}_{\overline{H}}$．したがって，$\dim\mathscr{I}_H\leqq 1$ を示すには k を代数的閉体としてよい．この節では k を代数的閉体とする．corad $H=H_0$ とおき，$H_n=\sqcap^{n+1}H_0$ とおくと，H の部分 k 余代数の列 $H_0\subset H_1\subset H_2\cdots$ がえられる．定理2.3.9の証明でみたように，余根基は

余巾零で $H=\bigcup_{n=0}^{\infty}H_n$ となる．また，定理2.3.11から射影 $\pi:H\to H_0$ が存在する．$K=\mathrm{Ker}\,\pi$ とおき，π の双対 k 代数射を $\pi^*:H_0{}^*\to H^*$ とおく．N を H の1つの単純部分 k 余代数とすると，その双対 k 代数 N^* は有限次元単純 k 代数で，或る自然数 n について n 次正方行列の全体のなす k 代数 $M_n(k)$ と同型である．したがって，N は $M_n(k)$ の双対 k 余代数 $M_n(k)^*$ と同一視できる．$e_{ij}\in M_n(k)$ を (i,j) 成分が1で他の成分はすべて0である行列とし，$e_{ii}\in M_n(k)\,(1\leqq i\leqq n)$ に対応する N^* の元を $e_{(N,i)}$ とおき，N^* を $H_0{}^*$ の単純部分 k 代数と同一視して $e_{(N,i)}$ を $H_0{}^*$ の元とみる．さらに，$\pi^*:H_0{}^*\to H^*$ による $e_{(N,i)}$ の像を同じ記号であらわし，とくに，$e_{(k,1)}$ を e_1 と書く．このとき，

$$e_{(N,i)}e_{(N',i')}=\delta_{NN'}\delta_{ii'}e_{(N,i)}$$

で，$e_{(N,i)}$ は H^* の巾等元である．

補題 3.3.4　上記の記号のもとで，

(i)　$H\leftharpoonup e_{(N,i)}$，$e_{(N,i)}\rightharpoonup H$ はそれぞれ H の右または左余イデアルである．

(ii)　$\Delta(H\leftharpoonup e_{(N,i)})\subset N\otimes H+K\otimes H$

(iii)　$v\in H_n\leftharpoonup e_1\Rightarrow \Delta v\in 1\otimes v+K\otimes H_{n-1}$

(iv)　$v\in k\sqcap N\Rightarrow \Delta v\in 1\otimes v+H\otimes N$

(v)　$v\in H\leftharpoonup e_1\Rightarrow v\leftharpoonup e_1=v.$

証明　(i)　$x\in H$ のとき，

$$\Delta(x\leftharpoonup e_{(N,i)})=\Delta(\sum_{(x)}\langle e_{(N,i)},x_{(1)}\rangle x_{(2)})=\sum_{(x)}\langle e_{(N,i)},x_{(1)}\rangle x_{(2)}\otimes x_{(3)}$$
$$=\sum_{(x)}(x_{(1)}\leftharpoonup e_{(N,i)})\otimes x_{(2)}.$$

したがって，$H\leftharpoonup e_{(N,i)}$ は右余イデアルである．$e_{(N,i)}\rightharpoonup H$ についても同様である．

(ii)　(i)の式に注意すれば明らか．

(iii)　$x\in H_n$ とし，$v=x\leftharpoonup e_1$ とおく．$H_n=H_0\sqcap H_{n-1}$ だから，$\Delta x\in H_0\otimes H+H\otimes H_{n-1}$．ゆえに，

$$\Delta(x\leftharpoonup e_1)=\sum_{(x)}(x_{(1)}\leftharpoonup e_1)\otimes x_{(2)}=\sum_{(x)}\langle e_1,x_{(1)}\rangle x_{(2)}\otimes x_{(3)}\in k1\otimes H+K\otimes H_{n-1}.$$

一方，$(\varepsilon\otimes 1)\Delta v=v$ だから，$\Delta v\in 1\otimes v+K\otimes H_{n-1}$.

(iv)　$v\in k\sqcap N$ とすると，$\Delta v\in k\otimes H+H\otimes N$．ゆえに，(iii)と同様に，$\Delta v\in 1\otimes v+H\otimes N$.

(v)　$x \in H$ として，$v = x \leftharpoonup e_1$ とおくと，

$$v \leftharpoonup e_1 = (x \leftharpoonup e_1) \leftharpoonup e_1 = x \leftharpoonup e_1{}^2 = x \leftharpoonup e_1 = v.$$ ▌

補題 3.3.5　$H = \coprod_{(N,i)} (e_{(N,i)} \rightharpoonup H).$

ここで，N は $H_0 = \coprod N$ と H_0 を単純部分 k 余代数の直和であらわしたときの成分 N をすべて動き，i は $\dim N = n^2$ としたとき，$1 \leqq i \leqq n$ をすべて動く．

証明　$x \in H$ としたとき，x から生成される H の部分 k 余代数を C_x とおく．

$$\sum_{(N,i),N \subset C_x} e_{(N,i)} \rightharpoonup x = \varepsilon \rightharpoonup x = x \in \sum_{(N,i)} (e_{(N,i)} \rightharpoonup H).$$

一方，$\{e_{(N,i)}\}_{(N,i)}$ は直交巾等元の集合だから直和であることは明らか．▌

定理 3.3.6　H の対合射 S が単射ならば，

$$\dim(e_1 \rightharpoonup H) = \dim(H \leftharpoonup e_1).$$

証明　$H \leftharpoonup e_1$ の基底 $F = \{v_\lambda\}_{\lambda \in \Lambda}$ を各 n について，$F \cap (H_n \leftharpoonup e_1)$ が $H_n \leftharpoonup e_1$ の基底になっているようにとる．S が単射ならば，$\{e_1 \rightharpoonup S(v_\lambda)\}_{\lambda \in \Lambda}$ は $S(H) \subset H$ の中で k 上1次独立であることを示そう．このとき，$\dim(e_1 \rightharpoonup H) \geqq \dim(H \leftharpoonup e_1)$ となり，同様に逆の不等号もえられるから等号が成り立つことがわかる．

補題 3.3.4(iii) から $v_\lambda \in H_n - H_{n-1}$ ならば $e_1 \rightharpoonup S(v_\lambda) = S(v_\lambda) + q_\lambda$，$q_\lambda \in S(H_{n-1})$．ゆえに，補題 3.3.4(v) から，

$$S^{-1}(e_1 \rightharpoonup S(v_\lambda)) \leftharpoonup e_1 = v_\lambda + t_\lambda, \qquad t_\lambda \in H_{n-1} \leftharpoonup e_1.$$

$\{e_1 \rightharpoonup S(v_\lambda)\}_{\lambda \in \Lambda}$ が k 上1次従属であると仮定して，

$$\sum_{\beta \in \Lambda_1} \lambda_\beta (e_1 \rightharpoonup S(v_\beta)) = 0, \qquad \Lambda_1 \text{ 有限集合，} \lambda_\beta \neq 0$$

とすると，

$$0 = \sum_{\beta \in \Lambda_1} \lambda_\beta S^{-1}(e_1 \rightharpoonup S(v_\beta)) \leftharpoonup e_1 = \sum_{\beta \in \Lambda_1} \lambda_\beta (v_\beta + t_\beta). \tag{3.18}$$

$\{v_\beta ; \beta \in \Lambda_1\} \subset H_{n_0}$ を満たす最小の自然数 n_0 をとり，$\Lambda_2 = \{\gamma \in \Lambda_1 ; v_\gamma \in H_{n_0} - H_{n_0 - 1}\}$ とおくと，n_0 のとり方から $\Lambda_2 \neq \phi$．(3.18) の右辺を

$$\sum_{\gamma \in \Lambda_2} \lambda_\gamma v_\gamma + \sum_{\gamma \in \Lambda_2} \lambda_\gamma t_\gamma + \sum_{\beta \in \Lambda_1 - \Lambda_2} \lambda_\beta (v_\beta + t_\beta) = 0$$

とおくと，第2項と第3項の和は $H_{n_0-1} \leftharpoonup e_1$ の元で，$(H_{n_0-1} \leftharpoonup e_1) \cap F$ の元の k 上の1次結合で書ける．これは，F のとり方に矛盾する．したがって，$\{e_1 \rightharpoonup S(v_\lambda)\}_{\lambda \in \Lambda}$ は k 上1次独立でなければならない．▌

補題 3.3.7　σ を H 上の積分とし，$a, b \in H$ とすると，

(3.19) $$\sum_{(a)}\langle\sigma, a_{(2)}S(b)\rangle a_{(1)} = \sum_{(b)}\langle\sigma, aS(b_{(1)})\rangle b_{(2)}.$$

証明 補題 3.1.9 から任意の $f\in H^*$ に対して,

$$f(\sigma\leftharpoonup b) = \sum_{(b)}((b_{(2)}\rightharpoonup f)\sigma)\leftharpoonup b_{(1)}.$$

一方, σ は積分だから $(b_{(2)}\rightharpoonup f)\sigma=\langle b_{(2)}\rightharpoonup f, 1\rangle\sigma=\langle f, b_{(2)}\rangle\sigma$. ゆえに, $f(\sigma\leftharpoonup b)=\sum_{(b)}\langle f, b_{(2)}\rangle\sigma\leftharpoonup b_{(1)}$. したがって,

$$\sum_{(b)}\langle\sigma, aS(b_{(1)})\rangle\langle f, b_{(2)}\rangle = \sum_{(b)}\langle f, b_{(2)}\rangle\langle\sigma\leftharpoonup b_{(1)}, a\rangle = \langle f(\sigma\leftharpoonup b), a\rangle$$
$$= \sum_{(a)}\langle f, a_{(1)}\rangle\langle\sigma\leftharpoonup b, a_{(2)}\rangle = \sum_{(a)}\langle\sigma, a_{(2)}S(b)\rangle\langle f, a_{(1)}\rangle.$$

すなわち, 求める等式がえられる. ▌

定理 3.3.8 $\mathscr{I}_H\neq\{0\} \Leftrightarrow \dim(e_1\rightharpoonup H)<\infty$.

証明 $\Leftarrow$ $\dim(e_1\rightharpoonup H)<\infty$ とする. $L=\coprod_{(N,i), N\neq k}(e_{(N,i)}\rightharpoonup H)$ は H の左余イデアルで, 補題 3.3.5 により, $L\oplus(e_1\rightharpoonup H)=H$. ゆえに, L は有限余次元で $\operatorname{codim} L=\dim(e_1\rightharpoonup H)$. $1\in e_1\rightharpoonup H$ だから, L は H の真の左余イデアルで, 定理 3.3.1 により $\mathscr{I}_H\neq\{0\}$.

$\Rightarrow$ $\mathscr{I}_H\neq\{0\}$ とし, 0 でない積分 σ をとる. $\langle\sigma, x\rangle\neq 0$ となる $x\in H$ が存在する.

$$0\neq\langle\sigma, x\rangle = \langle e_1, 1\rangle\langle\sigma, x\rangle = \langle e_1\sigma, x\rangle = \langle\sigma, x\leftharpoonup e_1\rangle.$$

右 H 余加群 H の中で $w=x\leftharpoonup e_1$ から生成される部分右 H 余加群を W とおく. $\mathscr{I}_H\neq\{0\}$ だから S は単射で, 定理 3.3.6 から $\dim(H\leftharpoonup e_1)=\dim(e_1\rightharpoonup H)$. したがって, $W=H\leftharpoonup e_1$ を示せば $\dim(e_1\rightharpoonup H)=\dim W<\infty$ がえられる. 補題 3.3.4 (i) により, $W\subset H\leftharpoonup e_1$. $W\subsetneq H\leftharpoonup e_1$ と仮定すると, $H_n\leftharpoonup e_1\not\subset W$ となる自然数 n が存在する. このような n の最小のものを n とする. $1\in W$ だから $n\neq 1$. $v\in H_n\leftharpoonup e_1$ で $v\notin W$ なる元をとると, 補題 3.3.7 から

$$\sum_{(w)}\langle\sigma, w_{(2)}S(v)\rangle w_{(1)} = \sum_{(v)}\langle\sigma, wS(v_{(1)})\rangle v_{(2)}.$$

左辺を z とおくと, $\Delta w\in W\otimes H$ から $z\in W$. 一方, $v\in H_n\leftharpoonup e_1$ だから補題 3.3.4 (iii) より, $\Delta v\in 1\otimes v+K\otimes H_{n-1}$. ゆえに, 右辺は $v+t$ $(t\in H_{n-1})$ と書ける. n のとり方から $t\leftharpoonup e_1\in W$. したがって, $v=v\leftharpoonup e_1=(z-t)\leftharpoonup e_1=z-(t\leftharpoonup e_1)\in W$ となり, $v\notin W$ に矛盾する. よって, $W=H\leftharpoonup e_1$ でなければならない. ▌

系 3.3.9 $\dim(H\leftharpoonup e_1)$ は射影 π のとり方にかかわらず一定である.

証明 もう1つの射影 $\pi':H\to H_0$ をとって，同様に e_1' をつくる．$\dim(H\leftharpoonup e_1')\leqq\dim(H\leftharpoonup e_1)$ とし，λ を H 上の 0 でない積分とする．$(H\leftharpoonup e_1')\leftharpoonup e_1$ は H の部分右 H 余加群である．$x\in H$ を $\langle\lambda, x\rangle\neq 0$ のようにとると，$\langle\lambda, x\leftharpoonup e_1'\rangle\neq 0$．同様に，$\langle\lambda, (x\leftharpoonup e_1')\leftharpoonup e_1\rangle\neq 0$ となる．W を $(x\leftharpoonup e_1')\leftharpoonup e_1$ から生成される H の部分右 H 余加群とすると，$W\subset(H\leftharpoonup e_1')\leftharpoonup e_1$ で定理の証明と同様にして，$W=(H\leftharpoonup e_1')\leftharpoonup e_1$ がえられる．ゆえに，$\dim(H\leftharpoonup e_1)\leqq\dim(H\leftharpoonup e_1')$．したがって等号が成り立つ．▌

定理 3.3.10(積分の一意性) H を k ホップ代数とすると，

$$\dim\mathscr{I}_H\leqq 1.$$

証明 k 線型写像 $\varphi:\mathscr{I}_H\otimes(e_1\rightharpoonup H)\to H^*$ を

$$\varphi(\sigma\otimes x)=\sigma\leftharpoonup x,\qquad \sigma\in\mathscr{I}_H,\ x\in(e_1\rightharpoonup H)$$

で定義する．このとき，

$$\mathrm{Im}\,\varphi\subset\Bigl(\sum_{(N,i),N\neq k}H\leftharpoonup e_{(N,i)}\Bigr)^{\perp}$$

を示そう．$a\in(H\leftharpoonup e_{(N,i)})\,(N\neq k)$ とすると，補題 3.3.4(ii) から，$\Delta a\in N\otimes H+K\otimes H$．一方，$b\in(e_1\rightharpoonup H)$ ならば $\Delta b\in H\otimes k+H\otimes K$．ゆえに，補題 3.3.7 の等式(3.19)で，左辺$=\sum_{(a)}\langle\sigma, a_{(2)}S(b)\rangle a_{(1)}=v+y$，$v\in K$，$y\in N$ と書け，右辺$=\sum_{(b)}\langle\sigma, aS(b_{(1)})\rangle b_{(2)}=w+z$，$w\in k$，$z\in K$ と書ける．したがって，$y-w=z-v\in H_0\cap K=\{0\}$ となり，$y=w\in k\cap N=\{0\}$．ゆえに，

$$\langle\sigma\leftharpoonup b, a\rangle=\langle\sigma, aS(b)\rangle=\varepsilon(v+y)=\varepsilon(v)=0.$$

すなわち，$\sigma\leftharpoonup b\in\bigl(\sum_{(N,i),N\neq k}H\leftharpoonup e_{(N,i)}\bigr)^{\perp}$．また，例 3.2 より φ は単射である．$\mathscr{I}_H\neq\{0\}$ とすると，S は単射で，補題 3.3.5 および定理 3.3.6 を適用して，

$$\begin{aligned}\dim(e_1\rightharpoonup H)&=\dim(H\leftharpoonup e_1)=\mathrm{codim}\Bigl(\sum_{(N,i),N\neq k}H\leftharpoonup e_{(N,i)}\Bigr)\\&\geqq\dim(\mathrm{Im}\,\varphi)=\dim(\mathscr{I}_H\otimes(e_1\rightharpoonup H))=\dim\mathscr{I}_H\cdot\dim(e_1\rightharpoonup H).\end{aligned}$$

ゆえに，$\dim\mathscr{I}_H=1$ がえられる．▌

3.4 積分の存在

定理 3.3.2，系 3.3.3 で積分の存在と完全可約性との関係をあたえたが，ここでは可換 k ホップ代数について，それらの結果を精密化して積分が存在するための条件を調べる．

定理 3.3.11 k を標数 0 の体とし，H を可換 k ホップ代数とすると，$\mathscr{I}_H\neq$

$\{0\}\Leftrightarrow H$ 余半単純.

証明　定理3.3.2と系3.3.3から H 余半単純 $\Leftrightarrow \sigma\circ\eta=1_k$ を満たす $\sigma\in\mathscr{I}_H$ が存在する．したがって，$\sigma\in\mathscr{I}_H$，$\sigma\neq 0$ ならば $\langle\sigma,1\rangle\neq 0$ を示せばよい．$\sigma\in\mathscr{I}_H$，$\sigma\neq 0$ が $\langle\sigma,1\rangle=0$ であると仮定する．1つの射影 $\pi:H\to H_0$ をとって，e_1 をきめると $H\leftharpoonup e_1$ の元の列 $\{v_j\}_{1\leqq j\leqq n}$ と負でない整数の列 $\{n_i\}_{i\geqq 0}$ を次のように選ぶことができる．$v_1=1$，$n_0=0$，$\{v_j\}_{1\leqq j\leqq n_{i+1}}$ は $H_i\leftharpoonup e_1$ の基底で，$\varepsilon(v_j)=0\,(j\geqq 2)$. $\langle\sigma,v\rangle=1$ を満たす $v\in H$ をとると，$\langle\sigma,1\rangle=0$ だから，$\langle\sigma,(v\leftharpoonup e_1)-\varepsilon(v\leftharpoonup e_1)\rangle=1$. 一方，$w=v\leftharpoonup e_1-\varepsilon(v\leftharpoonup e_1)\in H\leftharpoonup e_1$ だから，$\Delta w=\sum_{j=1}^{n}v_j\otimes u_j$，$u_j\in H$ と書ける．

このとき，任意の $v_m\ (1\leqq m\leqq n)$ について，$\langle\sigma,u_mS(v_m)\rangle=1$ を示そう．$n_i<m\leqq n_{i+1}$ であるとする．$\Delta v_m\in 1\otimes v_m+K\otimes H_{i-1}$ に注意して，$a=w$，$b=v_m$ として補題3.3.7を適用すると，

$$\sum_{j=1}^{n}\langle\sigma,u_jS(v_m)\rangle v_j=\sum_{(v_m)}\langle\sigma,wS((v_m)_{(1)})\rangle(v_m)_{(2)}=y+v_m,\qquad y\in H_{i-1}.$$

一方，$y\leftharpoonup e_1=\sum_{j=1}^{n_i}\alpha_jv_j\in H_{i-1}\leftharpoonup e_1$ で，$v_m\leftharpoonup e_1=v_m$，$v_j\leftharpoonup e_1=v_j$ だから，

$$\sum_{j=1}^{n}\langle\sigma,u_jS(v_m)\rangle v_j=\sum_{j=1}^{n_i}\alpha_jv_j+v_m. \tag{3.20}$$

$\{v_j\}$ は k 上1次独立で，$n_i<m$ であることから，(3.20)の v_m の係数を比較して，$\langle\sigma,u_mS(v_m)\rangle=1$.

さて，H が可換だから，$\sum_{j=1}^{n}u_jS(v_j)=\sum_{j=1}^{n}S(v_j)u_j=\varepsilon(w)=0$. したがって，

$$n=\sum_{j=1}^{n}\langle\sigma,u_jS(v_j)\rangle=\langle\sigma,\sum_{j=1}^{n}u_jS(v_j)\rangle=0.$$

これは，k の標数が0で，$n=\dim(H\leftharpoonup e_1)\neq 0$ に矛盾する．▌

k の標数が $p>0$ のとき，k が完全体で，H が整域ならば同様のことが成り立つ．これを証明するために補題を準備しよう．

補題 3.3.12　k を標数 $p>0$ の完全体とし，H を可換 k ホップ代数で整域であるとする．$M\neq k$ を H の単純部分 k 余代数とすると，$k+\sum_{n=0}^{\infty}M^{p^n}$ は直和である．

証明　$k+\sum_{n=0}^{\infty}M^{p^n}$ は M から生成される H の部分 k ホップ代数に含まれる．ゆえに，H を有限生成としてよい．k が完全体で，H が巾零元を含まないことから，M^{p^n} は単純 k 余代数である．もし直和でなければ

$$M^{p^j}\cap(k+\sum_{n\neq j}M^{p^n})\neq\{0\}$$

を満たす j が存在する．M^{p^j} は単純だから $M^{p^j}=M^{p^n}\,(n\neq j)$ または $M^{p^j}=k$. いずれの場合も $M^{p^j}\subset\bigcap_{n=0}^{\infty}H^{p^n}$. 一方，$\mathfrak{a}=H(\mathrm{Ker}\,\varepsilon)$ とおくと，$\mathfrak{a}$ は H の真のイデアルで，Krull の共通部分定理 1.5.9 から $\bigcap_{n=0}^{\infty}\mathfrak{a}^{p^n}=\{0\}$. $H^{p^n}=\mathfrak{a}^{p^n}+k$ だから $\bigcap_{n=0}^{\infty}H^{p^n}=k$. したがって，$\dim M^{p^j}=1$. H は巾零元をもたないから $\dim M=1$. ゆえに，$M=ka\ (a\in G(H))$. 一方，$M^{p^j}=k$ だから，k の元 α で $a^{p^j}-\alpha=(a-\alpha^{p^{-j}})^{p^j}=0$ となるものが存在する．これは，$M\neq k$ に矛盾する．▌

系 3.3.13　k を標数 $p>0$ の完全体とし，H を可換 k ホップ代数で整域とする．$M\neq k$ を H の単純部分 k 余代数とし，$W\subset k_{\sqcap}M$ を M, k を含む H の部分 k 余代数とする．$\mathrm{corad}\,W=R_W$ とおき，

$$0\to N_W\to W\to R_W\to 0 \tag{3.21}$$

を定理 2.3.11 による k 余代数の分裂する完全列とすると，

$$\sum_{n=0}^{\infty}W^{p^n}=k\oplus\left(\bigoplus_{n=0}^{\infty}M^{p^n}\right)\oplus\left(\bigoplus_{n=0}^{\infty}{N_W}^{p^n}\right)\quad(\text{直和}). \tag{3.22}$$

証明　$\mathrm{corad}\,H=R$ とおき，$0\to N\to H\to R\to 0$ を定理 2.3.11 による k 余代数の分裂する完全列とする．$M^{p^j}=M_j$ とおく．$x\in k_{\sqcap}M_j$ ならば $x=(\sum_i e_{(M_j,i)}+e_1)\rightharpoonup x$. 一方，$y\in\sum_{n\neq j}k_{\sqcap}M_n$ ならば，補題 3.3.12 から $(\sum_i e_{(M_j,i)}+e_1)\rightharpoonup y\in k$. ゆえに，$x=y$ ならば $x=y\in k$. とくに，$x\in(k\oplus M_j\oplus {N_W}^{p^j})\cap(k+\sum_{n\neq j}M_n+\sum_{n\neq j}{N_W}^{p^n})$ ならば $x\in k$. したがって，和は直和である．▌

定理 3.3.14　k を完全体とし，H を可換 k ホップ代数で整域とすると，

$$\mathscr{I}_H\neq\{0\}\Leftrightarrow H\ \text{余半単純}.$$

証明　k の標数 0 のときは，定理 3.3.11 で示してあるから，標数 $p>0$ とする．また，定理 3.3.11 の証明と同様に，$\sigma\in\mathscr{I}_H$ で $\sigma\neq0$ のとき，$\langle\sigma,1\rangle\neq0$ を示せばよい．$\langle\sigma,1\rangle=0$ と仮定する．$\mathrm{corad}\,H=R_0$, $R_i=\sqcap^{i+1}R_0$ とおく．$R_0\leftharpoonup e_1=k$ だから，$\langle\sigma,R_0\leftharpoonup e_1\rangle=0$. 一方，$\langle\sigma,H\leftharpoonup e_1\rangle\neq0$. ゆえに，$x\in(R_1\leftharpoonup e_1)-(R_0\leftharpoonup e_1)$ がとれる．補題 3.3.5 により，単純 k 余代数 M と i の組 (M,i) で $e_{(M,i)}\rightharpoonup x\in(R_1\leftharpoonup e_1)-(R_0\leftharpoonup e_1)$ を満たすものがある．このとき，$v=e_{(M,i)}\rightharpoonup x\in k_{\sqcap}M-(k+M)$.

(1)　$M=k$ のとき，$k_{\sqcap}k\subset R_1\leftharpoonup e_1$. ゆえに，$\{1,v,v^p,v^{p^2},\cdots\}\subset k_{\sqcap}k\subset R_1\leftharpoonup e_1$.

補題3.3.12からこれらはk上1次独立. したがって, $\dim(H\leftharpoonup e_1)=\dim(e_1\rightharpoonup H)=\infty$. これは定理3.3.8に矛盾する.

(2) $M\neq k$のとき, vから生成されるHの部分k余代数をWとする. 系3.3.13, (3.22)の分解により, $v=\alpha+m_v+n_v$ $(\alpha\in k, m_v\in M, n_v\in N_W, n_v\neq 0)$と書く. 補題3.3.4(iv)から$\Delta v^p\in 1\otimes v^p+H\otimes M^p$. ゆえに$v^p\leftharpoonup e_1=v^p+m_p$ $(m_p\in M^p)$で, 一般に,

$$v^{p^n}\leftharpoonup e_1=v^{p^n}+m_{(p^n)}=\alpha^{p^n}+m_v{}^{p^n}+n_v{}^{p^n}+m_{(p^n)},\qquad m_{(p^n)}\in M^{p^n}.$$

系3.3.13から$\{v^{p^i}\leftharpoonup e_1\}_{i\in N}$は$k$上1次独立. ゆえに, $\dim(H\leftharpoonup e_1)=\dim(e_1\rightharpoonup H)=\infty$で, (1)と同様に, 定理3.3.8に矛盾する. ∎

注意 kを代数的閉体とするとき, $GL_n(k)$の座標環のkホップ代数はkの標数$=0$または$n=1$のときにかぎり, 余半単純である. (例4.3参照.) このことから, $GL_n(k)$の積分はこのとき以外に存在しない.

§4 双 対 定 理

kを体とし, 可換kホップ代数の圏を$\boldsymbol{H}_k$とおく. Gを群とし, $R_k(G)$をG上のkに値をもつ表現関数の全体のなす可換kホップ代数とする. (第2章2.2参照.) Gに$R_k(G)$を対応させる対応

$$\Phi:\boldsymbol{Gr}\to\boldsymbol{H}_k$$

は群の圏$\boldsymbol{Gr}$から可換kホップ代数の圏$\boldsymbol{H}_k$への反変関手である. 逆に, Hを可換kホップ代数とするとき, その双対kホップ代数H^0の乗法的元の全体のなす群$G(H^0)$は$\boldsymbol{M}_k(H,k)$の合成積(たたみ込み)に関する群にほかならない. Hに$\boldsymbol{M}_k(H,k)$を対応させる対応

$$\Psi:\boldsymbol{H}_k\to\boldsymbol{Gr}$$

は圏$\boldsymbol{H}_k$から圏$\boldsymbol{Gr}$への反変関手で, これら2つの反変関手は互いに随伴関手になっている. すなわち,

$$\boldsymbol{Gr}(G,\Psi(H))\cong\boldsymbol{H}_k(H,\Phi(G))\tag{3.23}$$

が成り立つ.

$\varphi\in\boldsymbol{Gr}(G,\Psi(H))$, $\psi\in\boldsymbol{H}_k(H,\Phi(G))$のとき, $g\in G$, $h\in H$に対して, $\varphi(g)(h)=\langle h,\varphi(g)\rangle$, $\psi(h)(g)=\langle g,\psi(h)\rangle$と書くと, (3.23)の対応で$\varphi$と$\psi$が対応している

ことは，

$$\langle h, \varphi(g)\rangle = \langle g, \psi(h)\rangle, \quad h \in H,\ g \in G$$

を満たすことにほかならない．

とくに，体 k を適当に選ぶと，有限群，コンパクト位相群，コンパクトリー群，アフィン代数群などのなす $\boldsymbol{Gr}$ の部分圏に対応する $\boldsymbol{H}_k$ の部分圏が完全特徴づけられてそれらの２つの圏は互いに逆同値になることが示される．コンパクト位相群のとき，この事実は本質的に淡中双対定理となる．

4.1　有限群の双対定理

有限群の圏を $\boldsymbol{Grf}$ とおく．k を標数０の代数的閉体とする．G を有限群とすると，G の k 上の群 k ホップ代数 kG は有限次元余可換余半単純 k ホップ代数である(定理 3.3.2，系 3.3.3 および例 3.13 参照)．したがって，$\Phi(G)=(kG)^*$ は有限次元可換半単純 k ホップ代数である．このような k ホップ代数の圏を $\boldsymbol{Hf}_k$ とおく．逆に，$H \in \boldsymbol{Hf}_k$ ならば，$\Psi(H)=G(H^0)$ は有限群である．このとき，２つの反変関手

$$(3.24) \qquad \begin{array}{lll} \Phi: \boldsymbol{Grf} \to \boldsymbol{Hf}_k & & G \mapsto (kG)^* = \boldsymbol{Map}(G, k) \\ \Psi: \boldsymbol{Hf}_k \to \boldsymbol{Grf} & & H \mapsto G(H^0) = \boldsymbol{M}_k(H, k) \end{array}$$

が互いに逆関手で，$\boldsymbol{Grf}$ と $\boldsymbol{Hf}_k$ とが逆同値であることを示そう．

補題 3.4.1　分裂 k 余代数 C について，$kG(C)=\mathrm{corad}\, C$.

証明　$kG(C) \subset \mathrm{corad}\, C$ は明らか．$x \in \mathrm{corad}\, C$ とし，x から生成される C の部分 k 余代数を D とおく．D を単純として一般性を失わない．仮定から $\dim D=1$，$x_1 \in D$，$x_1 \neq 0$ ならば $\Delta(x_1)=c(x_1 \otimes x_1)$，$c \in k$．ゆえに，$x_1=(\varepsilon \otimes 1)\Delta(x_1)=c\varepsilon(x_1)x_1$ により $\varepsilon(x_1) \neq 0$．$x_1 \in D$ を $\varepsilon(x_1)=1$ のようにとると，$(\varepsilon \otimes \varepsilon)\Delta(x_1)=c\varepsilon(x_1)\varepsilon(x_1)=c$．一方，$(\varepsilon \otimes \varepsilon)\Delta(x_1)=(\varepsilon \otimes 1)(1 \otimes \varepsilon)\Delta(x_1)=\varepsilon(x_1)=1$．ゆえに $c=1$．したがって，$x_1 \in G(C)$．$x \in D \subset kG(C)$ だから $kG(C)=\mathrm{corad}\, C$. ▌

定理 3.4.2　k を標数０の代数的閉体とするとき，(3.24)の対応 Φ, Ψ によって，２つの圏 $\boldsymbol{Grf}$ と $\boldsymbol{Hf}_k$ とは逆同値である．

証明　有限群 G について，$\Psi\Phi(G)=G(((kG)^{*0}) \cong G(kG)$．$G(kG) \supset G$ は明らか．G の元は k 上１次独立(定理 2.1.2)で $\dim kG=|G|$ だから，$G(kG)=G$．逆に，H を有限次元可換半単純 k ホップ代数とすると，H^0 は有限次元余可換 k ホップ代数で，定理 2.3.3 により分裂 k 余代数．ゆえに，補題 3.4.1 から，$kG(H^0)$

$=\mathrm{corad}\, H^0$. 一方，H^0 は余半単純だから $kG(H^0)=H^0$. したがって，$\Phi\Psi(H)=(kG(H^0))^0=H^{00}\cong H$. ▌

4.2 コンパクト位相群の双対定理

コンパクト位相群の圏を $\mathscr{G}$ とおき，実数体 $\boldsymbol{R}$ 上の可換ホップ代数 H で次の性質をもつものの全体のなす圏を $\mathscr{H}$ とおく.

(1) H 上の積分 σ で，$f\in H$, $f\neq 0$ ならば $\sigma(f^2)>0$ を満たすものが存在する.

(2) $f, g\in H$ で，$f\neq g$ ならば $x\in G(H^0)$ で $\langle f, x\rangle\neq\langle g, x\rangle$ を満たすものが存在する. すなわち，$G(H^0)$ が H^* の中で稠密である.

このとき，コンパクト位相群 G 上の実数値連続表現関数の全体のなす $\boldsymbol{R}$ ホップ代数 $\mathscr{R}(G)=R_{\boldsymbol{R}}(G)\cap C_{\boldsymbol{R}}(G)$ は (1), (2) を満たす可換 $\boldsymbol{R}$ ホップ代数である. これを $\Phi(G)$ とおく. 逆に，H を (1), (2) を満たす可換 $\boldsymbol{R}$ ホップ代数とするとき，$G(H^0)=\boldsymbol{Alg}_{\boldsymbol{R}}(H, \boldsymbol{R})$ に次のような位相を定義すると，$G(H^0)$ はコンパクト位相群になる. これを $\Psi(H)$ とおく.

$f\in G(H^0)$ の開近傍の基底として，有限個の H の元 $h_1, \cdots, h_n$ と正の実数 $\varepsilon>0$ を任意にとって，

$$U(f; h_1, \cdots, h_n, \varepsilon)=\{g\in G(H^0);\ |g(h_i)-f(h_i)|<\varepsilon\quad(1\leqq i\leqq n)\}$$

のような部分集合の全体の族をとる. このとき，次の定理をうる.

定理 3.4.3 対応 Φ, Ψ によって，コンパクト位相群の圏 $\mathscr{G}$ と，(1), (2) を満たす可換 $\boldsymbol{R}$ ホップ代数の圏 $\mathscr{H}$ とは互いに逆同値に対応する.

この定理の証明は省く. コンパクト位相群に Haar 測度が存在すること，および $\mathscr{R}(G)$ が $C_{\boldsymbol{R}}(G)$ の中で稠密であるという Peter–Weyl の定理が重要な役割をはたす. (G. Hochschild[4]定理 3.5 参照.)

k 代数として有限生成である k ホップ代数を**有限生成 k ホップ代数**とよぶことにする. 定理 3.4.3 で H が有限生成 $\boldsymbol{R}$ ホップ代数ならば $G(H^0)$ は忠実な表現をもち，$\boldsymbol{R}$ 上の直交群 $O_n(\boldsymbol{R})$ の閉部分群と同型なコンパクトリー群になる. 逆に，G がコンパクトリー群ならば G は忠実な表現をもち，$\Phi(G)$ は有限生成 $\boldsymbol{R}$ ホップ代数である. したがって，次の系がえられる.

系 3.4.4 対応 Φ, Ψ によって，コンパクトリー群の圏と (1), (2) を満たす有限生成可換 $\boldsymbol{R}$ ホップ代数の圏とが互いに逆同値に対応する.

補題 3.4.5 任意の k ホップ代数 H は H の有限生成部分 k ホップ代数の和

である．すなわち，H の有限生成部分 k ホップ代数の全体の族 $\{H_\lambda\}_{\lambda\in\Lambda}$ を包含関係で帰納系とみると，

$$H=\varinjlim_{\lambda} H_\lambda$$

である．

証明 $h\in H$ とする．h から生成される部分 k 余代数 C_λ は有限次元である（系 2.2.14(i)）．H_λ を $C_\lambda, S(C_\lambda)$ から生成される H の部分 k 代数とすると，H_λ は H の有限生成部分 k ホップ代数である．ゆえに，H は $\{H_\lambda\}_{\lambda\in\Lambda}$ の和である．▌

定理 3.4.6 コンパクト位相群はコンパクトリー群の射影的極限である．

証明 $H\in\mathscr{H}$ のとき，H を有限生成部分 $\boldsymbol{R}$ ホップ代数の帰納的極限として，$H=\varinjlim_{\lambda} H_\lambda$ とあらわすと，$\Psi(H)=\varprojlim_{\lambda}\Psi(H_\lambda)$ となり $G=\Psi(H)$ はコンパクトリー群 $G_\lambda=\Psi(H_\lambda)$ $(\lambda\in\Lambda)$ の射影的極限である．

注意 第4章2.1で k 代数群について，類似の双対性が存在することがわかる．

第4章　代数群への応用

第3章でみたように，体 k 上のホップ代数の圏から群の圏への反変関手 Ψ: $H\mapsto G(H^0)$ が存在する．H, H' を k ホップ代数とするとき，k ホップ代数射 f: $H\to H'$ に対応する群射 $\Psi(f)$: $G(H'^0)\to G(H^0)$ によって，このような群 $G(H^0)$ の全体は圏をなす．とくに，k を代数的閉体とし，H を有限生成可換 k ホップ代数としたとき，$G(H^0)$ をアフィン k 代数群とよぶ．H が可換 k ホップ代数のとき，$G(H^0)$ はアフィン k 代数群の射影的極限になり，これをアフィン k 群または射アフィン k 代数群とよぶこともある．アフィン k 代数群の圏は有限生成被約可換 k ホップ代数の圏と逆同値で，このような H と $G(H^0)$ との組 $(G(H^0), H)$ は Hochschild[4] の意味のアフィン代数群でもある．また $G(H^0)$ は一般線型群 $GL_n(k)$ の中への忠実な表現をもち，Chevalley[1], [2], Borel[3] などによって研究された線型代数群とみなすこともできる．一般に，可換 k ホップ代数はアフィン群スキームを表現する k 代数で(附録 A.5 参照)，アフィン群スキームの性質は可換 k ホップ代数の性質に帰着できる．

この章ではアフィン k 代数群 $G(H^0)$ の性質の中で，とくに，ホップ代数の理論を応用してえられるものを基礎的なものを中心にとりあげてみよう．この章では k は代数的閉体とする．

§1　アフィン k 多様体

この節ではアフィン k 多様体について次節以下で必要な性質を簡単に述べる．

1.1　アフィン k 多様体

A を可換 k 代数とするとき，A から k への k 代数射の全体の集合 $X_A=\boldsymbol{M}_k(A, k)$ を**アフィン k 多様体**とよぶ．とくに，A が有限生成 k 代数のとき，X_A

を**アフィン k 代数多様体**という．アフィン k 代数多様体 X_A の元 x に対して，$\mathrm{Ker}\, x=\mathfrak{m}_x$ は A の極大イデアルである．逆に，A の任意の極大イデアル $\mathfrak{m}$ に対して，$A/\mathfrak{m}\cong k$(定理1.5.4)だから，自然な射影 $A\to A/\mathfrak{m}\cong k$ は X_A の元である．したがって，

$$X_A \cong \mathrm{Spm}\, A = \{\mathfrak{m};\ \mathfrak{m}\text{ は } A \text{ の極大イデアル}\}$$

がえられる．A が k 上の n 変数多項式環 $k[T_1, \cdots, T_n]$ のとき，

$$X_A \cong k^n = \{x=(x_1, \cdots, x_n);\ x_i \in k\ (1\leqq i\leqq n)\}$$

で X_A を **n 次元アフィン空間**という．とくに，$n=1$ のとき，アフィン直線といい，単に k と書く．また，$\mathfrak{a}$ を $k[T_1, \cdots, T_n]$ のイデアルとし，$A=k[T_1, \cdots, T_n]/\mathfrak{a}$ とするとき，X_A は n 次元アフィン空間の部分集合

$$V(\mathfrak{a}) = \{x=(x_1, \cdots, x_n)\in k^n;\ f(x_1, \cdots, x_n)=0 \quad \forall f\in\mathfrak{a}\}$$

と同一視できる．

A, B を可換 k 代数，$u: A\to B$ を k 代数射とするとき，

$$^a u: X_B \to X_A, \qquad {}^a u(x) = x\circ u \qquad (x\in X_B)$$

を**アフィン k 多様体射**という．アフィン k 多様体のなす圏を $\boldsymbol{V}_k$，X_B から X_A へのアフィン k 多様体射の全体の集合を $\boldsymbol{V}_k(X_B, X_A)$ と書く．アフィン k 多様体からアフィン直線 k へのアフィン k 多様体射を X_A 上の関数という．$f, g\in \boldsymbol{V}_k(X_A, k)$ のとき，

$$(f\pm g)(x) = f(x)\pm g(x), \qquad (fg)(x) = f(x)g(x), \qquad x\in X_A$$
$$(\alpha f)(x) = \alpha f(x), \qquad \alpha\in k$$

と定義して，$\boldsymbol{V}_k(X_A, k)$ は k 代数になる．k 代数射 $u: k[T]\to A$ は $u(T)=f\in A$ によって一意的にきまる．これに対応する X_A 上の関数 $\hat{f}={}^a u: X_A\to k$ は $\hat{f}(x)=x(f)$ $(x\in X_A)$ であたえられる．写像 $f\mapsto\hat{f}$ によって，k 代数全射

$$\varphi: A \to \boldsymbol{V}_k(X_A, k)$$

がえられる．このとき，X_A がアフィン k 代数多様体ならば，定理1.5.5により，

$$f\in \mathrm{Ker}\,\varphi \Leftrightarrow f\in \bigcap_{\mathfrak{m}\in \mathrm{Spm}\, A} \mathfrak{m} = \mathrm{nil}\, A.$$

ゆえに，$\boldsymbol{V}_k(X_A, k)\cong A/\mathrm{nil}\, A$．とくに，$A$ が被約，すなわち，$\mathrm{nil}\, A=\{0\}$ ならば $\boldsymbol{V}_k(X_A, k)\cong A$ となる．2つの対応

$$A \mapsto X_A = \boldsymbol{M}_k(A, k), \qquad X_A \mapsto \boldsymbol{V}_k(X_A, k)$$

によって，(有限生成)可換被約 k 代数の圏と，アフィン k(代数)多様体の圏とが逆同値に対応する．有限生成可換被約 k 代数を**アフィン k 代数**とよぶ．

A, B を可換 k 代数とするとき，第1章2.1により，

$$\boldsymbol{M}_k(A, k) \times \boldsymbol{M}_k(B, k) \cong \boldsymbol{M}_k(A \otimes_k B, k)$$

で集合としての直積 $X_A \times X_B$ はアフィン k 多様体の構造をもつ．これを，X_A と X_B の直積という．A, B がアフィン k 代数ならば $A \otimes_k B$ もアフィン k 代数である．

1.2 Zariski 位相

$\mathfrak{a}$ をアフィン k 代数 A のイデアルとするとき，自然な k 代数射 $u: A \to A/\mathfrak{a} = A'$ に対応するアフィン k 多様体射 ${}^a u: X_{A'} \to X_A$ は単射で $X_{A'} = V(\mathfrak{a})$ は X_A の部分集合とみなすことができる．逆に，E を X_A の部分集合とするとき，

$$\mathfrak{a}(E) = \{f \in A;\ x(f) = 0 \quad \forall x \in E\}$$

は A の根基イデアルで定理1.5.4および1.5.5は次のように述べることができる．

(i) $V(\mathfrak{a}) = \phi \Leftrightarrow \mathfrak{a} = A$

(ii) $\mathfrak{a}(V(\mathfrak{a})) = \sqrt{\mathfrak{a}}$.

実際，$\mathfrak{a} \subsetneq A$ ならば $\mathfrak{a}$ を含む A の極大イデアルの1つを $\mathfrak{m}$ とし，$x: A \to A/\mathfrak{m} \cong k$ をとると，$x \in V(\mathfrak{a})$．ゆえに，$V(\mathfrak{a}) \neq \phi$．すなわち，$V(\mathfrak{a}) = \phi$ ならば $\mathfrak{a} = A$．逆は明らか．また，$\mathfrak{a}(V(\mathfrak{a})) \supset \sqrt{\mathfrak{a}}$ は明らかで，逆の不等号は定理1.5.5からえられる．

$\mathfrak{a}, \mathfrak{b}, \mathfrak{a}_\lambda\ (\lambda \in \Lambda)$ を A のイデアルとするとき，

(1) $V(\{0\}) = X_A, \qquad V(A) = \phi$

(2) $\bigcap_{\lambda \in \Lambda} V(\mathfrak{a}_\lambda) = V(\sum_{\lambda \in \Lambda} \mathfrak{a}_\lambda)$

(3) $V(\mathfrak{a}) \cup V(\mathfrak{b}) = V(\mathfrak{a} \cap \mathfrak{b})$

が成り立つ．したがって，$V(\mathfrak{a})$ の形の部分集合を閉集合として，X_A は位相空間になる．この位相を X_A の **Zariski 位相**という．対応 $\mathfrak{a} \mapsto V(\mathfrak{a})$ によって，A の根基イデアルの全体の族と，X_A の閉集合の全体の族とが1対1に対応する．1点からなる集合はZariski 位相で閉集合で，A の極大イデアルに対応する．

A, B をアフィン k 代数，$u: A \to B$ を k 代数射とするとき，アフィン k 代数多

様体射 ${}^a u: X_B \to X_A$ は連続写像である．$X_A \times X_B \cong X_{A \otimes_k B}$ の Zariski 位相は，位相空間 X_A と X_B の積位相より強い位相である．$f \in A$ のとき，X_A の開集合 $U_f = X_A - V(f)$ を X_A の**主開集合**という．A_f を A の $S=\{f^n; n=0,1,2,\cdots\}$ による商環とすると，$U_f \cong \boldsymbol{M}_k(A_f, k)$ で U_f はアフィン k 代数多様体である．

問 4.1　$\{U_f : f \in A\}$ は位相空間 X_A の開集合の基であることを示せ．

1.3　連結集合と既約集合

位相空間 X の部分集合 F が共通部分をもたない2つの真の閉部分集合の和であらわせないとき，F は**連結**であるという．また，F が2つの真の閉部分集合の和であらわせないとき**既約**であるという．F が既約ならば連結である．

問 4.2　(i)　次の各条件は X が既約であることと同値である．

(1)　X の任意の開集合は連結である．

(2)　X の空でない開集合は X の中で稠密である．

(ii)　X の部分集合 F が既約ならば F の閉包 $\bar{F}$ も既約である．

(iii)　既約集合の連続写像による像は既約である．

定理 4.1.1　X の既約(または連結)部分集合は X の或る極大既約(または極大連結)部分集合に含まれ，X は極大既約(または極大連結)部分集合——これらを X の**既約**(または**連結**)**成分**という——の和集合である．

証明　既約集合について証明する(連結のときもほぼ同様に証明できる)．S を X の既約部分集合とする．S を含む X の既約部分集合の全体の族を Σ とおく．Σ は包含関係で順序集合で，S は既約集合だから $S \in \Sigma$．Σ の全順序部分集合 $\{F_\lambda\}_{\lambda \in \Lambda}$ をとったとき，$F = \bigcup_\lambda F_\lambda$ は既約である．実際，F の空でない開集合 U, V をとると，$U \cap F_\lambda \neq \phi$，$V \cap F_\mu \neq \phi$ を満たす F_λ, F_μ が存在する．$F_\lambda \subseteq F_\mu$ とすると，$U \cap F_\mu$，$V \cap F_\mu$ は F_μ の空でない開集合だから $U \cap V \cap F_\mu \neq \phi$．ゆえに $U \cap V \neq \phi$．すなわち，F は既約．したがって，Zorn の補題により，Σ は極大元をもつ．また，X の各点は既約だから x を含む極大既約部分集合が存在し，X は極大既約部分集合の和である．▌

定理 4.1.2　A をアフィン k 代数とするとき，アフィン k 多様体 $X_A = \boldsymbol{M}_k(A, k)$ について，次の条件は同値である．

(1)　互いに共通部分をもたない r 個の閉(かつ開)部分集合 $F_i\,(1 \leqq i \leqq r)$ が存在して，$X_A = \bigcup_{i=1}^{r} F_i$．

(2)　A の r 個の元 $\{e_1, \cdots, e_r\}$ で次の性質を満たすものが存在する．

$$e_ie_j = \delta_{ij}e_i \quad (1 \leqq i, j \leqq r), \qquad e_1 + \cdots + e_r = 1.$$

証明　(2)⇒(1)　$\mathfrak{a}_i = A(1-e_i)$ とおくと，$F_i = V(\mathfrak{a}_i)\ (1 \leqq i \leqq r)$ は(1)の条件を満たす．実際，$\prod_{i=1}^{r}(1-e_i) = 1 - \sum_{i=1}^{r} e_i = 0$ だから，

$$F_1 \cup F_2 \cup \cdots \cup F_r = V(\mathfrak{a}_1\mathfrak{a}_2\cdots\mathfrak{a}_r) = V(\{0\}) = X_A.$$

$i \neq j$ ならば $\mathfrak{a}_i + \mathfrak{a}_j = A$ だから，$F_i \cap F_j = V(\mathfrak{a}_i + \mathfrak{a}_j) = V(A) = \phi$.

(1)⇒(2)　$V_i = \bigcup_{j \neq i} F_j$, $F_i = V(\mathfrak{a}_i)$, $V_i = V(\mathfrak{b}_i)$ ($\mathfrak{a}_i, \mathfrak{b}_i$ は A のイデアル) とおくと，

$$V(\mathfrak{a}_i\mathfrak{b}_i) = V(\mathfrak{a}_i \cap \mathfrak{b}_i) = V(\mathfrak{a}_i) \cup V(\mathfrak{b}_i) = F_i \cup V_i = X_A.$$

ゆえに，$\mathfrak{a}_i\mathfrak{b}_i = \mathfrak{a}_i \cap \mathfrak{b}_i = \{0\}$．一方，$F_i \cap V_i = \phi$ だから $\mathfrak{a}_i + \mathfrak{b}_i = A$ (定理 1.5.5)．ゆえに，$A = \mathfrak{a}_i \oplus \mathfrak{b}_i$ (直和)．$1 = e_i + b_i\ (e_i \in \mathfrak{a}_i, b_i \in \mathfrak{b}_i)$ とおくと，$e_ib_i = 0$ だから $e_i^2 = e_i$．したがって，$\{e_1, \cdots, e_r\}$ は $e_ie_j = \delta_{ij}e_i\ (1 \leqq i, j \leqq r)$ を満たす．$e = e_1 + \cdots + e_r$ とおくと，$V(Ae) \subset F_i\ (1 \leqq i \leqq r)$ ゆえに，$V(Ae) = \phi$ で $Ae = A$ (定理 1.5.5)．したがって $ae = 1$ を満たす $a \in A$ が存在する．$e^2 = e$ だから，$e = ae^2 = ae = 1$. ▌

定理 4.1.3　A をアフィンk代数とする．アフィンk多様体 X_A が既約⇔A 整域.

証明　A が整域でないとすると，$f, g \in A$, $f \neq 0$, $g \neq 0$ で，$fg = 0$ なる元が存在する．$F_1 = V(Af)$, $F_2 = V(Ag)$ とおくと，f, g は巾零元でないから，F_1, F_2 は X_A の真の閉部分集合である．一方，$F_1 \cup F_2 = V(Afg) = V(\{0\}) = X_A$ だから，X_A は既約でない．逆に，X_A が既約でないとすると，$X_A = F_1 \cup F_2$ (F_i は X_A の真の閉部分集合) と書ける．$F_i = V(\mathfrak{a}_i)$ なる根基イデアル $\mathfrak{a}_i\ (=1, 2)$ をとると，$\mathfrak{a}_1 \not\supset \mathfrak{a}_2$ かつ $\mathfrak{a}_2 \not\supset \mathfrak{a}_1$．$f \in \mathfrak{a}_1, \notin \mathfrak{a}_2$, $g \in \mathfrak{a}_2, \notin \mathfrak{a}_1$ なる A の元 f, g をとると，$f \neq 0, g \neq 0$ で，$fg \in \mathfrak{a}_1\mathfrak{a}_2$．一方，$V(\mathfrak{a}_1\mathfrak{a}_2) = V(\mathfrak{a}_1) \cup V(\mathfrak{a}_2) = X_A$ だから $\mathfrak{a}_1\mathfrak{a}_2 = \{0\}$ で $fg = 0$ となり，A は整域でない. ▌

問 4.3　(i)　X_A 連結⇔A が 0, 1 以外の巾等元をもたない.

(ii)　X_A の閉部分集合 $V(\mathfrak{a})$ が既約⇔$\mathfrak{a}$ が A の素イデアル.

問 4.4　X を位相空間とするとき，任意の閉集合の列

$$F_1 \supsetneqq F_2 \supsetneqq F_3 \supsetneqq \cdots$$

が有限個できれるとき，X を Noether 空間という．このとき，次を証明せよ.

(i)　アフィンk代数多様体 X_A は Noether 空間である.

(ii)　Noether 空間の既約成分は有限個である．(第1章の文献 N. Bourbaki[4] II-

4.2参照.)

Aをアフィンk代数とし，X_Aが既約であるとする．このとき，Aは整域でAの商体$Q(A)$のk上の超越次元 trans.deg$_k Q(A)$をX_Aの**次元**といい $\dim X_A$と書く．また，X_Aが既約成分$X_1, \cdots, X_r$をもつとき，$\dim X_A = \max_{1 \leqq i \leqq r}(\dim X_i)$と定義する．$X_A$の次元は$A$のKrull次元にほかならない．

定理 4.1.4 A, Bをアフィンk代数とする．X_A, X_Bが既約ならば$X_A \times X_B$も既約である．

証明 $x \in X_A, y \in X_B$ならば$\{x\}, \{y\}$は閉集合で，$\{x\} \times X_B \cong X_B$, $X_A \times \{y\} \cong X_A$(位相同型)である．$X_A \times X_B$が2つの閉部分集合$Z_1, Z_2$の和であるとする．$X_A \times \{y\} = (Z_1 \cap (X_A \times \{y\})) \cup (Z_2 \cap (X_A \times \{y\}))$は既約だから，$X_A \times \{y\} \subset Z_1 \cap (X_A \times \{y\})$または$X_A \times \{y\} \subset Z_2 \cap (X_A \times \{y\})$．したがって，$W_i = \{y \in X_B; X_A \times \{y\} \subset Z_i\}$ $(i=1,2)$とおくと，$X_B = W_1 \cup W_2$．一方，位相同型対応$X_B \to \{x\} \times X_B$でW_iは$\{x\} \times X_B$の閉部分集合$Z_i \cap (\{x\} \times X_B)$に対応するから，$W_i$は閉集合．$X_B$は既約だから$X_B = W_1$または$= W_2$．したがって，$X_A \times X_B = Z_1$または$Z_2$．すなわち，$X_A \times X_B$は既約である．▌

問 4.5 X_A, X_Bが連結ならば$X_A \times X_B$も連結であることを証明せよ．

定理 4.1.5(Chevalley) A, Bをアフィンk代数とする．k代数射$u: A \to B$に対応するアフィンk代数多様体射${}^a u: X_B \to X_A$によるX_Bの像は$\overline{{}^a u(X_B)}$の空でない開集合を含む．

証明 X_B, X_Aを既約とし，$\overline{{}^a u(X_B)} = X_A$としてよい．このとき，$A, B$は整域で$u: A \to B$は単射である．$B$は$A$上有限生成代数だから$B = A[x_1, \cdots, x_n]$と書ける．$x_1, \cdots, x_r$を$A$上代数的独立，$x_{r+1}, \cdots, x_n$は$A' = A[x_1, \cdots, x_r]$上代数的であるとする．$r < j \leqq n$について，

$$g_{j0}(x) x_j^{d_j} + g_{j1}(x) x_j^{d_j - 1} + \cdots = 0, \quad g_{jr}(x) \in A', \quad g_{j0}(x) \neq 0$$

とおき，$g = \prod_{j=r+1}^{n} g_{j0}(x_1, \cdots, x_r)$とおく．$g$の0でない係数の1つを$f \in A$とおくとき，$X_A$の開集合$U_f = \{x \in X_A; x(f) \neq 0\}$は定理の条件を満たす．実際，$x \in U_f$に対応する極大イデアルを$\mathfrak{m}$とすると，$f \notin \mathfrak{m}$である．$\mathfrak{m}' = \mathfrak{m}A'$とおくと，$g \notin \mathfrak{m}'$で$B_{\mathfrak{m}'}$は$A'_{\mathfrak{m}'}$上整．ゆえに，定理1.5.6により，$B_{\mathfrak{m}'}$の極大イデアル$\mathfrak{n}'$で$\mathfrak{n}' \cap A'_{\mathfrak{m}'} = \mathfrak{m}' A'_{\mathfrak{m}'}$を満たすものが存在する．このとき，$\mathfrak{n}' \cap A = \mathfrak{n}' \cap A' \cap A = \mathfrak{m}$．$\mathfrak{n} = \mathfrak{n}' \cap B$に対応する$X_B$の点を$y$とおくと，$\mathfrak{m} = \mathfrak{n} \cap A$だから$x = {}^a u(y)$．

したがって，$U_f \subset {}^a u(X_B)$.

§2 アフィンk群

この節では，アフィンk群の定義，その例，部分群などを解説する．

2.1 アフィンk群

アフィンk多様体$G=\boldsymbol{M}_k(H,k)$が群であって，2つの写像

$$m: G\times G \to G, \qquad (x,y)\mapsto xy$$
$$s: G\to G, \qquad x\mapsto x^{-1}$$

がアフィンk多様体射であるとき，Gを**アフィンk群**とよぶ．とくに，Gがアフィンk代数多様体のとき，Gを**アフィンk代数群**という．写像m, sおよび単位元eのGへの埋め込み$e \to G$に対応して，k代数射

$$\Delta: H\to H\otimes H, \qquad S: H\to H, \qquad \varepsilon: H\to k$$

がえられる．このとき，積$m: G\times G\to G$が群の公理を満たすこととΔ, εがk余代数の公理を満たし，Sが対合射であることとは同値で，Hはkホップ代数になる．したがって，アフィンk群は可換被約kホップ代数Hについて，$G=\boldsymbol{M}_k(H,k)$を合成積

$$(x*y)(f) = \sum_{(f)} x(f_{(1)})y(f_{(2)}), \qquad f\in H$$

を積として群とみたものにほかならない．いいかえると，GはHの双対kホップ代数H^0の乗法的な元の全体のなす群$G(H^0)$である．

$G=\boldsymbol{M}_k(H,k)$, $E=\boldsymbol{M}_k(K,k)$をアフィンk群とするとき，写像$\varphi: G\to E$がアフィンk多様体射でかつ群射であるとき，アフィンk群射という．アフィンk群射はkホップ代数射$u: K\to H$に対応して，$\varphi={}^a u$であたえられる．アフィンk群のなす圏を$\boldsymbol{AG}_k$と書き，GからEへのアフィンk群射の全体の集合を$\boldsymbol{AG}_k(G,E)$と書く．2つの対応

$$H\mapsto \boldsymbol{M}_k(H,k), \qquad G\mapsto \boldsymbol{V}_k(G,k)$$

によって，アフィンk群のなす圏と被約可換kホップ代数のなす圏とは逆同値に対応する．k代数としてアフィンk代数であるkホップ代数を**アフィンkホップ代数**とよぶことにする．補題3.4.5により，任意の被約可換kホップ代数

H はアフィン k ホップ代数 H_λ $(\lambda\in\Lambda)$ の帰納的極限として $H=\varinjlim_\lambda H_\lambda$ と書ける. ゆえに, アフィン k 群 $G=\boldsymbol{M}_k(H,k)$ はアフィン k 代数群 $G_\lambda=\boldsymbol{M}_k(H_\lambda,k)$ $(\lambda\in\Lambda)$ の射影的極限として, $G=\varprojlim_\lambda G_\lambda$ とあらわせる. アフィン k 群を射アフィン k 代数群とよぶこともある.

注意 (1) 一般に可換 k ホップ代数 H があたえられているとき,

$$G: R\mapsto \boldsymbol{M}_k(H,R), \qquad R\in\boldsymbol{M}_k$$

は可換 k 代数の圏から群の圏への表現可能な共変関手で, このような関手をアフィン k 群スキームという. アフィン k 群はアフィン k 群スキーム G の k 有理点のなす群 $G(k)$ とみることができる.

(2) 群 G に対して, G 上の k に値をもつ表現関数の全体のなす k ホップ代数 $R_k(G)$ からアフィン k 群 $G^*=\boldsymbol{M}_k(R_k(G),k)$ がえられる. これを G に属するアフィン k 群とよぶ. G^* は G の表現を調べるのに有効である.

例 4.1 k 上の1変数多項式環 $H=k[T]$ に,

$$\Delta(T)=T\otimes 1+1\otimes T, \qquad S(T)=-T, \qquad \varepsilon(T)=0$$

と定義して, k ホップ代数 H がえられる. $G_a=\boldsymbol{M}_k(H,k)$ はアフィン直線 k の加法に関する群である.

例 4.2 k 上の1変数多項式環 $k[T]$ の乗法的集合 $S=\{T^n; n=0,1,2,\cdots\}$ による商環 $H=k[T,T^{-1}]$ に,

$$\Delta(T)=T\otimes T, \qquad S(T)=T^{-1}, \qquad \varepsilon(T)=1$$

と定義して, k ホップ代数 H がえられる. $G_m=\boldsymbol{M}_k(H,k)$ は $k^*=k-\{0\}$ の乗法に関する群である.

例 4.3 k 上の n^2 変数多項式環 $k[T_{ij}]_{1\leq i,j\leq n}$ の乗法的集合 $S=\{\det(T_{ij})^n; n=0,1,2,\cdots\}$ による商環 $H=k[T_{ij},\det(T_{ij})^{-1}]_{1\leq i,j\leq n}$ に,

$$\Delta(T_{ij})=\sum_{k=1}^{n}T_{ik}\otimes T_{kj}, \qquad S(T_{ij})=\det(T_{ij})^{-1}A_{ji}, \qquad \varepsilon(T_{ij})=\delta_{ij}$$

(ここで, A_{ji} は行列 (T_{ij}) における T_{ji} の余因子とする) と定義して, k ホップ代数 H がえられる. $GL_n(k)=\boldsymbol{M}_k(H,k)$ は k の元を成分にもつ n 次正則行列の全体を行列の積に関して群とみたものである. これを, **一般線型群**という.

例 4.4 k 線型空間 V 上の対称 k 代数 $S(V)$ は k ホップ代数の構造をもつ(例 2.10 参照)

$$D_a(V)=\boldsymbol{M}_k(S(V),k)\cong \boldsymbol{Mod}_k(V,k)=V^*$$

はVの双対k線型空間V^*の加法に関する群である．Vが有限次元ならばVの加法に関する群V_aは

$$V_a \cong D_a(V^*) = \boldsymbol{M}_k(S(V^*), k)$$

で$S(V^*)$によって表現されるアフィンk代数群である．また，$\mathscr{L}(V)$を有限次元k線型空間VからVへのk線型写像の全体のなす加法群とすると，

$$\mathscr{L}(V) = \boldsymbol{Mod}_k(V, V) \cong \boldsymbol{Mod}_k(V^* \otimes V, k) \cong \boldsymbol{M}_k(S(V^* \otimes V), k)$$

で，$\mathscr{L}(V)$はアフィンk代数群である．

例 4.5　指標群　$G=\boldsymbol{M}_k(H, k)$をアフィンk群とする．$D(G)=\boldsymbol{AG}_k(G, G_m)$は$\chi_1, \chi_2 \in D(G)$のとき，

$$(\chi_1\chi_2)(x) = \chi_1(x)\chi_2(x), \qquad x \in G$$

と定義して可換群になる．これをGの指標群という．

$$D(G) \cong \boldsymbol{Hopf}_k(k[T, T^{-1}], H) \cong G(H).$$

したがって，Gの指標群はkホップ代数Hの乗法的元の全体のなす群$G(H)$とみなしてよい．

例 4.6　対角化可能群　可換kホップ代数が$H=kG(H)$を満たすとき，すなわちHが分裂余可換余半単純のとき，$G=\boldsymbol{M}_k(H, k)$を対角化可能群という．このとき，HはGの指標群$\Gamma=G(H)$の群kホップ代数$k\Gamma$になっている．逆に，Γを可換群とし，$H=k\Gamma$をΓの群kホップ代数とすると，Hは分裂余可換余半単純kホップ代数で，$G=\boldsymbol{M}_k(H, k)$はΓを指標群にもつアフィンk群である．

2.2　部 分 群

アフィンk群$G=\boldsymbol{M}_k(H, k)$の部分アフィンk多様体$F=\boldsymbol{M}_k(H/\mathfrak{a}, k)$(ここで，$\mathfrak{a}$は$H$のイデアル)が$G$の部分群であるとき，$F$を$G$の部分アフィン$k$群または単に閉部分群という．$H$の$k$ホップ代数の構造射$\Delta, \varepsilon, S$はそれぞれ$H/\mathfrak{a}$の$k$ホップ代数の構造射をひきおこすから，$H$のイデアル$\mathfrak{a}$は

$$(1)\ \ \Delta(\mathfrak{a}) \subset H \otimes \mathfrak{a} + \mathfrak{a} \otimes H, \ \ (2)\ \ \varepsilon(\mathfrak{a}) = 0, \ \ (3)\ \ S(\mathfrak{a}) \subset \mathfrak{a}$$

を満たす．一般に，kホップ代数の両側イデアルが(1), (2)を満たすとき，**双イデアル**，さらに(3)を満たすとき**ホップイデアル**という．このとき，次の定理が成り立つ．

定理 4.2.1　H, Lをk双代数(または，kホップ代数)とし，$\varphi: H \to L$をk双

代数射(またはkホップ代数射)とする．$\mathfrak{a}$をHの双イデアル(またはホップイデアル)とし，$\pi: H \to H/\mathfrak{a}$を自然な射影とするとき，

(i) πがk双代数射(またはkホップ代数射)になるような$H/\mathfrak{a}$のk双代数(またはkホップ代数)の構造が一意的にきまる．

(ii) $\mathrm{Ker}\,\varphi = \{x \in H; \varphi(x) = 0\}$は$H$の双イデアル(またはホップイデアル)である．

(iii) $\mathrm{Ker}\,\varphi$に含まれる双イデアル(またはホップイデアル)$\mathfrak{a}$に対して，k双代数射(またはkホップ代数射) $\bar{\varphi}: H/\mathfrak{a} \to L$で$\bar{\varphi} \circ \pi = \varphi$を満たすものがただ1つ存在する．——

証明は容易である．(i)で定義されるk双代数(またはkホップ代数)$H/\mathfrak{a}$をHの**剰余k双代数**(または**剰余kホップ代数**)という．アフィンk群$G = \boldsymbol{M}_k(H, k)$の閉部分群と$H$の根基ホップイデアルによる剰余$k$ホップ代数とは1対1に対応する．

定理 4.2.2 アフィンk群$G = \boldsymbol{M}_k(H, k)$の部分群$X$のZariski位相による閉包$\overline{X}$は$G$の閉部分群である．とくに，$X$が$\overline{X}$の稠密な開集合を含むならば$X = \overline{X}$で$X$は閉部分群である．

証明 Gの積写像$m: (x, y) \mapsto xy$は連続写像だから，$\overline{X}\,\overline{X} \subset \overline{XX} = \overline{X}$．また，$s: x \mapsto x^{-1}$は$G$から$G$への位相同型写像だから$(\overline{X})^{-1} \subset \overline{X}$．ゆえに，$\overline{X}$は$G$の閉部分群である．$U \subset X$を$\overline{X}$の稠密な開集合とすると，任意の$g \in \overline{X}$に対して，$U \cap gU^{-1}$は$\overline{X}$の稠密な開集合である．ゆえに，$x = gy^{-1}$ $(x, y \in U)$と書ける．したがって，$\overline{X} = UU = X$. ▌

定理 4.2.3 アフィンk代数群Gが連結ならば既約である．

証明 Gの単位元を含む既約成分をG_1とおくと$\overline{G}_1$も既約だから，G_1は閉集合である．$x \in G_1$ならば$x^{-1}G_1$も単位元を含む既約部分集合だから$x^{-1}G_1 \subset G_1$．また，$x \in G$のとき，xG_1x^{-1}は単位元を含む既約部分集合だから$xG_1x^{-1} \subset G_1$．ゆえに，G_1は閉正規部分群で$[G:G_1] < \infty$(問4.4参照)．ゆえに，Gの既約成分はG_1に関する剰余類でGは互いに共通部分をもたない既約成分の和に分解できる．したがって，$G_1 \subsetneq G$ならばGは連結でない．すなわち，Gが連結ならばGは既約である． ▌

以後既約アフィンk代数群を**連結アフィンk代数群**とよぶ．

定理 4.2.4 $\{X_\lambda\}_{\lambda\in\Lambda}$ を連結アフィンk代数群Gの既約部分集合の族とし，各X_λは単位元を含み，$\overline{X}_\lambda$の稠密な開部分集合を含むとする．$\{X_\lambda\}_{\lambda\in\Lambda}$から生成される$G$の部分群$X$は$G$の連結閉部分群である．また，高々$2\dim G$個の$X_\lambda$または$X_\lambda^{-1}$の列$Y_1, \cdots, Y_n$を選んで$X=Y_1Y_2\cdots Y_n$とあらわせる．

証明 X_λ^{-1}が$\{X_\lambda\}_{\lambda\in\Lambda}$の中に含まれているとしてよい．$(i_1, \cdots, i_p)$を$\Lambda$の有限部分集合とすると，定理4.1.4により，$\overline{X_{i_1}\cdots X_{i_p}}$の形の$G$の閉部分集合は既約である．$G=\boldsymbol{M}_k(H, k)$とおくと，$H$は整域で，素イデアルに関して極小条件が成り立つ(定理1.5.4参照)から，このような既約閉部分集合の族に極大元が存在する．その1つを$Z=\overline{X_{j_1}\cdots X_{j_q}}$とおく．このとき，

$$\overline{X}_{j_1} \subsetneqq \overline{X_{j_1}X_{j_2}} \subsetneqq \cdots \subsetneqq \overline{X_{j_1}\cdots X_{j_q}}$$

のようにとると，各閉集合は既約だから$q\leqq\dim G=n$とできる．任意の$(i_1, \cdots, i_p)$に対して，

$$\overline{X_{j_1}\cdots X_{j_q}}\cdot\overline{X_{i_1}\cdots X_{i_p}} \subset \overline{X_{j_1}\cdots X_{j_q}X_{i_1}\cdots X_{i_p}} = \overline{X_{j_1}\cdots X_{j_q}}.$$

ゆえに，ZはXを含むGの閉部分群で$\overline{X}\subset Z$．一方，$U_{j_1}, \cdots, U_{j_q}$をそれぞれ$X_{j_1}, \cdots, X_{j_q}$に含まれる$\overline{X}_{j_1}, \cdots, \overline{X}_{j_q}$の稠密な開集合とすると，$U=U_{j_1}\cdots U_{j_q}$は$X$に含まれる$Z$の稠密な開集合で，定理4.2.2により$\overline{X}=UU=X$．ゆえに，$X$は連結閉部分群で，高々$2\dim G$個の$X_\lambda$の積であらわされる．▌

X, Yを群Gの部分群とするとき，xとyの交換子$[x, y]=xyx^{-1}y^{-1}$ $(x\in X, y\in Y)$から生成されるGの部分群を**XとYの交換子群**といい$[X, Y]$と書く．とくに，$[G, G]$を**Gの交換子群**という．

系 4.2.5 X, Yを連結アフィンk代数群Gの閉部分群とし，Yは連結であるとすると，$[X, Y]$はGの連結閉部分群で，$[X, Y]$の元は高々$2\dim G$個の交換子の積で書ける．とくに，$[G, G]$は連結閉部分群である．

証明 $a\in X$のとき，写像$\varphi: Y\to G$を

$$\varphi: y\mapsto [a, y] = aya^{-1}y^{-1}$$

で定義し，$\varphi(Y)=Y_a$とおく．Y_aはGの単位元を含む既約部分集合で，φがアフィンk代数多様体射であることから，定理4.1.5によりY_aは$\overline{Y}_a$の稠密な開集合を含む．$\{Y_a\}_{a\in X}$に定理4.2.4を適用して，$[X, Y]$は連結閉部分群で，各元は高々$2\dim G$個の交換子の積で書けることがわかる．▌

アフィンk群Gについて，抽象群のときと同様に，可解群，巾零群を次の

ように定義する．

$$D_0(G)=G,\quad D_1(G)=[G,G],\quad D_n(G)=[D_{n-1}(G),D_{n-1}(G)]\quad (n\geqq 1)$$
$$C_0(G)=G,\quad C_1(G)=[G,G],\quad C_n(G)=[G,C_{n-1}(G)]\quad (n\geqq 1)$$

とおいて，G の閉部分群の列

$$\overline{D_0(G)}\supset\overline{D_1(G)}\supset\cdots,\qquad \overline{C_0(G)}\supset\overline{C_1(G)}\supset\cdots$$

について，$\overline{C_n(G)}=\{e\}$（または $\overline{D_n(G)}=\{e\}$）を満たす自然数 n が存在するとき，G を**巾零群**（または**可解群**）という．系4.2.5により，連結アフィン k 代数群が巾零群（または可解群）であるためには群として巾零群（または可解群）であることが必要充分である．

2.3　アフィン k 群のアフィン k 多様体の上への作用

アフィン k 群 $G=\boldsymbol{M}_k(H,k)$ とアフィン k 多様体 $X=\boldsymbol{M}_k(A,k)$ に対して，アフィン k 多様体射 $\sigma:G\times X\to X$ が存在して，

$$\begin{array}{ccc} G\times G\times X & \xrightarrow{m\times 1} & G\times X \\ {\scriptstyle 1\times\sigma}\downarrow & & \downarrow{\scriptstyle \sigma} \\ G\times X & \xrightarrow{\sigma} & X \end{array}\qquad \begin{array}{ccc} \{e\}\times X & \longrightarrow & G\times X \\ & \searrow & \downarrow{\scriptstyle \sigma} \\ & & X \end{array}$$

が可換図式のとき，G が X に左から作用しているといい，G をアフィン k 多様体 X の**左変換群**という．このことは，σ に対応する k 代数射 $\psi:A\to H\otimes A$ によって，A が左 H 余加群 k 代数であることと同値である．同様に，G の X への右からの作用も定義できる．たとえば $X=G$, $\sigma=m$ として，G は G に左（または右）から作用している．この作用を G の**左移動**（または**右移動**）という．この作用は k ホップ代数 H を Δ に関して左（または右）H 余加群 k 代数とみることにほかならない．

$E=\boldsymbol{M}_k(K,k)$, $F=\boldsymbol{M}_k(L,k)$ をアフィン k 群とし，F の積写像を $m:F\times F\to F$, E の対角写像 $x\mapsto(x,x)$ を $\delta:E\to E\times E$ とおく．アフィン k 多様体射

$$\sigma:E\times F\to F$$

が E の F の上への作用であって，$\sigma(x,y)=x\rightharpoonup y$ と書く．

$$x\rightharpoonup(y_1y_2)=(x\rightharpoonup y_1)(x\rightharpoonup y_2),\quad x\in E,\ \ y_1,y_2\in F$$

が成り立つとき，すなわち

$$\sigma(1\times m)=m(\sigma\times\sigma)(1\times\tau\times 1)(\delta\times 1\times 1)$$ [1)]

1)　ここで，τ は $(x,y)\mapsto(y,x)$ で定義される写像 $E\times F\to F\times E$ である．以後このよ

を満たすとき，E は F の上に F の自己同型として作用するといい，E をアフィン k 群 F の**左変換群**という．このとき，σ に対応する k 代数射 $\psi: L \to K \otimes L$ は

$$(1 \otimes \Delta_L)\psi = (\mu_K \otimes 1 \otimes 1)(1 \otimes \tau \otimes 1)(\psi \otimes \psi)\Delta_L$$

を満たす．すなわち，L の余積写像 Δ_L が左 K 余加群射で L は左 K 余加群 k ホップ代数になる．逆に，L がこのような構造をもてば E は F の左変換群になる．

例 4.7　$G = \boldsymbol{M}_k(H, k)$ をアフィン k 群とし，$E = F = G$ とする．

$$\sigma_0: G \times G \to G, \qquad \sigma_0(g, h) = g \rightharpoonup h = ghg^{-1}.$$

すなわち，

$$\sigma_0 = m(m \times 1)(1 \times 1 \times s)(1 \times \tau)(\delta \times 1)$$

と定義すると，σ_0 により，G は G の左変換群になる．この G の作用を**左随伴作用**という．これに対応して，H は左 H 余加群 k ホップ代数で，その構造射 $\psi_0: H \to H \otimes H$ は

$$\psi_0 = (\mu \otimes 1)(1 \otimes \tau)(1 \otimes 1 \otimes S)(\Delta \otimes 1)\Delta.$$

すなわち，$x \in H$ のとき，$\psi_0(x) = \sum_{(x)} x_{(1)} S(x_{(3)}) \otimes x_{(2)}$ であたえられる．（例 3.8 参照.）同様に，

$$\sigma_0': G \times G \to G, \qquad \sigma_0(h, g) = h \leftharpoonup g = g^{-1}hg$$

と定義してえられる G の作用を G の**右随伴作用**とよぶ．この作用で G は G の右変換群になり，これに対応する H の右 H 余加群 k ホップ代数の構造射 ψ_0': $H \to H \otimes H$ は $\psi_0'(x) = \sum_{(x)} x_{(2)} \otimes x_{(1)} S(x_{(3)})$ $(x \in H)$ であたえられる．

正規部分群　アフィン k 群 $G = \boldsymbol{M}_k(H, k)$ の閉部分群 $F = \boldsymbol{M}_k(H/\mathfrak{a}, k)$ が群として正規部分群のとき，F を閉正規部分群という．このとき，F は G の左随伴作用で不変だから，H の左 H 余加群 k 代数の構造射 $\psi_0: H \to H \otimes H$ は $H/\mathfrak{a}$ の左 H 余加群 k 代数の構造射をひきおこす．したがって，$\mathfrak{a}$ は H の部分左 H 余加群で

$$\psi_0(\mathfrak{a}) \subset H \otimes \mathfrak{a}$$

を満たす．一般に，可換 k ホップ代数 H のホップイデアル $\mathfrak{a}$ がこの条件を満

うな写像および $x \otimes y \mapsto y \otimes x$ で定義される写像 $M \otimes N \to N \otimes M$ などに記号 τ を使うことにする．

たすとき，$\mathfrak{a}$を**正規ホップイデアル**という．$G=\boldsymbol{M}_k(H,k)$の閉正規部分群の全体の族とHの正規根基ホップイデアルの全体の族とは1対1に対応する．

補題 4.2.6 Kを可換kホップ代数Hの部分kホップ代数とし，$K^+=\mathrm{Ker}\,\varepsilon_K$とおくと，$\mathfrak{a}=K^+H$は$H$の正規ホップイデアルである．

証明 Δはk代数射だから，

$$\Delta(\mathfrak{a})=\Delta(K^+)\Delta(H)\subset(K\otimes K^++K^+\otimes K)(H\otimes H)\subset\mathfrak{a}\otimes H+H\otimes\mathfrak{a}.$$

一方，$S(\mathfrak{a})\subset\mathfrak{a}$，$\varepsilon(\mathfrak{a})=0$は明らか．ゆえに，$\mathfrak{a}$は$H$のホップイデアルである．また，$x\in K^+$のとき，

$$(1\otimes\varepsilon_K)\psi_0(x)=\sum_{(x)}x_{(1)}S(x_{(3)})\varepsilon(x_{(2)})=\sum_{(x)}x_{(1)}S(x_{(2)})=\eta\circ\varepsilon(x)=0,$$

ゆえに，$\psi_0(K^+)\subset\mathrm{Ker}\,(1\otimes\varepsilon_K)=K\otimes K^+$．したがって，

$$\psi_0(\mathfrak{a})=\psi_0(K^+H)\subset(K\otimes K^+)(H\otimes H)=H\otimes\mathfrak{a}.\qquad\blacksquare$$

Kをアフィンkホップ代数Hの部分kホップ代数とすると，自然な埋め込み$K\to H$に対応するアフィンk代数群射

$$\rho:G=\boldsymbol{M}_k(H,k)\to E=\boldsymbol{M}_k(K,k)$$

の像$\rho(G)$はEの中で稠密で，定理4.1.5により$\rho(G)$はEの稠密な開集合を含む．ゆえに，定理4.2.2により$\rho(G)=E$．すなわち，ρは全射である．このとき，$\mathfrak{a}=K^+H$とおくと，$\mathrm{Ker}\,\rho=\boldsymbol{M}_k(H/\mathfrak{a},k)$となる．したがって，剰余群$G/\mathrm{Ker}\,\rho$は群として，$E=\boldsymbol{M}_k(K,k)$と同型で，$G/\mathrm{Ker}\,\rho$を$E$と同一視してアフィン$k$群とみることができる．次の定理から，$G/\mathrm{Ker}\,\rho$はアフィン$k$代数群である．

定理 4.2.7 Hをkホップ代数で整域であるとする．Hが有限生成k代数ならば，Hの部分kホップ代数Kも有限生成k代数である．

定理を証明するために，2つの補題を準備する．

補題 4.2.8 Hをkホップ代数で整域とし，KをHの部分kホップ代数とする．

(i) Kの商体を$Q(K)$とおくと，$Q(K)\cap H=K$

(ii) $Q(K)=Q(H)$ならば$K=H$.

証明 $f=a/b\in Q(K)\cap H\,(a,b\in K)$とする．$H$は$k$ホップ代数として，$a,b,f$から生成されるとしてよい．$G=\boldsymbol{M}_k(H,k)$とおき，$f$から生成される$kG$加群を$M=kGf$とおくと，$M$は有限次元で$Q(K)\cap H$に含まれる．$\mathfrak{a}=\{c\in K;$

$cM\subset K\}$ はKのイデアルでMが有限次元だから$\mathfrak{a}\neq\{0\}$．$\mathfrak{a}=K$を示すために，$\mathfrak{a}\subsetneqq K$と仮定する．$x\in G$に対して，$xM=M$，$xK=K$だから$x\mathfrak{a}=\mathfrak{a}$．ゆえに，$\mathfrak{a}$は$kG$加群である．一方，$E=M_k(K,k)$とおくと，自然なアフィン$k$群射$\varphi$: $G\to E$は全射だから$E\mathfrak{a}=\mathfrak{a}$．$\mathfrak{a}\subsetneqq K$だから定理1.5.5(Hilbertの零点定理)により，$x(\mathfrak{a})=0$となる$x\in G$が存在する．一方，$x(\mathfrak{a})=xE(\mathfrak{a})=E(\mathfrak{a})=0$．ゆえに，ふたたび定理1.5.5により，$\mathfrak{a}=\{0\}$．これは$\mathfrak{a}\neq\{0\}$に矛盾する．したがって，$\mathfrak{a}=K$で$f\in K$．すなわち，(i)が成り立つ．$Q(K)=Q(H)$ならば(i)より$K=Q(K)\cap H=Q(H)\cap H=H$．ゆえに(ii)がえられる．▌

補題 4.2.9　Lをkの拡大体とし，$K\supset k$をLの部分体とする．Lがk上有限生成ならば，Kもk上有限生成である．

証明　K/kが代数的拡大体のとき，LのK上の超越基$\{x_1,\cdots,x_t\}$をとると，$\{x_1,\cdots,x_t\}$はk上代数的に独立である．このとき，k上1次独立なKの元の集合$\{y_1,\cdots,y_n\}$は$K(x_1,\cdots,x_t)$上も1次独立である．実際，$\sum_{i=1}^{n}f_i(x_1,\cdots,x_t)y_i=0$で，$f_i(x_1,\cdots,x_t)\neq 0$なるものが存在すれば$\{x_1,\cdots,x_t\}$が$K$上超越的であることに矛盾する．ゆえに，$[L:K(x_1,\cdots,x_t)]\geqq[K:k]$．したがって，$K/k$は有限次拡大体で$K$は$k$上有限生成である．一般のとき，$\{x_1,\cdots,x_r\}$を$K$の$k$上の超越基とし，$\{x_1,\cdots,x_r,x_{r+1},\cdots,x_n\}$が$L$の$k$上の超越基になるようにとる．$K_1=k(x_1,\cdots,x_r)$とおくと，$K/K_1$は代数的拡大だから，$K$は$K_1$上有限生成．ゆえに，$K$は$k$上有限生成である．▌

定理 4.2.7 の証明　$Q(H),Q(K)$をそれぞれH,Kの商体とする．$Q(H)$はk上有限生成拡大体だから，補題4.2.9により$Q(K)$はk上有限生成である．$\{x_1,\cdots,x_n\}$をKの元からなる$Q(K)$の生成元とし，$\{x_1,\cdots,x_n\}$から生成されるKの部分kホップ代数をK_1とおくと，$K_1\subset K$で$Q(K_1)=Q(K)$．ゆえに，補題4.2.8により，$K_1=K$．すなわち，Kは有限生成kホップ代数である．▌

単位元の連結成分　Aをアフィンk代数とする．$X_A=\boldsymbol{M}_k(A,k)$の連結成分を$X_1,\cdots,X_r$とすると，定理4.1.2により，$A$の直交巾等元の集合$\{e_1,\cdots,e_r\}$が存在して，$A=Ae_1\oplus\cdots\oplus Ae_r$と分解する．$\pi_0(A)=ke_1\oplus\cdots\oplus ke_r$とおくと，$\pi_0(A)$は$A$の部分$k$代数で$\pi_0(A)=k\Leftrightarrow X_A$連結が成り立つ．また，$A,B$をアフィン$k$代数とすると，$\pi_0(A\otimes B)\cong\pi_0(A)\otimes\pi_0(B)$である．実際，自然な$k$線型写像$\pi_0(A)\otimes\pi_0(B)\to\pi_0(A\otimes B)$が$k$代数単射であることは明らか．$X_A,X_B$が連結

ならば $X_A \times X_B$ も連結であることから全射であることがわかる.

H をアフィン k ホップ代数とすると，$\Delta: H \to H \otimes H$ は k 代数射だから $\Delta(\pi_0(H)) \subset \pi_0(H \otimes H) \simeq \pi_0(H) \otimes \pi_0(H)$. 同様にして，$S(\pi_0(H)) \subset \pi_0(H)$. ゆえに，$\pi_0(H)$ は H の部分 k ホップ代数である. $\mathfrak{a} = \pi_0(H)^+ H$ とおくと，補題 4.2.6 により，$\mathfrak{a}$ は H の正規ホップイデアルで $\pi_0(H/\mathfrak{a}) = k$ である. 自然な埋め込み $u: \pi_0(H) \to H$ に対応するアフィン k 代数群射を ${}^a u = \varphi: G \to E = \boldsymbol{M}_k(\pi_0(H), k)$ とおくと，E は有限群で $\mathrm{Ker}\,\varphi = G_0 = \boldsymbol{M}_k(H/\mathfrak{a}, k)$ は G の連結閉正規部分群でかつ $G/G_0 \cong E$ である. したがって，G_0 は G の単位元を含む連結成分であることがわかる.

2.4 アフィン k 代数群の表現

$G = \boldsymbol{M}_k(H, k)$ をアフィン k 代数群とし，V を有限次元 k 線型空間とする. アフィン k 群射

$$\rho: G \to GL(V)$$

を G の V 上の表現といい，V を表現 ρ の表現空間という. 全単射

$$\boldsymbol{AG}_k(G, GL(V)) \cong \boldsymbol{Big}_k(S(V^* \otimes V), H) \cong \boldsymbol{Cog}_k(V^* \otimes V, H)$$

で ρ に対応する k 余代数射 $\sigma: V^* \otimes V \to H$ をとる. V, V^* の互いに双対的な基底をそれぞれ $\{v_1, \cdots, v_n\}, \{f_1, \cdots, f_n\}$ とおき，$\{v_1, \cdots, v_n\}$ に関する $\rho(x)\ (x \in G)$ の行列を $(\rho_{ij}(x))$ とおくと，ρ がアフィン k 群射であることと $\sigma(f_i \otimes v_j) = \rho_{ij} \in H$ とは同値である. さらに，全単射 $\boldsymbol{Mod}_k(V^* \otimes V, H) \cong \boldsymbol{Mod}_k(V, V \otimes H)$ で σ に対応する k 線型写像 $\psi: V \to V \otimes H$ は

$$\psi: v_j \mapsto \sum_{i=1}^{n} v_i \otimes \rho_{ij}$$

であたえられ，V は ψ により右 H 余加群になる. (3.9)により ψ に対応して，V は有理的左 H^* 加群の構造をもつ. したがって，アフィン k 代数群 G の V 上の表現 ρ と V の有理的左 H^* 加群の構造とが1対1に対応する.

補題 4.2.10 H をアフィン k ホップ代数とすると，$G = \boldsymbol{M}_k(H, k)$ は H^* の中で稠密である.

証明 $f \in H$ のとき，$x(f) = 0\ (x \in G)$ ならば f は H のすべての極大イデアルに含まれる. 定理 1.5.5 により $f \in \mathrm{rad}\,H = \mathrm{nil}\,H = \{0\}$ ゆえに，G は H^* の中で稠密である. ∎

このことから，H がアフィン k ホップ代数のとき，V の有理的左 H^* 加群の構造は有理的左 kG 加群の構造で一意的にきまることがわかる．

定理 4.2.11 アフィン k 代数群 $G=\boldsymbol{M}_k(H,k)$ は有限次元 k 線型空間 V 上の忠実な表現 ρ をもち，G は $GL(V)$ の閉部分群と同型である．

証明 $\Delta: H\to H\otimes H$ を構造射として，H を右 H 余加群とみる．H は有限生成 k 代数だから，H の部分 H 余加群で k 代数として H を生成するような有限次元部分 k 線型空間 V が存在する．H 余加群 V に対応する G の V 上の表現を $\rho: G\to GL(V)$ とおくと，k ホップ代数射 $\psi_\rho: S(V^*\otimes V)\to H$ は V のとり方から全射．ゆえに，ρ は単射である．$\mathrm{Im}\,\rho$ は $GL(V)$ の閉部分群(定理 4.1.5, 定理 4.2.2)で $\mathrm{Ker}\,\psi_\rho=\mathfrak{a}$ とおくと，$\mathrm{Im}\,\rho\cong\boldsymbol{M}_k(S(V^*\otimes V)/\mathfrak{a},k)$．したがって，$G$ は $GL(V)$ の閉部分群と同型である．▌

H をアフィン k ホップ代数とするとき，アフィン k 代数群 $G=\boldsymbol{M}_k(H,k)$ の V 上の表現 ρ と V の右 H 余加群の構造が 1 対 1 に対応することから，系 3.1.5, 定理 3.1.7 により次の定理がえられる．

定理 4.2.12 アフィン k 代数群 $G=\boldsymbol{M}_k(H,k)$ について，

(1) G の任意の表現が完全可約 $\Leftrightarrow$ H 余半単純

(2) G の任意の既約表現が 1 次元 $\Leftrightarrow$ H 分裂的

(3) G の任意の既約表現が自明 $\Leftrightarrow$ H 既約

(4) G の任意の表現が対角化可能 $\Leftrightarrow$ H 分裂余半単純．

さらに，G が連結アフィン k 代数群のとき，

定理 4.2.13 H をアフィン k 代数とし，$G=\boldsymbol{M}_k(H,k)$ が連結のとき，

(1) G 可解群 $\Leftrightarrow$ H 分裂的

(2) G ユニポテント群 $\Leftrightarrow$ H 既約

(3) G トーラス $\Leftrightarrow$ H 分裂余半単純．

ここで，G がユニポテント元 x($x-1$ が巾零となるような元)からなるとき，G をユニポテント群，G が有限個の G_m の直積と同型のとき G をトーラスとよぶ．

例 4.8 対角化可能群の表現 Γ を有限可換群とし，$k\Gamma$ を Γ の群 k ホップ代数とする対角化可能群 $G=\boldsymbol{M}_k(k\Gamma,k)$ の V 上の表現 $\rho: G\to GL(V)$ について，V の対応する $k\Gamma$ 余加群の構造射を $\psi: V\to V\otimes k\Gamma$ とする．

$$\psi(v) = \sum_{\gamma\in\Gamma} p_\gamma(v)\otimes\gamma$$

とおくと，$p_\gamma\in \mathrm{End}_k(V)$ で，各 $v\in V$ について，$p_\gamma(v)$ は有限個の $\gamma\in\Gamma$ を除いて0になる．このとき，$(\psi\otimes 1)\psi(v)=\sum_{\gamma,\gamma'\in\Gamma} p_\gamma(p_{\gamma'}(v))\otimes\gamma\otimes\gamma'$, $(1\otimes\Delta)\psi(v)=\sum_{\gamma\in\Gamma} p_\gamma(v)\otimes\gamma\otimes\gamma$, $(1\otimes\varepsilon)\psi(v)=\sum_{\gamma\in\Gamma} p_\gamma(v)=\gamma$．ゆえに，

$$p_\gamma\circ p_{\gamma'} = 0 \quad (\gamma\neq\gamma'), \qquad p_\gamma\circ p_\gamma = p_\gamma, \qquad \sum_{\gamma\in\Gamma} p_\gamma = 1$$

が成り立ち，$p_\gamma(V)=V_\gamma$ とおくと，$V=\coprod_{\gamma\in\Gamma} V_\gamma$ で，

$$V_\gamma = \{v\in V;\ \psi(v) = v\otimes\gamma\}.$$

ゆえに，$v\in V_\gamma$ ならば $\rho(g)v=g(\gamma)v$ で，Γ は G の指標群と同一視できる．

例 4.9　加法群の表現　$G_a=\boldsymbol{M}_k(k[T],k)$ の V 上の表現 $\rho: G_a\to GL(V)$ について，V の $k[T]$ 余加群の構造射を $\psi: V\to V\otimes k[T]$ とする．

$$\psi(v) = \sum_i \rho_i(v)\otimes T^i$$

とおくと，$\rho_i\in\mathrm{End}_k(V)$ で各 v について，有限個の i を除いて，$\rho_i(v)=0$ となる．また，$(\psi\otimes 1)\psi(v)=\sum_{ij}\rho_j(\rho_i(v))\otimes T^j\otimes T^i$, $(1\otimes\Delta)\psi(v)=\sum_i \rho_i(v)\otimes(T\otimes 1+1\otimes T)^i$, $(1\otimes\varepsilon)\psi(v)=\rho_0(v)=v$．ゆえに，

$$\rho_j\circ\rho_i = \binom{i+j}{i}\rho_{i+j}, \qquad \rho_0 = 1_V$$

が成り立つ．逆にこのような性質をもつ $\mathrm{End}_k(V)$ の元の列 $\{\rho_i\}_{i\in I}$ によって，V に $k[T]$ 余加群の構造がきまる．このとき，$t\in k$ に対して，

$$\rho(t) = \sum_{i=0}^{\infty} t^i\rho_i$$

が成り立つ．k の標数が0のとき，$\rho_1=X$ とおくと，$\rho_n=X^n/n!$ となる．このとき，各 v について，$X^n(v)=0$ を満たす自然数 n がとれる．ゆえに，X は巾零で $\rho(t)=\exp tX$ がえられる．したがって，G_a の V 上の表現と V の巾零自己準同型とが1対1に対応する．k の標数が $p>0$ のとき，$s_i=\rho_{p^i}$ とおくと，$s_i\in\mathrm{End}_k(V)$ で

(a)　各 v について有限個の i を除いて $s_i(v)=0$ かつ $s_j\circ s_i=s_i\circ s_j$, $s_i{}^p=0$ が成り立つ．$n=n_0+n_1p+\cdots+n_rp^r$ $(0\leqq n_i<p)$ を自然数 n の p 進展開とすると，

(b)
$$\rho_n = \frac{s_0{}^{n_0}s_1{}^{n_1}\cdots s_r{}^{n_r}}{n_0!\,n_1!\cdots n_r!}$$

となる．逆に，$\mathrm{End}_k(V)$の元の列$\{s_i\}_{i\in I}$が(a)を満たすならば，ρ_nを(b)のようにきめると，Vに$k[T]$余加群の構造が定義できる．

$$\exp(s_iX) = 1+s_iX+\cdots+\frac{{s_i}^{p-1}}{(p-1)!}X^{p-1}$$

とおくと，

$$\psi(v) = \sum_{n=0}^{\infty}\rho_n(v)\otimes T^n = \prod_{i=0}^{\infty}\exp(s_i\otimes T^{p^i})(v)$$

となり，$t\in k$のとき，$\rho(t)=\prod_{i=0}^{\infty}\exp(s_it^{p^i})$と書ける．

§3 アフィンk代数群のリー代数

この節では，アフィンk群のリー代数を定義し，アフィンk群とリー代数との関係を調べてみよう．

3.1 アフィンk群のリー代数

Hを可換被約kホップ代数とするとき，kリー代数$P(H^0)$をアフィンk群$G=\boldsymbol{M}_k(H,k)$の**kリー代数**といい，$\boldsymbol{Lie}\,G$と書く．$\rho:G=\boldsymbol{M}_k(H,k)\to E=\boldsymbol{M}_k(K,k)$をアフィン$k$群射とするとき，対応する$k$ホップ代数射$u:K\to H$の双対$k$ホップ代数射$u^0:H^0\to K^0$は$k$リー代数射$d\rho:\boldsymbol{Lie}\,G\to\boldsymbol{Lie}\,E$をひきおこす．これを$\rho$の微分という．

問4.6 対応$G\mapsto\boldsymbol{Lie}\,G$はアフィン$k$群の圏から$k$リー代数の圏への共変関手である．

可換kホップ代数HはΔを構造射として，左(または右)H余加群の構造をもつ．HからHへの左(または右)H余加群射のなす$E=\mathrm{End}_k(H)$の部分k線型空間を${}^HE$(またはE^H)とおく．すなわち，

$$^HE = \{\sigma\in\mathrm{End}_k(H);\ \Delta\circ\sigma=(1\otimes\sigma)\circ\Delta\}$$
$$E^H = \{\sigma\in\mathrm{End}_k(H);\ \Delta\circ\sigma=(\sigma\otimes 1)\circ\Delta\}$$

とおく．このとき，Hの左(または右)H余加群射に対して，有理的右(または左)H^*加群の構造がきまり，この作用を$\leftharpoonup$(または$\rightharpoonup$)と書くと，

$$^HE = \{\sigma\in\mathrm{End}_k(H);\ \sigma(x\leftharpoonup f)=\sigma(x)\leftharpoonup f\ \ \forall f\in H^*\}$$
$$E^H = \{\sigma\in\mathrm{End}_k(H);\ \sigma(f\rightharpoonup x)=f\rightharpoonup\sigma(x)\ \ \forall f\in H^*\}$$

となる．${}^HE, E^H$はEの部分k代数である．

定理 4.3.1　H を可換 k 双代数とし，k 余代数としての H の双対 k 代数を H^* とおくと，$H^* \cong {}^H\mathrm{End}_k(H)$.

証明　k 線型写像 $\varphi: {}^H\mathrm{End}_k(H) \to H^*$ を $\sigma \mapsto \varepsilon\circ\sigma$ と定義すると，$\sigma, \rho \in {}^H\mathrm{End}_k(H)$ ならば

$$\begin{aligned}\varphi(\sigma)*\varphi(\rho) &= (\varphi(\sigma)\otimes\varphi(\rho))\Delta = (\varepsilon\otimes\varepsilon)(\sigma\otimes 1)(1\otimes\rho)\Delta\\ &= (\varepsilon\otimes\varepsilon)(\sigma\otimes 1)\Delta\rho = (\varepsilon\otimes 1)(\sigma\otimes 1)(\rho\otimes 1) = \varphi(\sigma\rho).\end{aligned}$$

ゆえに，φ は k 代数射である．逆に，k 線型写像 $\psi: H^* \to \mathrm{End}_k(H)$ を $f \mapsto (1\otimes f)\Delta$ と定義すると，

$$\begin{aligned}(1\otimes\psi(f))\Delta &= (1\otimes(1\otimes f)\Delta)\Delta = (1\otimes 1\otimes f)(1\otimes\Delta)\Delta\\ &= (1\otimes 1\otimes f)(\Delta\otimes 1)\Delta = \Delta(1\otimes f)\Delta = \Delta\psi(f).\end{aligned}$$

ゆえに，$\psi(H^*) \subset {}^H\mathrm{End}_k(H)$. このとき，

$$(\psi\circ\varphi)(\sigma) = (1\otimes\varepsilon\circ\sigma)\Delta = (1\otimes\varepsilon)(1\otimes\sigma)\Delta = (1\otimes\varepsilon)\Delta\circ\sigma = \sigma$$

$$(\varphi\circ\psi)(f) = \varepsilon(1\otimes f)\Delta = (1\otimes f)(\varepsilon\otimes 1)\Delta = f.$$

したがって，φ と ψ とは互いに逆写像で，φ は同型射である．▌

系 4.3.2　H を可換 k 双代数とし，$E = \mathrm{End}_k(H)$ とする．$\mathrm{Aut}_k(H)$ を H の k 代数自己同型射の全体のなす群とすると，

$$G(H^0) \cong {}^H E \cap \mathrm{Aut}_k(H), \qquad P(H^0) \cong {}^H E \cap \mathrm{Der}_k(H).$$

証明　定理 4.3.1 の同型対応 $H^* \cong {}^H E$ をそれぞれ $G(H^0), P(H^0)$ に制限して，系の同型対応がえられることを示そう．$f \in H^*$ のとき，$\sigma = \psi(f)$ とおく．$f \in G(H^0)$ ならば $\sigma(1) = 1$ で

$$\begin{aligned}\sigma(xy) &= \sum_{(x)(y)} x_{(1)}y_{(1)}\langle f, x_{(2)}y_{(2)}\rangle = \sum_{(x)(y)} x_{(1)}y_{(1)}\langle f\otimes f, x_{(2)}\otimes y_{(2)}\rangle\\ &= \sum_{(x)(y)} x_{(1)}y_{(1)}\langle f, x_{(2)}\rangle\langle f, y_{(2)}\rangle = \sigma(x)\sigma(y).\end{aligned}$$

ゆえに，$\sigma \in \mathrm{Aut}_k(H)$. $f \in P(H^0)$ ならば

$$\begin{aligned}\sigma(xy) &= \sum_{(x)(y)} x_{(1)}y_{(1)}\langle f\otimes 1 + 1\otimes f, x_{(2)}\otimes y_{(2)}\rangle\\ &= \sum_{(x)(y)} x_{(1)}y_{(1)}\varepsilon(x_{(1)})\langle f, y_{(2)}\rangle + x_{(1)}y_{(1)}\varepsilon(y_{(2)})\langle f, x_{(2)}\rangle\\ &= x\sigma(y) + \sigma(x)y.\end{aligned}$$

ゆえに，$\sigma \in \mathrm{Der}_k(H)$. 逆に，$\sigma \in {}^H E$ のとき，$\varphi(\sigma) = f$ とおくと，$\sigma \in \mathrm{Aut}_k(H)$ ならば任意の $x, y \in H$ に対して，

$$\langle \Delta f - f\otimes f, x\otimes y\rangle = \langle f, xy\rangle - \langle f, x\rangle\langle f, y\rangle = 0.$$

ゆえに，$f\in G(H^0)$．$\sigma\in \mathrm{Der}_k(H)$ ならば

$$\langle \varDelta f-f\otimes 1-1\otimes f, x\otimes y\rangle = \langle f, xy\rangle-\varepsilon(x)\langle f, y\rangle-\varepsilon(y)\langle f, x\rangle = 0.$$

ゆえに，$f\in P(H^0)$．したがって，$G(H^0)$，$P(H^0)$ はそれぞれ ${}^HE\cap \mathrm{Aut}_k(H)$，${}^HE\cap \mathrm{Der}_k(H)$ と1対1に対応する．これらの対応がそれぞれ群，k リー代数としての同型射であることは明らか．▌

H から H への導分 $D:H\to H$ が $\varDelta\circ D=(1\otimes D)\circ\varDelta$ を満たすとき，D を**左不変 k 導分**という．系4.3.2から $\boldsymbol{Lie}\,G$ は H の左不変 k 導分の全体のなす k リー代数 ${}^H\mathrm{Der}_k(H)={}^HE\cap \mathrm{Der}_k(H)$ と同型である．また，$\boldsymbol{Lie}\,G$ は k 線型空間として，H^* の部分 k 線型空間

$$\mathrm{Der}_k(H, \varepsilon_*k) = \{\delta\in H^*;\ \delta(fg)=\delta(f)\varepsilon(g)+\varepsilon(f)\delta(g)\ \ \forall f, g\in H\}$$

と一致する．

アフィン k 群 $G=\boldsymbol{M}_k(H, k)$ の閉部分群 $F=\boldsymbol{M}_k(H/\mathfrak{a}, k)$ をとり，自然な埋め込み $i:F\to G$ に対応する k リー代数射 $di:\boldsymbol{Lie}\,F\to \boldsymbol{Lie}\,G$ は単射で $\boldsymbol{Lie}\,F$ は $\boldsymbol{Lie}\,G$ の部分 k リー代数とみなすことができる．

例4.10　加法群 G_a の k リー代数　$k[T]$ から $k[T]$ への k 導分 D は $D(T)=f\in k[T]$ をきめると，$D(T^n)=nT^{n-1}f$ として一意的にきまる．D が左不変ならば

$$\varDelta(f) = \varDelta D(T) = (1\otimes D)\varDelta(T) = 1\otimes D(T)+T\otimes D(1) = 1\otimes f.$$

ゆえに，$f=(1\otimes\varepsilon)\varDelta(f)=\varepsilon(f)\in k$．したがって，$D\in \boldsymbol{Lie}\,G_a\Leftrightarrow D(T)=\alpha\in k$ が成り立ち，$\boldsymbol{Lie}\,G_a\cong k$．

例4.11　乗法群 G_m の k リー代数　k ホップ代数 $k[T, T^{-1}]$ から $k[T, T^{-1}]$ への k 導分 D は $D(T)=f\in k[T, T^{-1}]$ で一意的にきまる．D が左不変ならば，

$$\varDelta(f) = \varDelta D(T) = (1\otimes D)\varDelta(T) = T\otimes D(T) = T\otimes f.$$

ゆえに，$f=(1\otimes\varepsilon)\varDelta(f)=\varepsilon(f)T$．したがって，$D\in \boldsymbol{Lie}\,G_m\Leftrightarrow D(T)=\alpha T$，$\alpha\in k$ が成り立ち，$\boldsymbol{Lie}\,G_m\cong k$．

例4.12　一般線型群 $GL_n(k)$ の k リー代数　k ホップ代数 $H=k[T_{ij}, \det(T_{ij})^{-1}]_{1\leq i,j\leq n}$ の k 導分は $D(T_{ij})=t_{ij}\in H\,(1\leqq i, j\leqq n)$ で一意的にきまる．D が左不変ならば

$$\varDelta(t_{ij}) = \varDelta D(T_{ij}) = (1\otimes D)\varDelta(T_{ij}) = \sum_{l=1}^{n} T_{il}\otimes t_{lj}.$$

ゆえに，$t_{ij}=(1\otimes\varepsilon)\Delta(t_{ij})=\sum_l T_{il}\varepsilon(t_{lj})$．逆に，$a=(\alpha_{ij})\in M_n(k)$ を任意にとり，$D(T_{ij})=\sum_l T_{il}\alpha_{lj}$ として，$D\in \mathrm{Der}_k(H)$ を定義すると，$\Delta D(T_{ij})=\sum_{l,m} T_{il}\otimes T_{lm}\alpha_{mj}=(1\otimes D)\Delta(T_{ij})$．すなわち，$D$ は左不変である．この導分を D_a とおく．対応 $a\mapsto D_a$ によって $\boldsymbol{Lie}\,GL_n(k)$ は k 線型空間 $M_n(k)$ と同型で，$a=(\alpha_{ij})$，$b=(\beta_{ij})\in M_n(k)$，$ab=c=(\gamma_{ij})$ とおくと，

$$D_a\circ D_b(T_{ij}) = D_a(\sum_l T_{il}\beta_{lj}) = \sum_{l,m} T_{il}\alpha_{lm}\beta_{mj} = \sum_l T_{il}\gamma_{lj} = D_c(T_{ij}).$$

ゆえに，$[D_a, D_b]=D_{ab-ba}$．したがって，k リー代数として，$\boldsymbol{Lie}\,GL_n(k)\cong M_n(k)_L$ となる．

問 4.7　例 4.2 と同じ記号で $D_a(\det T_{ij})=(\mathrm{Tr}\,a)\det(T_{ij})$，$a\in M_n(k)$ を示し，$\boldsymbol{Lie}\,SL_n(k)\cong\{a\in M_n(k);\ \mathrm{Tr}\,a=0\}\subset M_n(k)_L$ を証明せよ．

アフィン k 群射 $\varphi: G=\boldsymbol{M}_k(H,k)\to E=\boldsymbol{M}_k(K,k)$ に対応する k ホップ代数射を $u: K\to H$ とおく．φ の微分 $d\varphi: \boldsymbol{Lie}\,G\to\boldsymbol{Lie}\,E$ は $\delta\in\boldsymbol{Lie}\,G$，$f\in K$ に対して，

$$d\varphi(\delta)(f) = \delta(f\circ u)$$

であたえられる．$a\in G$ のとき，G の内部自己同型 $x\mapsto axa^{-1}$ を $\hat{a}$ とおくと，$d\hat{a}: \boldsymbol{Lie}\,G\to\boldsymbol{Lie}\,G$ は，

$$d\hat{a}(\delta)(f) = \sum_{(j)} a(f_{(1)})a(S(f_{(3)}))\delta(f_{(2)}), \qquad \delta\in\boldsymbol{Lie}\,G,\ f\in H$$

であたえられる．対応 $a\mapsto d\hat{a}$ で定義される G の表現 $Ad: G\to GL_k(\boldsymbol{Lie}\,G)$ を G の**随伴表現**という．

問 4.8　$GL_n(k)$ の随伴表現は $\boldsymbol{Lie}\,G$ を $M_n(k)_L$ と同一視すると，

$$d\hat{a}: D\mapsto aDa^{-1} \qquad (D\in M_n(k)_L)$$

であることを示せ．

3.2　分離性の判定条件

まず体の拡大と導分との関係について準備しよう．定理 4.3.3 より補題 4.3.9 までは体 k は必ずしも代数的閉体とは限らないことにする．

定理 4.3.3　$k\subset k'\subset K$ を体とし，K/k' が有限次元分離的拡大であるとすると，k' から K への k 導分は K から K への k 導分に一意的に延長できる．

証明　$K=k'(s)$ で，$f(X)=\sum_{i=0}^n a_iX^i\ (a_i\in k')$ を s の k' 上の最小多項式とすると，$f'(s)\neq 0$ とできる．$D\in\mathrm{Der}_k(K)$ とし，D' を D の k' への制限とすると，

$$0 = D(f(s)) = \sum_{i=0}^n D(a_is^i) = \sum_{i=0}^n D(a_i)s^i + \sum_{i=0}^n a_iis^{i-1}D(s) = f^{D'}(s)+f'(s)D(s).$$

ここで，$f^{D'}(X)=\sum_{i=0}^{n}D'(a_i)X^i$，$f'(X)=\sum_{i=1}^{n}a_i iX^{i-1}\in k'[X]$ である．ゆえに，$D(s)=-f^{D'}(s)/f'(s)$ となり，D は D' により一意的にきまる．逆に，$D'\in \mathrm{Der}_k(k', K)$ のとき，$D(s)=-f^{D'}(s)/f'(s)$ とおき，

$$D\left(\sum_{i=0}^{n-1}b_is^i\right)=\sum_{i=0}^{n-1}D'(b_i)s^i+\sum_{i=0}^{n-1}b_iis^{i-1}D(s),\qquad b_0,\cdots,b_{n-1}\in k'$$

と定義すると，D は K から K への k 線型写像で k' への制限は D' となる．また，$D(s)$ のとり方から，任意の自然数 m について，

$$D\left(\sum_{i=0}^{m}b_is^i\right)=\sum_{i=0}^{m}D'(b_i)s^i+\sum_{i=0}^{m}b_iis^{i-1}D(s),\qquad b_i\in k\quad(1\leqq i\leqq m)$$

が成り立ち，$D\in \mathrm{Der}_k(K)$ であることがわかる．▮

系 4.3.4　K/k' を有限次拡大体とすると，K/k' 分離的$\Leftrightarrow \mathrm{Der}_{k'}(K)=\{0\}$.

証明　K/k' が分離的であるとする．$D\in \mathrm{Der}_{k'}(K)$ ならば k' の零導分は K の零導分に延長でき，定理 4.3.3 から延長は一意的だから $D=0$．ゆえに，$\mathrm{Der}_{k'}(K)=\{0\}$．$K/k'$ が分離的でないとする．k' 上分離的な K の元の全体のなす K の部分体を k_s' (k' の K の中での分離的閉包という) とおく．k_s' を含む K の極大部分体の 1 つを k'' とおくと，K/k'' は純非分離拡大である．$t\in K-k''$ をとると，$K\supset k''(t)\supsetneqq k''(t^p)\supseteqq k''$．$k''$ が極大部分体であることから，$K=k''(t)$ で $\{1,t,\cdots,t^{p-1}\}$ は K の k'' 上の基底になる．$D\in \mathrm{End}_{k'}(K)$ を $D(t^i)=it^{i-1}\,(0\leqq i\leqq p-1)$ で定義すると，$D\in \mathrm{Der}_{k'}(K)$，$D\neq 0$．ゆえに，$\mathrm{Der}_{k'}(K)\neq\{0\}$．▮

補題 4.3.5　K/k' を純超越拡大体とすると，

$$\dim_K \mathrm{Der}_{k'}(K)=\mathrm{trans.deg}_{k'}K.$$

証明　$K=k'(x_1,\cdots,x_r)$，$x_1,\cdots,x_r$ は k' 上代数的に独立であるとする．$k'[x_1,\cdots,x_r]$ の元の x_i に関する偏導分 $\partial/\partial x_i$ は一意的に $K=k'(x_1,\cdots,x_r)$ の k' 導分 D_i に延長できる．このとき，$\{D_1,\cdots,D_r\}$ は $\mathrm{Der}_{k'}(K)$ の K 上の基底になる．実際，任意の $D\in \mathrm{Der}_{k'}(K)$ に対して，$D(f)=\sum_{i=1}^{r}D_i(f)D(x_i)\,(f\in K)$ だから $D=\sum_{i=1}^{r}D(x_i)D_i$．一方，$\sum_{i=1}^{r}f_iD_i=0\,(f_i\in K, 1\leqq i\leqq r)$ ならば，$D_i(x_j)=\delta_{ij}\,(1\leqq i,j\leqq r)$ だから $\sum_{i=1}^{r}f_iD_i(x_j)=f_j=0\,(1\leqq j\leqq r)$．したがって，$\dim_K \mathrm{Der}_{k'}(K)=r=\mathrm{trans.deg}_{k'}K$．▮

定理 4.3.6　K/k' を有限生成拡大体とすると，

$$\mathrm{Der}_{k'}(K)=\{0\}\Leftrightarrow K/k' \text{ 有限次元分離的拡大}.$$

証明　K/k' を有限次元分離的拡大体とすると，系4.3.4から $\mathrm{Der}_{k'}(K)=\{0\}$. 逆に，$\mathrm{Der}_{k'}(K)=\{0\}$ とし，K/k' が代数的拡大でないとする．K の k' 上の超越基 $\{x_1, \cdots, x_d\}$ $(d\geqq 1)$ をとり，$k''=k'(x_1, \cdots, x_d)$ とおく．K/k'' が分離的でなければ系4.3.4により $\mathrm{Der}_{k''}(K)\neq\{0\}$. ゆえに $\mathrm{Der}_{k'}(K)\neq\{0\}$ となり矛盾．したがって，K/k'' は分離的である．一方，補題4.3.5により，$\mathrm{Der}_{k'}(k'')$ は k'' 上 $D_1, \cdots, D_d$ で張られる．定理4.3.3により，$D_i\neq 0$ $(1\leqq i\leqq d)$ は $\mathrm{Der}_{k'}(K)$ の元に一意的に延長できるから，$\mathrm{Der}_{k'}(K)\neq\{0\}$ になり矛盾．ゆえに，K/k' は代数的分離的拡大でなければならない．K は k' 上有限生成だから K/k' は有限次拡大である．▌

一般に，有限生成拡大体 K/k について，K の k 上の超越基 $\{x_1, \cdots, x_d\}$ を適当にとって，$K/k(x_1, \cdots, x_d)$ が分離的拡大になるとき，K/k を**分離的に生成される**という．k の標数が $p>0$ のとき，K の元 $\{s_1, \cdots, s_d\}$ が $[K^pk(s_1, \cdots, s_d):K^pk]=p^d$ を満たすとき，$\{s_1, \cdots, s_d\}$ を k 上 p **独立**であるという．K の部分集合 S が

(1)　S の任意の有限部分集合は k 上 p 独立である，

(2)　$K^pk(S)=K$

を満たすとき，S を K の k 上の p **基底**という．(p 基底の存在はZornの補題による．) 一般に $|S|\geqq \mathrm{trans.deg}_k K$ である．

補題 4.3.7　K/k を有限生成拡大体とし，S を K の k 上の p 基底とすると，$|S|=\dim_K \mathrm{Der}_k(K)$. K/k が分離的に生成される $\Leftrightarrow |S|=\mathrm{trans.deg}_k K$.

証明　$S=\{s_1, \cdots, s_d\}$ とし，$k_i=k(K^p)(S-\{s_i\})$ $(1\leqq i\leqq d)$ とおくと，$k_i\subsetneqq K$ かつ $k_i(s_i)=K$. $D_i\in\mathrm{Der}_{k_i}(K)$ を $D_i(s_i{}^n)=ns_i{}^{n-1}$ と定義する．$\{D_1, \cdots, D_d\}$ は K 上1次独立で，任意の $D\in\mathrm{Der}_k(K)$ は $D=\sum_{i=1}^{n} D(s_i)D_i$ と書けるから，$\{D_1, \cdots, D_d\}$ は $\mathrm{Der}_k(K)$ の K 上の基底になる．ゆえに $|S|=\dim_K \mathrm{Der}_k(K)$. $D\in\mathrm{Der}_{k(S)}(K)$ ならば，$D(S)=0$, $D(K^pk)=0$ だから $D=\mathbf{0}$. したがって，定理4.3.6により $K/k(S)$ は有限次元分離的拡大．ゆえに，$|S|=\mathrm{trans.deg}_k K$ ならば K は k 上分離的に生成される．逆に，K/k が分離的に生成されるならば定理4.3.3と補題4.3.5により，$\mathrm{trans.deg}_k K=\dim_K \mathrm{Der}_k(K)$ だから S は k 上代数的に独立で $|S|=\mathrm{trans.deg}_k K$ となる．▌

補題 4.3.8　K/k を有限生成拡大体とする．k 上1次独立な K の元の任意の集合 $\{x_1, \cdots, x_d\}$ に対して，$\{x_1{}^p, \cdots, x_d{}^p\}$ も k 上1次独立であるならば，K/k

は分離的に生成される．とくに，kが完全体ならばK/kは分離的に生成される．

証明　SをK/kのp基底とする．補題4.3.7により，$K/k(S)$は有限次元分離的拡大体だから，Sがk上代数的に独立であることをいえばよい．Sが代数的に独立でないとして，$\{s_1, \cdots, s_m\}$を代数的に独立でないSの部分集合で，mが最小になるようにとる．$\Gamma=\{e=(e_1, \cdots, e_m);\ e_i$は0または自然数$\}$を次のようにとる．

(1)　$\{s^e=s_1{}^{e_1}\cdots s_m{}^{e_m};\ e\in\Gamma\}$は$k$上1次従属．

(2)　(1)を満たす集合Γの元の個数は可能な最小数である．

(3)　(1)を満たす集合Γで，$\sum_{e\in\Gamma}(e_1+\cdots+e_m)$は可能な最小数である．

$\sum_{e\in\Gamma}c_e s^e=0$ ($c_e\in k$, c_eのすべては0でない)とすると(2)からすべての$e\in\Gamma$について，$c_e\neq 0$である．補題4.3.7の証明のように$D_i\in \mathrm{Der}_k(K)$をとると，

$$D_i\left(\sum_{e\in\Gamma}c_e s^e\right)=\frac{e_i}{s_i}\sum_{e\in\Gamma}c_e s^e=0.$$

(2), (3)から$e_i c_e=0$ ($e\in\Gamma$)．一方，$c_e\neq 0$だからe_iはpで割り切れる．$t_e=s^{e/p}=s_1{}^{e_1/p}\cdots s_m{}^{e_m/p}$とおくと，$\{t_e{}^p;\ e\in\Gamma\}$は$k$上1次従属．ゆえに，補題の仮定から$\{t_e;\ e\in\Gamma\}$も$k$上1次従属となる．これは(3)のとり方に矛盾する．したがって，Sは代数的に独立である．∎

補題4.3.9　**Aを有限生成k代数で整域とし，KをAの商体とすると，$\mathrm{Der}_k(A)$が自由A加群ならば$\mathrm{rank}_A \mathrm{Der}_k(A)=\dim_K \mathrm{Der}_k(K)$.**

証明　$\mathrm{Der}_k(A)$の元Dは一意的に$\mathrm{Der}_k(K)$の元$\bar{D}$に延長できる．$D_1, \cdots, D_d\in \mathrm{Der}_k(A)$が$A$上1次独立ならば，$\bar{D}_1, \cdots, \bar{D}_d$は$K$上1次独立である．実際，$\sum_{i=1}^{d}\frac{b_i}{a_i}\bar{D}_i=0$ ($a_i, b_i\in A$, $a_i\neq 0$, $1\leqq i\leqq d$)ならば$a=a_1a_2\cdots a_d$とおいて，$\sum_{i=1}^{d}ab_i\bar{D}_i=0$．ゆえに$\sum_{i=1}^{d}ab_iD_i=0$ ($ab_i\in A$, $1\leqq i\leqq d$)．したがって，$ab_i=0$で$a\neq 0$だから，$b_i=0$ ($1\leqq i\leqq d$)．逆に，$D_1, \cdots, D_d\in \mathrm{Der}_k(K)$が$K$上1次独立とする．$\{a_1, \cdots, a_n\}$を$A$の$k$代数としての生成元とし，$D_i(a_j)=c_{ij}/b_{ij}\in K$ ($c_{ij}, b_{ij}\in A$, $b_{ij}\neq 0$, $1\leqq i\leqq d$, $1\leqq j\leqq n$)のとき，$b=\prod b_{ij}$とおくと，$bD_1, \cdots, bD_d$のAへの制限は$\mathrm{Der}_k(A)$の元でA上1次独立である．したがって，$\dim_A \mathrm{Der}_k(A)=\dim_K \mathrm{Der}_k(K)$．∎

以下，アフィンk代数群のkリー代数に話題をもどして，kを代数的閉体とする．

補題 4.3.10　H をアフィン k ホップ代数で整域であるとすると，$\mathrm{Der}_k(H)$ は自由 A 加群で，$\mathrm{rank}_H \mathrm{Der}_k(H) = \dim_k {}^H\mathrm{Der}_k(H)$.

証明　H の商体を K とすると，補題 4.3.8 から K/k は分離的に生成される．K の k 上の超越基 $\{x_1, \cdots, x_d\}$ を $\mathfrak{m}=\mathrm{Ker}\,\varepsilon$ の中からとる．$D_1, \cdots, D_d \in \mathrm{Der}_k(K)$ を $D_i(x_j)=\delta_{ij}\ (1\leqq i, j\leqq d)$ を満たすようにとると，$D_1, \cdots, D_d$ の H への制限は $\mathrm{Der}_k(H)$ の H 上の基底になる(補題 4.3.7, 4.3.9)．写像

$$\varphi: \mathrm{Der}_k(H) \to \varepsilon_*({}^H\mathrm{Der}_k(H)), \qquad D \mapsto (1\otimes\varepsilon D)\Delta = \bar{D}$$

は H 加群射で $D\in {}^H\mathrm{Der}_k(H)$ なら $\varphi(D)=D$ だから φ は全射である．$\sum_{i=1}^{d} c_i\bar{D}_i = 0\ (c_i\in k, 1\leqq i\leqq d)$ とすると，$\Delta(x_j)\equiv x_j\otimes 1+1\otimes x_j \pmod{\mathfrak{m}\otimes\mathfrak{m}}$ だから $0=\sum_{i=1}^{d} c_i \bar{D}_i(x_j)\equiv c_j \pmod{\mathfrak{m}}$．ゆえに，$c_j=0\ (1\leqq j\leqq d)$．すなわち，$\bar{D}_1, \cdots, \bar{D}_d$ は k 上1次独立である．したがって，$\dim_H \mathrm{Der}_k(H)=\dim_k {}^H\mathrm{Der}_k(H)$. ▌

定理 4.3.11　アフィン k 代数群 G について，$\dim G=\dim_k \boldsymbol{Lie}\, G$.

証明　G を連結としてよい．$G=\boldsymbol{M}_k(H, k)$ なるアフィン k 代数 H をとると，H は整域でその商体を K とおく．K/k は分離的に生成されるから，補題 4.3.7, 4.3.9, 4.3.10 により，

$$\dim G = \mathrm{trans.deg}_k K = \dim_K \mathrm{Der}_k(K) = \dim_H \mathrm{Der}_k(H) = \dim_k {}^H\mathrm{Der}_k(H) = \dim_k \boldsymbol{Lie}\, G.$$ ▌

$G=\boldsymbol{M}_k(H, k)$, $E=\boldsymbol{M}_k(K, k)$ を連結アフィン k 代数群とし，H, K を整域にとる．$\varphi: G\to E$ をアフィン k 群射，$u: K\to H$ を対応する k ホップ代数射とする．H の商体 $Q(H)$ が $u(K)$ の商体 $Q(u(K))$ 上分離的に生成されるとき，アフィン k 群射 φ を分離的であるという．このとき，次の定理をうる．

定理 4.3.12　G, E を連結アフィン k 代数群とし $\varphi: G\to E$ をアフィン k 群射とするとき，φ が分離的$\Leftrightarrow d\varphi: \boldsymbol{Lie}\, G\to \boldsymbol{Lie}\, E$ 全射.

証明　H, K を $G=\boldsymbol{M}_k(H, k)$, $E=\boldsymbol{M}_k(K, k)$ なる整域とする．$\varphi: G\to E$ に対応する k ホップ代数射 $u: K\to H$ が単射であるとしてよい．

$d\varphi$ は自然に H 加群射 ${}^H\mathrm{Der}_k(H)\otimes_k H\to {}^K\mathrm{Der}_k(K)\otimes_k H$ をひきおこす．したがって，H 加群射

$$\psi: \mathrm{Der}_k(H) \to \mathrm{Der}_k(K, H), \qquad D \mapsto D|_K$$

がえられる．このとき，

$$\mathrm{Ker}\,\psi = \mathrm{Der}_K(H) = \{D \in \mathrm{Der}_k(H);\ D(K)=0\}.$$

また，補題 4.2.8(ii)により $Q(K) \cap H = K$ だから，

$$\dim_H \mathrm{Der}_K(H) = \dim_{Q(H)} \mathrm{Der}_{Q(K)}(Q(H))$$

が成り立つ．$d\varphi$ が全射ならば ψ も全射で，補題 4.3.8 により $Q(H)$, $Q(K)$ は k 上分離的に生成されるから，補題 4.3.7 により

$$\begin{aligned}\dim_{Q(H)} \mathrm{Der}_{Q(K)}(Q(H)) &= \mathrm{trans.deg}_k\, Q(H) - \mathrm{trans.deg}_k\, Q(K)\\ &= \mathrm{trans.deg}_{Q(K)}\, Q(H).\end{aligned}$$

したがって，補題 4.3.7 により，$Q(H)/Q(K)$ は分離的に生成される．逆をたどって，逆も成り立つことが証明される．▌

3.3 アフィン代数群の超代数

x をアフィン k 代数群 $G = \boldsymbol{M}_k(H, k)$ の元とし，$\mathrm{Ker}\, x = \mathfrak{m}_x$ とおき，

$$\begin{aligned}D_x{}^n(H, k) &= \{\alpha \in H^*;\ \alpha(\mathfrak{m}_x{}^{n+1})=0\} = (\mathfrak{m}_x{}^{n+1})^{\perp}\\ &= (H/\mathfrak{m}_x{}^{n+1})^*\end{aligned}$$

とおく．アフィン k ホップ代数 H と $\mathfrak{m}_x$ に系 2.3.21 を適用して，$\mathfrak{m}_x{}^{n+1}$ は有限余次元イデアルだから $D_x{}^n(H, k)$ は H の双対 k 余代数 H^0 の部分 k 余代数になる．とくに，

$$\mathrm{Der}_k(H, x_*k) = \{\delta \in D_x{}^1(H, k);\ \delta(1)=0\}$$

である．実際，$\mathfrak{m}_x$ は $\{f - x(f);\ f \in H\}$ から生成され，

$$\delta((f-x(f))(g-x(g))) = \delta(fg) - x(f)\delta(g) - \delta(f)x(g) + \delta(x(fg))$$

だから，

$$\delta \in \mathrm{Der}_k(H, x_*k) \Leftrightarrow \delta(\mathfrak{m}^2) = 0, \qquad \delta(1) = 0.$$

したがって，$x = \varepsilon$(G の単位元)とおくと，

$$\boldsymbol{Lie}\, G = \mathrm{Der}_k(H, \varepsilon_* k) \cong (\mathfrak{m}_\varepsilon/\mathfrak{m}_\varepsilon{}^2)^*.$$

いま，

$$D_x(H, k) = \bigcup_{n=0}^{\infty} D_x{}^n(H, k)$$

とおくと，$D_x(H, k)$ は H^0 の部分 k 余代数である．このとき，$x, y \in G$, $\alpha \in D_x{}^n(H, k)$, $\beta \in D_y{}^m(H, k)$ ならば，α, β の H^* での積 $\alpha\beta$ は $D_{xy}{}^{n+m}(H, k)$ の元であることがたしかめられる．ゆえに，$D_\varepsilon(H, k)$ は H^0 の部分 k 双代数になる．

定理 4.3.13 H をアフィン k ホップ代数，$x \in G(H^0)$ とすると，$D_x(H, k)$ は

x を含む H^0 の既約成分 $(H^0)_x$ で

$$H^0 = \coprod_{x \in G} D_x(H, k) \qquad (k\text{ 余代数の直和})$$

かつ，$D_\varepsilon(H, k)$ は kG 加群双代数で

$$H^0 = D_\varepsilon(H, k) \sharp kG.$$

証明　$x \in D_x(H, k)$ は明らか．$D_x(H, k)$ が既約であることを示そう．C を $D_x(H, k)$ の単純部分 k 余代数とするとき，$x \in C$ を示せばよい．$C \subset (\mathfrak{m}_x{}^{n+1})^\perp$ を満たす自然数 n が存在するから，$C^{\perp(H)} \supset (\mathfrak{m}_x{}^{n+1})^{\perp\perp(H)} = \mathfrak{m}_x{}^{n+1}$．一方，$C^{\perp(H)}$ は H の極大イデアルだから $C^{\perp(H)} = \mathfrak{m}_x$．ゆえに，$C^{\perp(H)\perp} = \mathfrak{m}_x{}^\perp = kx$．したがって，$x \in C$．次に，$D_x(H, k) = (H^0)_x$ を示そう．C を $(H^0)_x$ の有限次元部分 k 余代数とすると，$\mathfrak{a} = C^{\perp(H)}$ は H の有限余次元イデアルで $\mathfrak{m}_x = (kx)^{\perp(H)} \supset C^{\perp(H)} = \mathfrak{a}$．ゆえに，$H/\mathfrak{a}$ は有限次元局所 k 代数で n を充分大きくとると，$\mathfrak{a} \supset \mathfrak{m}_x{}^{n+1}$．$C$ は有限次元だから

$$C = \mathfrak{a}^\perp \subset (\mathfrak{m}_x{}^{n+1})^\perp = D_x{}^n(H, k) \subset D_x(H, k).$$

したがって，$(H^0)_x \subset D_x(H, k)$ で $D_x(H, k)$ が既約であることから $(H^0)_x = D_x(H, k)$．H^0 は分裂余可換 k ホップ代数だから定理 2.4.7 により

$$H^0 = \coprod_{x \in G} D_x(H, k) = D_\varepsilon(H, k) \sharp kG. \qquad \blacksquare$$

既約余可換 k ホップ代数 $D_\varepsilon(H, k) = (H^0)_1$ をアフィン k 代数群 $G = \boldsymbol{M}_k(H, k)$ の超代数という．k の標数が 0 ならば定理 2.5.3 により，$(H^0)_1 = U(P(H^0)) \cong U(\boldsymbol{Lie}\, G)$ で $(H^0)_1$ は本質的に $\boldsymbol{Lie}\, G$ と同じ役割をはたす．

定理 4.3.14　k を標数 $p>0$ の完全体とし，H を有限生成可換 k ホップ代数，$\mathfrak{m} = \mathrm{Ker}\, \varepsilon$，$\hat{H} = \varprojlim_n H/\mathfrak{m}^{n+1}$ とおくと，次の条件は互いに同値である．

(i)　$\hat{H} \cong k[[x_1, \cdots, x_n]]$　(k 上の n 変数巾級数環)

(ii)　k 余代数として，$(H^0)_1 \cong B(V)$

(iii)　$\hat{H}$ が整域である．

(iv)　$\hat{H}$ が被約である．

(v)　H が被約である．

証明　$(H^0)_1 = \varinjlim_n (H/\mathfrak{m}^{n+1})^* = \varinjlim_n (\mathfrak{m}^{n+1})^\perp$ で $H/\mathfrak{m}^{n+1}$ は有限次元 k 代数だから，$(H^0)_1{}^* = \varprojlim_n H/\mathfrak{m}^{n+1} = \hat{H}$．ゆえに，余可換既約 k ホップ代数 $(H^0)_1$ に系

2.5.16を適用して，(i)-(iv)が同値であることがわかる．(ii)⇔(v)を示そう．$(H^0)_1\cong B(V)$ ならば(ii)⇒(iv)により，$\hat{H}=(H^0)_1{}^*$ は被約である．一方，Hは$\hat{H}$の中に自然に埋め込むことができるからHも被約になる．逆を証明するために，補題を準備する．

補題 4.3.15　$A\subset B$を可換k代数とし，Aが有限生成k代数，Bが有限生成A加群であるとすると，自然な埋め込み$i:A\to B$からひきおこされる双対k余代数射$i^0:B^0\to A^0$は全射である．

証明　$\mathfrak{a}$をAの有限余次元イデアルとすると，Artin-Reesの補題1.5.8により，$\mathfrak{a}^{l+1}B\cap A=\mathfrak{a}(\mathfrak{a}^lB\cap A)$を満たす自然数$l$が存在する．補題2.3.20により，$B$のイデアル$\mathfrak{b}=\mathfrak{a}^{l+1}B$は有限余次元で$\mathfrak{b}\cap A\subset\mathfrak{a}$．ゆえに，$k$線型写像$\varphi$: $B/\mathfrak{b}\to A/\mathfrak{a}$が存在する．$f\in A^0$, $\mathrm{Ker}\,f\supset\mathfrak{a}$とすると，$f$は$k$線型写像$\bar{f}:A/\mathfrak{a}\to k$をひきおこす．自然な射影を$\pi:B\to B/\mathfrak{b}$とし

$$g:B\xrightarrow{\pi}B/\mathfrak{b}\xrightarrow{\varphi}A/\mathfrak{a}\xrightarrow{\bar{f}}k$$

とおくと，$\mathrm{Ker}\,g\supset\mathfrak{b}$だから$g\in B^0$で$i^0(g)=f$となる．ゆえに，$i^0$は全射である．∎

補題 4.3.16　kを標数$p>0$の完全体とし，Aが有限生成可換k代数で被約ならば$\mathscr{V}:p_*A^0\to A^0$は全射である．

証明　kが完全体でAが被約だからFrobenius写像$\mathscr{F}:A\to p_*A$, $a\mapsto a^p$は単射．k上$\{a^p; a\in A\}$で張られるAの部分k代数を$A^{(p)}$とおくと，$\mathscr{F}$は全単射$\varphi:A\to p_*A^{(p)}$をひきおこす．$f\in A^0$に対して，

$$g:p_*A^{(p)}\xrightarrow{\varphi^{-1}}A\xrightarrow{f}k\xrightarrow{\mathscr{F}}p_*k$$

とおくと，gはk線型写像である．$\mathrm{Ker}\,f$に含まれるAの有限余次元イデアル$\mathfrak{a}$をとると，$\mathscr{F}(\mathfrak{a})$は$A^{(p)}$の有限余次元イデアルで$\mathrm{Ker}\,g\supset\mathscr{F}(\mathfrak{a})$．ゆえに，$g\in(A^{(p)})^0$．$A^{(p)}$は有限生成$k$代数で，$a\in A$は$X^p-a^p=0$を満たすから，$A$は$A^{(p)}$上整である．ゆえに，$A$は有限生成$A^{(p)}$加群，したがって，補題4.3.15により自然な埋め込み$i:A\to B$の双対k余代数射$i^0:B^0\to A^0$は全射である．そこで$i^0(h)=g$を満たす$h\in A^0$をとると，$\mathscr{V}(h)=f$である．実際，$\lambda_A:A\to A^{0*}$を自然な埋め込みとすると，

$$\lambda_A(a)^p(h)=h(a^p)=g(a^p)=\mathscr{F}(f(a))=\mathscr{F}(\lambda_A(a)(f))$$

が成り立つ．$\lambda_A(A)$ は A^{0*} の中で稠密だから，補題2.5.7により，$\mathcal{V}(h)=f$ でなければならない．したがって，$\mathcal{V}$ は全射である．▌

定理4.3.14(v)⇒(ii)の証明　H が被約ならば $\mathcal{V}_{H^0}:p_*H^0\to H^0$ は全射．H^0 は余可換だから，$H^0=\coprod_{x\in G(H^0)}(H^0)_x=(H^0)_1\oplus C$，$C=\coprod_{x\neq 1}(H^0)_x$．このとき，$\mathcal{V}_{H^0}=\mathcal{V}_{(H^0)_1}\oplus\mathcal{V}_C$ がたしかめられる．ゆえに，$\mathcal{V}_{(H^0)_1}$ も全射になる．したがって，系2.5.15により $(H^0)_1\cong B(V)$．▌

アフィン k 代数群 G の閉部分群 F の k リー代数となるような ***Lie*** G の部分 k リー代数を代数的部分 k リー代数という．***Lie*** G の任意の部分 k リー代数が代数的であるとは限らない．k の標数が0のときは代数的部分 k リー代数を k リー代数の構造で特徴づけることができる(Chevalley[1] 参照)．また，連結アフィン k 代数群の連結閉部分群と ***Lie*** G の代数的部分 k リー代数との間に束同型対応が存在する．しかし，k の標数が $p>0$ のときは，このような対応は存在せず，2つの同型でない G の連結閉部分群の k リー代数が ***Lie*** G の中で一致することもある．***Lie*** G の代りに，G の超代数 $(H^0)_1$ をとって，k の標数が $p>0$ のときも，標数0のときと類似の対応が構成できる．(竹内[15]参照．)

§4　剰　余　群

アフィン k 群 $G=\boldsymbol{M}_k(H,k)$ とその正規閉部分群 $N=\boldsymbol{M}_k(H/\mathfrak{a},k)$ があたえられたとき，剰余群 G/N にアフィン k 群の構造を定義しよう．§2で，H の部分 k ホップ代数 K に対して，$\mathfrak{a}=K^+H$ は H の正規ホップイデアルで自然な埋め込み $u:K\to H$ に対応するアフィン k 群射 $\varphi={}^a u:G=\boldsymbol{M}_k(H,k)\to E=\boldsymbol{M}_k(K,k)$ は全射かつ $\mathrm{Ker}\,\varphi=N=\boldsymbol{M}_k(H/\mathfrak{a},k)$ であることを示した．この節では逆に，H の正規ホップイデアル $\mathfrak{a}$ に対して，$K^+H=\mathfrak{a}$ を満たす H の部分 k ホップ代数 $K=K(\mathfrak{a})$ が存在し，2つの対応 $K\mapsto K^+H$，$\mathfrak{a}\mapsto K(\mathfrak{a})$ は H の正規ホップイデアルの全体の集合と H の部分 k ホップ代数の集合の間の1対1の対応をあたえることを証明する(定理4.4.7)．また，K の構成法から，$K=K(\mathfrak{a})$ は H の部分 k ホップ代数 M で $M^+H\subset\mathfrak{a}$ を満たすものの中で最大のものであることがわかる．このことから，アフィン k 群 $G=\boldsymbol{M}_k(H,k)$ の正規閉部分群 $N=\boldsymbol{M}_k(H/\mathfrak{a},k)$($\mathfrak{a}$ は H の正規根基イデアル)があたえられたとき，$K=K(\mathfrak{a})$ とおくと，自然

な埋め込み $u:K\to H$ に対応するアフィン k 群射 $\varphi={}^a u:G=\boldsymbol{M}_k(H,k)\to E=\boldsymbol{M}_k(K,k)$ は全射かつ $\mathrm{Ker}\,\varphi=N$ である．G/N をこれと同型な E と同一視して，アフィン k 群とみなし，これを G の N による**剰余群**とよぶ．G/N は次の性質をもっている．

(1)　自然な準同型 $\pi:G\to G/N$ はアフィン k 群射である．

(2)　アフィン k 群射 $\varphi:G\to G'$ が $\mathrm{Ker}\,\varphi\supset N$ を満たすならばアフィン k 群射 $\psi:G/N\to G'$ で $\varphi=\psi\circ\pi$ を満たすものがただ1つ存在する．

実際，(1)は明らかだから，(2)を示そう．$G'=\boldsymbol{M}_k(H',k)$, φ に対応する k ホップ代数射を $u:H'\to H$ とおく．$M=u(H')$ は H の部分 k ホップ代数で，H の正規ホップイデアル $\mathfrak{b}=M^+H$ をとると，$\mathrm{Ker}\,\varphi=\boldsymbol{M}_k(H/\mathfrak{b},k)$ である．$\mathrm{Ker}\,\varphi\supset N$ から $\mathfrak{b}\subset\mathfrak{a}$．ゆえに，$M^+\subset\mathfrak{a}$．$K$ はこのような H の部分 k ホップ代数の最大のものだから $M\subset K$．したがって，k ホップ代数射 $u:H'\to H$ は $H'\to K$ と自然な埋め込み $K\to H$ の結合に分解できて，(2)がえられる．

(1), (2)を満たすような G/N のアフィン k 群の構造は一意的にきまる．定理4.2.7により，G がアフィン k 代数群ならば G/N もアフィン k 代数群である．

注意　G が連結ならば，アフィン k 群射 $\pi:G\to G/N$ は分離的である．

以下，H の部分 k ホップ代数と正規ホップイデアルの対応(定理4.4.7)を証明しよう．とくにことわらない限り，k は代数的閉体でなくともよい．まず，$K(\mathfrak{a})$ を構成しよう．

H を可換 k ホップ代数，$\mathfrak{a}$ を H の正規ホップイデアルとする．自然な k ホップ代数射を $p:H\to H/\mathfrak{a}=L$ とおくと，

$$(1\otimes p)\Delta:H\to H\otimes L$$
$$(p\otimes 1)\Delta:H\to L\otimes H$$

はそれぞれ，H の右(または左) L 余加群の構造射をあたえる．このとき，

$$H^L=\{x\in H;\ (1\otimes p)\Delta(x)=x\otimes 1\},\qquad {}^L H=\{x\in H;\ (p\otimes 1)\Delta(x)=1\otimes x\}$$

はそれぞれ H の左(または右)余イデアルである．実際，

$$x\in H^L\Leftrightarrow \Delta x-x\otimes 1\in H\otimes\mathfrak{a}$$

だから，$x\in H^L$ ならば

$$(\Delta\otimes 1)(\Delta x-x\otimes 1)=\sum x_{(1)}\otimes x_{(2)}\otimes x_{(3)}-\sum x_{(1)}\otimes x_{(2)}\otimes 1\in H\otimes H\otimes\mathfrak{a}.$$

ゆえに，$\sum x_{(1)}\otimes x_{(2)}\in H\otimes H^L$．すなわち，$\Delta(H^L)\subset H\otimes H^L$．同様に，$\Delta({}^L H)$

$\subset {}^L H \otimes H$. このとき，$H^L = {}^L H$ を示そう．$\mathfrak{a}$ は正規ホップイデアルだから $x \in \mathfrak{a}$ ならば $\psi_0(x) = \sum x_{(1)} S(x_{(3)}) \otimes x_{(2)} \in H \otimes \mathfrak{a}$. ゆえに，$x \in {}^L H$ ならば，

$$(\psi_0 \otimes 1)(\varDelta x - 1 \otimes x) = \sum x_{(1)} S(x_{(3)}) \otimes x_{(2)} \otimes x_{(4)} - 1 \otimes 1 \otimes x \in H \otimes \mathfrak{a} \otimes H.$$

写像 $\omega: H \otimes \mathfrak{a} \otimes H \to H \otimes \mathfrak{a}$ を $x \otimes y \otimes z \mapsto xz \otimes y$ で定義すると，

$$\omega(\psi_0 \otimes 1)(\varDelta x - 1 \otimes x) = \sum x_{(1)} \otimes x_{(2)} - x \otimes 1 \in H \otimes \mathfrak{a}$$

すなわち，$x \in H^L$. ゆえに，${}^L H \subset H^L$. 同様にして，$H^L \subset {}^L H$ がえられるから ${}^L H = H^L$. ここで，$K(\mathfrak{a}) = H^L$ とおくと，$K(\mathfrak{a})$ は H の右かつ左余イデアルだから，H の部分 k ホップ代数である．このとき，$K = K(\mathfrak{a})$ は，$K^+ = \mathrm{Ker}\,\varepsilon \subset \mathfrak{a}$ を満たす H の最大の部分 k ホップ代数である．実際，$x \in K^+$ ならば $\varDelta x - 1 \otimes x \in H \otimes \mathfrak{a}$. ゆえに，$(\varepsilon \otimes 1)(\varDelta x - x \otimes 1) = x \in \mathfrak{a}$. したがって，$K^+ \subset \mathfrak{a}$. 一方，$M$ を $M^+ \subset \mathfrak{a}$ を満たす H の部分 k ホップ代数とすると，$x \in M$ ならば $\varDelta x - x \otimes 1 \in M \otimes M^+ \subset H \otimes \mathfrak{a}$. ゆえに，$x \in H^L = K$. すなわち，$M \subset K$ となる．

つぎに，$K(\mathfrak{a})^+ H = \mathfrak{a}$ を示そう．そのために，補題を準備する．

補題 4.4.1 C を k 余代数とし，V を右 C 余加群とする．V の任意の部分 **k 線型空間 W に対して，C の余イデアル $\mathfrak{a}$ で，W が V の部分 $C/\mathfrak{a}$ 余加群になるような最小のものが存在する．**

証明 V の右 C 余加群の構造射を $\psi: V \to V \otimes C$ とする．写像 $\bar{\psi}: V^* \otimes V \to C$ を $\bar{\psi}(f \otimes x) = \sum \langle f, x_{(0)} \rangle x_{(1)}$ で定義する．$W^\perp = (V/W)^* = \boldsymbol{Mod}_k(V/W, k)$ とおき，$\mathfrak{a} = \bar{\psi}(W^\perp \otimes W)$ とおくと，任意の $f \in C^*$ に対して，$f \rightharpoonup W \subset W \Leftrightarrow \langle W^\perp, f \rightharpoonup W \rangle = \langle f, \bar{\psi}(W^\perp \otimes W) \rangle = 0$. ゆえに，$\mathfrak{a}^\perp$ は W が部分 $\mathfrak{a}^\perp$ 加群になるような C^* の最大の部分 k 代数である．したがって，W が $C/\mathfrak{a}$ 余加群になるような C の最小の余イデアルは $\mathfrak{a}$ である．▌

補題と同じ記号で，$N(V, W) = H\mathfrak{a} + HS(\mathfrak{a})$ とおくと，$N(V, W)$ は W が V の部分 $H/N(V, W)$ 余加群になるような H の最小のホップイデアルである．V を右 C 余加群とすると，$\otimes^n V$, $\wedge^n V$ は右 C 余加群で $\otimes^n V \to \wedge^n V \to 0$ は C 余加群の完全列である．

補題 4.4.2 H を可換 k ホップ代数とし，V, V' を右 H 余加群とする．

(i) V の n 次元部分 k 線型空間 W に対して，$N(V, W) = N(\wedge^n V, \wedge^n W)$.

(ii) $W \subset V$, $W' \subset V'$ を部分 k 線型空間とし，$\dim W = \dim W' = 1$ とすると，$N(V \otimes V', W \otimes W') = N(V, W) + N(V', W')$.

証明　Hのホップイデアル$\mathfrak{a}$に対して，k線型写像

$$\rho, \sigma: V\otimes H/\mathfrak{a} \to V\otimes H/\mathfrak{a}$$

を $\rho(v\otimes h)=\sum v_{(0)}\otimes v_{(1)}h$，$\sigma(v\otimes h)=\sum v_{(0)}\otimes S(v_{(1)})h$ で定義すると，ρ, σ は互いに逆写像で ρ, σ は k 線型同型射である.

(i)　$N(V, W)\supset N(\wedge^n V, \wedge^n W)=\mathfrak{a}$ は明らか．$\wedge$ を $H/\mathfrak{a}$ 加群としての外積として，次の可換図形式を考える.

$$\begin{array}{ccc} \wedge^n(V\otimes H/\mathfrak{a}) & \xrightarrow{\wedge^n\rho} & \wedge^n(V\otimes H/\mathfrak{a}) \\ \uparrow & & \uparrow \\ \wedge^n(W\otimes H/\mathfrak{a}) & \longrightarrow & \wedge^n(W\otimes H/\mathfrak{a}) \end{array}$$

次の補題 4.4.3(i)を $\rho(W\otimes H/\mathfrak{a})$ と $W\otimes H/\mathfrak{a}$ に適用して，$\rho(W\otimes H/\mathfrak{a})=W\otimes H/\mathfrak{a}$. ゆえに，$\mathfrak{a}\supset N(V, W)$.

(ii)　$N(V, W)+N(V', W')\supset N(V\otimes V', W\otimes W')=\mathfrak{a}$ は明らか．次の可換図式を考える.

$$\begin{array}{ccc} (V\otimes H/\mathfrak{a})\otimes_{H/\mathfrak{a}}(V'\otimes H/\mathfrak{a}) & \xrightarrow{\rho\otimes\rho} & (V\otimes H/\mathfrak{a})\otimes_{H/\mathfrak{a}}(V'\otimes H/\mathfrak{a}) \\ \uparrow & & \uparrow \\ (W\otimes H/\mathfrak{a})\otimes_{H/\mathfrak{a}}(W'\otimes H/\mathfrak{a}) & \longrightarrow & (W\otimes H/\mathfrak{a})\otimes_{H/\mathfrak{a}}(W'\otimes H/\mathfrak{a}) \end{array}$$

次の補題 4.4.3(ii) を $\rho(W\otimes H/\mathfrak{a})$，$W\otimes H/\mathfrak{a}$，$V\otimes H/\mathfrak{a}$ および $\rho(W'\otimes H/\mathfrak{a})$，$W'\otimes H/\mathfrak{a}$，$V'\otimes H/\mathfrak{a}$ に適用して，$\rho(W\otimes H/\mathfrak{a})=W\otimes H/\mathfrak{a}$ かつ $\rho(W'\otimes H/\mathfrak{a})=W'\otimes H/\mathfrak{a}$ が成り立つ．ゆえに，$\mathfrak{a}\supset N(V, W)+N(V', W')$. ▌

補題 4.4.3　Rを可換環とし，V, V' を R 加群とし，W_1, W_2(または W_1', W_2')を V(または V')の直和因子とする.

(i)　W_1, W_2 が n 次元自由 R 加群のとき，$\wedge^n W_1=\wedge^n W_2 \Rightarrow W_1=W_2$.

(ii)　$W_1, W_2, W_1', W_2'\cong R$ のとき，$V\otimes_R V'$ の中で $W_1\otimes_R W_1'=W_2\otimes_R W_2' \Leftrightarrow W_1=W_2, W_1'=W_2'$.

証明　(i)　$\{e_1, \cdots, e_n\}$ を W_1 の R 上の基底とし，$V=W_2\oplus W_2''$ とする．$e_i=f_i+f_i''$ $(f_i\in W_2, f_i''\in W_2'')$ とおく．$\wedge^n V=\bigoplus_{i=1}^{n}(\wedge^i W_2)\otimes(\wedge^{n-i}W_2'')$ だから，$e_1\wedge\cdots\wedge e_n=f_1\wedge\cdots\wedge f_n$. ゆえに，$\{f_1, \cdots, f_n\}$ は W_2 の R 上の基底である．$e_1\wedge\cdots\wedge e_n$ の $(\wedge^{n-1}W_2)\otimes_R W_2''$ の成分をとると，$f_i''=0$. ゆえに，$W_1=W_2$.

(ii)　$V=W_2\oplus W_2''$，$V'=W_2'\oplus W_2'''$ とおく．e, e' を W_1, W_1' の R 上の基底とし，$e=f+f''$，$e'=f'+f'''$ とおくと，f, f' は W_2, W_2' の基底となる.

ゆえに，$f\otimes f'''=f''\otimes f'=0$．したがって，$f''=0=f'''$ となり，$W_1=W_2$，$W_1'=W_2'$．▌

補題 4.4.4　H を有限生成可換 k ホップ代数，$\mathfrak{a}$ を H のホップイデアルとすると，$\mathfrak{a}=N(V, W)$ を満たす有限次元右 H 余加群 V と V の1次元部分 k 線型空間 W が存在する．

証明　H は Δ を構造射として，右 H 余加群である．自然な射影を $p:H\to H/\mathfrak{a}$ とすると，H は $(1\otimes p)\Delta$ を構造射として右 $H/\mathfrak{a}$ 余加群で $\mathfrak{a}$ はその部分 $H/\mathfrak{a}$ 余加群になる．$\mathfrak{a}$ の有限次元部分 $H/\mathfrak{a}$ 余加群 W を適当にとって，$\mathfrak{a}=HW$ と書ける．V を W から生成される H の部分 H 余加群とする．$\mathfrak{b}$ を $\Delta W\subset W\otimes H+H\otimes\mathfrak{b}$ を満たす H のホップイデアルとすると，$(\varepsilon\otimes 1)\Delta W=W\subset\mathfrak{b}$．ゆえに，$N(V, W)=\mathfrak{a}$．補題 4.4.2 により，$n=\dim W$ とすると，$\mathfrak{a}=N(\wedge^n V, \wedge^n W)$．$V, W$ を $\wedge^n V, \wedge^n W$ にとれば求めるものである．▌

補題 4.4.5　H を可換 k ホップ代数とし，V を右 H 余加群とする．$W=kv$ を V の1次元部分 k 線型空間とし，$\mathfrak{a}=N(V, W)$ とおくと，

$$\varepsilon(g)=1, \quad \Delta g\equiv g\otimes g \pmod{H\otimes\mathfrak{a}}, \quad \phi(v)\equiv v\otimes g \pmod{V\otimes\mathfrak{a}}$$

を満たす $g\in H$ が存在する．

証明　W は1次元 $H/\mathfrak{a}$ 余加群である．$H/\mathfrak{a}$ の乗法的な元 $g' \bmod \mathfrak{a}$ で $\phi(v)\equiv v\otimes g' \pmod{V\otimes\mathfrak{a}}$ を満たすものが存在する．$\langle f, v\rangle=1$ を満たす $f\in V^*$ をとると，

$$g=\sum_{(v)}\langle f, v_{(0)}\rangle v_{(1)}\equiv g' \pmod{\mathfrak{a}}$$

$$\Delta g=\sum_{(v)}\langle f, v_{(0)}\rangle v_{(1)}\otimes v_{(2)}\equiv\sum_{(v)}\langle f, v_{(0)}\rangle v_{(1)}\otimes g'\equiv g\otimes g \pmod{H\otimes\mathfrak{a}}.$$

ゆえに，g は求める条件を満たす．▌

補題 4.4.6　k を代数的閉体とし，H を可換被約 k ホップ代数，$\mathfrak{a}$ をその正規ホップイデアルとすると，$\mathfrak{a}=N(V, W)$，$\phi(v)\equiv v\otimes 1 \pmod{V\otimes\mathfrak{a}}$ を満たす右 H 余加群 V と V の1次元部分 k 線型空間 $W=kv$ が存在する．

証明　V, W を補題 4.4.4 のようにとり，$g\in H$ を補題 4.4.5 のようにとる．補題 4.2.10 により，

$$H^*\rightharpoonup g=K^*\rightharpoonup g=kG(H^0)\rightharpoonup g.$$

一方，$x\in G(H^0)$，$y\in(H/\mathfrak{a})^*$ ならば $xyx^{-1}\in(H/\mathfrak{a})^*$．したがって，補題 4.4.5 の条件から kg は H の部分 $H/\mathfrak{a}$ 余加群で，任意の $x\in G(H^0)$ に対して，

$$(H/\mathfrak{a})^*\rightharpoonup(x\rightharpoonup g) = x\rightharpoonup((H/\mathfrak{a})^*\rightharpoonup g)\subset k(x\rightharpoonup g).$$

ゆえに，$k(x\rightharpoonup g)$ は H の部分 $H/\mathfrak{a}$ 余加群になる．$U=H^*\rightharpoonup g=kG(H^0)\rightharpoonup g$ は 1 次元部分 $H/\mathfrak{a}$ 余加群の和であらわせる．$\bar{h}\in G(H/\mathfrak{a})$ に対して，

$$U_{\bar{h}} = \{x\in U;\ \phi(x)=x\otimes\bar{h}\in U\otimes H/\mathfrak{a}\}$$

とおくと，U は $H/\mathfrak{a}$ 余加群として $U_{\bar{h}}(\bar{h}\in G(H/\mathfrak{a}))$ の直和で $U_{\bar{g}}$ は U の $H/\mathfrak{a}$ 余加群としての直和因子となる．U^* を対合射 S を通して右 H 余加群とみると，$(U_{\bar{g}})^*=(U^*)_{\bar{g}^{-1}}$．$g\in U_{\bar{g}}$ だから $U_{\bar{g}}\neq\{0\}$，$(U^*)_{\bar{g}^{-1}}$ の 0 でない元を v' とすると，$N(U^*, kv')\subset\mathfrak{a}$ だから，

$$N(V\otimes U^*, W\otimes kv')= N(V, W)+N(U^*, kv') = \mathfrak{a}.$$

したがって，$V\otimes U^*$ と $v\otimes v'$ が補題の条件を満たす．▌

定理 4.4.7 **k を代数的閉体とする．アフィン k ホップ代数 H の正規ホップイデアルと部分 k ホップ代数とは次の対応で 1 対 1 に対応する．**

$$\mathfrak{a}\mapsto K(\mathfrak{a}),\qquad K\mapsto K^+H.$$

証明 $\mathfrak{a}$ を H の正規ホップイデアルとする．右 H 余加群 V とその 1 次元部分空間 $kv=W$ とを補題 4.4.6 のようにとる．V^* を自明な H 余加群とみて，写像

$$\bar{\phi}: V^*\otimes V\to H,\qquad f\otimes v\mapsto \sum_{(v)}\langle f, v_{(0)}\rangle v_{(1)}$$

は右 H 余加群射で，

$$\bar{\phi}(W^\perp\otimes W)\subset\{x\in\mathfrak{a};\ \Delta(x)\equiv x\otimes 1\mod H\otimes\mathfrak{a}\}\subset K(\mathfrak{a})^+.$$

$N(V, W)$ の定義から $\mathfrak{a}=N(V, W)\subset K(\mathfrak{a})^+H\subset\mathfrak{a}$．ゆえに，$K(\mathfrak{a})^+H=\mathfrak{a}$ である．また，K を H の部分 k ホップ代数とし，$\mathfrak{a}=K^+H$ とおくと，補題 4.2.6 により，$\mathfrak{a}$ は正規ホップイデアルで K は $K^+\subset\mathfrak{a}$ を満たす最大の部分 k ホップ代数である．$K(\mathfrak{a})^+\subset\mathfrak{a}$ だから $K(\mathfrak{a})\subset K$．逆に，$x\in K$ ならば $p(x)=\varepsilon(x)$ だから

$$(1\otimes p)\Delta(x) = \sum_{(x)}x_{(1)}\otimes p(x_{(2)}) = \sum_{(x)}x_{(1)}\otimes\varepsilon(x_{(2)}) = x\otimes 1.$$

ゆえに，$x\in K(\mathfrak{a})$．したがって，$K(\mathfrak{a})=K$．▌

アフィン k 代数群の拡大　$\mathfrak{a}$ を可換 k ホップ代数 H の正規ホップイデアルとし，$L=H/\mathfrak{a}$ とおく．$K=K(\mathfrak{a})$ を自然な k ホップ代数射 $p:H\to L$ の**ホップ核**といい $\mathrm{HKer}\,p$ と書く．逆に，K を H の部分 k ホップ代数とし，$i:K\to H$ を自然な埋め込みとすると，$\mathfrak{a}=K^+H$ は H の正規ホップイデアルで，K は自然

な k ホップ代数射 $p:H\to H/\mathfrak{a}$ のホップ核になる．このとき，(H,i,p) を K の L による**拡大**といい，

$$0\to K\xrightarrow{i} H\xrightarrow{p} L\to 0$$

を k ホップ代数の**完全列**とよぶ．k を代数的閉体とし，H がアフィン k ホップ代数ならば K もアフィン k ホップ代数(定理 4.2.7)で，$\mathfrak{a}$ が根基イデアルならば，L もアフィン k ホップ代数になる．このとき，アフィン k 代数群の完全列

$$1\to G(L^0)\to G(H^0)\to G(K^0)\to 1$$

がえられる．(H,i,p) を K の L による拡大とするとき，k ホップ代数射(または k 代数射) $q:H\to K$ で $q\circ i=1_K$ を満たすものが存在するとき，拡大 (H,i,p) は**分裂する**(または**半分裂する**)といい，q をその**切断**という．アフィン k ホップ代数の拡大が分裂するならば，対応するアフィン k 代数群の完全列も分裂する．逆に，アフィン k 代数群の拡大が，アフィン k ホップ代数の拡大からえられることを示そう．

一般に，$F=\boldsymbol{M}_k(L,k)$，$E=\boldsymbol{M}_k(K,k)$ をアフィン k 群とする．E が F の上に自己同型として作用しているとし，その作用を $\sigma:E\times F\to F$ とおく．σ に対応する k 代数射 $\phi:L\to K\otimes L$ を構造射として，L は左 K 余加群 k 代数になる．アフィン k 多様体 $F\times E=\boldsymbol{M}_k(L\otimes K,k)$ に積の演算を

$$m_{F\times E}=(m_F\times m_E)(1\times\sigma\times 1\times 1)(1\times 1\times\tau\times 1)(1\times\delta\times 1\times 1).$$

すなわち，

$$(y,x)(y',x')=(y\sigma(x,y'),xx'),\qquad x,x'\in E,\ y,y'\in F$$

と定義すると，$F\times E$ はアフィン k 群になり，逆元は

$$s_{F\times E}=(s_F\times s_E)(\sigma\times 1)(s_F\times 1\times 1)(\tau\times 1)(1\times\delta)$$

すなわち，

$$(y,x)^{-1}=(\sigma(x^{-1},y)^{-1},x^{-1}),\qquad x\in E,\ y\in F$$

であたえられる．このアフィン k 群を F と E の σ に関する**半直積**といい $F\times_\sigma E$ と書く．F,E は $E\times_\sigma F$ の閉部分群で F は $E\times_\sigma F$ の正規部分群である．このとき，k ホップ代数 L と K の ϕ に関する半直積(第3章 2.5 参照)を $H=L\flat K$ とおくと，$F\times_\sigma E=\boldsymbol{M}_k(H,k)$ となり，(H,i,p) は K の L による拡大である．ここで，$p:H\to L$，$i:K\to H$ はそれぞれ自然な射影と埋め込みである．自然な

射影 $q:H\to K$ はこの拡大の切断で，拡大 (H,i,p) は分裂する．

$G=\boldsymbol{M}_k(H,k)$ をアフィン k 群とし，$F=\boldsymbol{M}_k(H/\mathfrak{a},k)$ を G の閉正規部分群とすると，$\mathfrak{a}$ は H の正規ホップイデアルで，$K=K(\mathfrak{a})$, $L=H/\mathfrak{a}$, $p:H\to L$, $i:K\to H$ をそれぞれ自然な射影と埋め込みとすると，(H,i,p) は K の L による拡大で，$G/F\cong E=\boldsymbol{M}_k(K,k)$．この拡大が分裂するとして，その切断を $q:H\to K$ とおく．H は $\varphi=\mu(1\otimes i)$, $\psi=(1\otimes q)\psi_0'$（写像 ψ_0' は例 4.7 で定義したもの，問 3.3 参照）を構造射として，右 K 双加群になり，$a\otimes b\mapsto ai(b)$ で定義される K 加群射 $H^K\otimes K\to H$ は k 代数の同型射になる（例 3.3 参照）．このとき，自然な射影 $p:H\to H^K$ が k ホップ代数射になるように，H^K に k ホップ代数の構造を定義して，それを L とおく．すなわち，L は k 代数として，H^K で k 余代数の構造射と対合射を

$$\varDelta_L=(p\otimes p)\varDelta_H,\qquad \varepsilon_L=\varepsilon_H|_L,\qquad S_L=p\circ S_H$$

と定義してえられる k ホップ代数である．このとき，L は，$\psi=(1\otimes q)\psi_0'$ を構造射として右 K 双加群 k ホップ代数で $H\cong L\flat K$ となる．このことは，G が F と E との半直積であらわされることに対応している．

K の L による拡大 (H,i,p) が半分裂するときは，その切断 $q:K\to H$ は k 代数射で k ホップ代数射になるとは限らない．H は $\varphi=\mu(1\otimes i)$, $\psi=(1\otimes q)\psi'$ を構造射として，右 K 双加群 k 代数で k 代数として，$H\cong L\otimes K$ である．(H,i,p), (H',i',p') を K の L による半分裂する拡大とし，q,q' をそれぞれその切断とする．k ホップ代数同型射 $u:H\to H'$ で $u\circ i=i'$, $p'\circ u=p$ を満たし，かつ k 代数射として，$q'\circ u=q$ を満たすものが存在するとき，この 2 つの拡大は同値であるという．（この関係は同値律を満たす．）$\otimes^n K=K\otimes\cdots\otimes K$（$n$ 個のテンソル積），$\otimes^0 K=k$ とおき，L を余可換とすると，$\boldsymbol{M}_k(L,\otimes^n K)$ は合成積を積として可換群である．k 加群射 $\delta^{n-1}:\boldsymbol{M}_k(L,\otimes^{n-1}K)\to\boldsymbol{M}_k(L,\otimes^n K)$ を

$$\begin{aligned}\delta^{n-1}(f)=&((1\otimes\cdots\otimes 1\otimes f)\psi)*((\varDelta\otimes 1\otimes\cdots\otimes 1)f^{-1})*((1\otimes\varDelta\otimes 1\cdots\otimes 1)f)*\\&\cdots*((1\otimes 1\cdots\otimes\varDelta)f^{\pm 1})*(f^{\mp 1}\otimes\eta_k)\end{aligned}$$

と定義すると，$\delta^n\delta^{n-1}=0$ で $Z^n(L,K)=\operatorname{Ker}\delta^n$, $B^n(L,K)=\operatorname{Im}\delta^{n-1}$ はそれぞれ $\boldsymbol{M}_k(L,\otimes^n K)$ の部分 k 線型空間で

$$H^n(L,K)=Z^n(L,K)/B^n(L,K)$$

を K 双加群 L の n 次コホモロジー群という．このとき，$H^2(L,K)$ と K の L

による半分裂する拡大の同値類とが1対1に対応する.

§5 ユニポテント群と可解群

連結線型代数群で知られているように，ユニポテントk代数群は剰余群が加法群と同型な組成列をもち，連結可解群はトーラスとユニポテント群の半直積に分解する．この節では，kホップ代数の理論を応用して，これらの性質を証明する．kは代数的閉体とする.

5.1 ユニポテント群

可換分裂既約kホップ代数Hをユニポテントkホップ代数といい，アフィンk群$G=\boldsymbol{M}_k(H,k)$をユニポテントk群という．ユニポテントk群の既約表現は自明である.

定理 4.5.1 Hをユニポテントkホップ代数とし，k代数として，有限生成整域であるとする．Kdim $H=1$ならば$H\cong k[x]$ $(x\in P(H))$. Kdim $H\geqq 1$ならば，次の性質を満たすHの部分kホップ代数KとHの元xとが存在する.

(i) Kdim $H=$Kdim $K+1$

(ii) xはK上超越的で，Hは$K[x]$上整，$q(x)=\Delta x-x\otimes 1-1\otimes x\in K^+\otimes K^+$

(iii) H/HK^+はKrull次元1の整域.

この定理から，連結ユニポテントk代数群は剰余群がG_aと同型な組成列をもつことがわかる．この定理を証明するために，補題を準備する．$R_0=k1$ (Hの余根基)，$R_n=R_0\sqcap R_{n-1}$ $(n\geqq 1)$とおくと，$\{R_n\}_{n\geq 0}$はHの余根基フィルターで

$$R_n\subset R_{n+1},\qquad H=\bigcup_{n=0}^{\infty}R_n,\qquad \Delta R_n\subset\sum_{i=0}^{n}R_i\otimes R_{n-i}$$

を満たす.

補題 4.5.2 ユニポテントkホップ代数Hがその部分kホップ代数K上代数的ならば，HはK上整である.

証明 $\{R_n\}_{n\geq 0}$をHの余根基フィルターとし，A_nをR_nから生成されるHの部分k代数とする．$L_n=A_nK$はHの部分kホップ代数で$A_0=k$，$L_0=K$

で $\bigcup_{n=0}^{\infty} L_n = H$ だから，L_n が L_{n-1} 上整であることを示せばよい．また，A_n は R_n から生成されるから，R_n の元が L_{n-1} 上整であることを示せばよい．$y \in R_n - L_{n-1}$ とし，y の L_{n-1} 上の最小多項式を

$$a_m y^m + \cdots + a_1 y + a_0 = 0 \qquad (a_i \in L_{n-1}, 0 \leqq i \leqq m, a_m \neq 0)$$

とおく．$a_m \in k$ ならば y は L_{n-1} 上整である．$a_m \notin k$ としよう．L_{n-1} の余根基フィルターを $\{C_n\}_{n\geqq 0}$ とおき，$a_m \in C_{j_0} - C_{j_0-1}$ とする．$C_0 = R_0 = k1$ だから，L_{n-1} は分裂既約で補題 2.4.13 により，$\varDelta a_m = a_m \otimes 1 + 1 \otimes a_m + s$, $s \in C_{j_0-1} \otimes C_{j_0-1}$．また，$\varDelta y = y \otimes 1 + 1 \otimes y + t$, $t \in R_{n-1} \otimes R_{n-1} \subset L_{n-1} \otimes L_{n-1}$．ゆえに，$\varDelta y \in (L_{n-1} y \otimes L_{n-1}) + (L_{n-1} \otimes L_{n-1} y) + (L_{n-1} \otimes L_{n-1})$．$\varDelta$ は k 代数射だから，

$$\varDelta y^i = (\varDelta y)^i \in \left(\sum_{j=0}^{i} L_{n-1} y^j\right) \otimes \left(\sum_{j=0}^{i} L_{n-1} y^j\right).$$

一方，$a_i \in L_{n-1}$，$\varDelta a_i \in L_{n-1} \otimes L_{n-1}$．したがって，

$$\varDelta(a_i y^i) = \varDelta a_i (\varDelta y)^i \in \left(\sum_{j=0}^{i} L_{n-1} y^j\right) \otimes \left(\sum_{j=0}^{i} L_{n-1} y^j\right)$$

$$\begin{aligned} \varDelta(a_m y^m) = {} & a_m y^m \otimes 1 + a_m \otimes y^m + y^m \otimes a_m + 1 \otimes a_m y^m \\ & + (y^m \otimes 1)s + (1 \otimes y^m)s + (a_m \otimes 1)t_1 + (1 \otimes a_m)t_1 + t_1 s. \end{aligned}$$

$f \in H^*$ を $f(C_{j_0-1}) = 0$，$f(a_m) = 1$ を満たすようにとると，

$$f \rightharpoonup a_m y^m = (1 \otimes f)\varDelta(a_m y^m) \equiv a_m f(y^m) + y^m + f(a_m y^m) \quad \left(\mathrm{mod} \sum_{j=0}^{m-1} L_{n-1} y^j\right).$$

ゆえに，

$$f \rightharpoonup (a_m y^m + \cdots + a_1 y + a_0) = y^m + v, \qquad v \in \sum_{j=0}^{m-1} L_{n-1} y^j$$

となり，y は L_{n-1} 上整である．∎

補題 4.5.3　標数 $p>0$ の体 k 上の多項式環 $k[x]$ が k ホップ代数の構造をもち，x が加法的な元ならば

$$P(k[x]) = \left\{\sum_{i=0}^{m} a_i x^{p^i};\ a_i \in k\right\}.$$

証明　$\{x^i \otimes x^j\}_{i,j\geqq 1}$ は $k[x]^+ \otimes k[x]^+$ の k 上の基底である．$g = \sum_{i,j\geqq 0} c_{ij} x^i \otimes x^j \in k[x] \otimes k[x]$ に対して，$\mathrm{ht}(g) = \max\{i+j;\ c_{ij} \neq 0\}$ とおく．$z = \sum_{i=0}^{m} a_i x^i \in P(k[x])$ とし，$a_m \neq 0$ で m が p 巾でないとしよう．$q(z) = \varDelta z - z \otimes 1 - 1 \otimes z = 0 \Leftrightarrow z \in P(k[x])$．一方，$q(z^p) = \varDelta z^p - z^p \otimes 1 - 1 \otimes z^p = (\varDelta z)^p - (z \otimes 1)^p - (1 \otimes z)^p = q(z)^p$．

ゆえに，$q(z^{p^i})=q(z)^{p^i}$．$x\in P(k[x])$ だから $x^{p^i}\in P(k[x])$．したがって，z から x の p 巾の項を除いた元も加法的．ゆえに，i が p 巾ならば $a_i=0$ としてよい．また，$\varepsilon(z)=0$ だから $a_0=0$．$\mathrm{ht}(q(z))=m$ を示そう．このとき，$z\in P(k[x])=\mathrm{Ker}\,q$ により $m=0$ すなわち，$z=0$ がえられる．

$\mathrm{ht}(q(z-a_mx^m))<m$ だから $\mathrm{ht}(q(z))=m\Leftrightarrow\mathrm{ht}(q(x^m))=m$．$m=p^uv$，$(p,v)=1$ とおくと，仮定から $v\neq1$ で $v=ps+r\,(0<r<p)$ と書ける．ゆえに，$q(x^m)=q((x^v)^{p^u})=(x^{sp})^{p^u}\otimes(x^r)^{p^u}+t$．ここで，$t\in k[x]^+\otimes k[x]^+$ で第1項とは異なる基底の元の1次結合である．したがって，$\mathrm{ht}(q(x^m))=(sp)p^u+rp^u=m$．▌

k を標数 $p>0$ の体とし，H をユニポテント k 代数で整域，$x\in H$ を H の部分 k ホップ代数 K 上超越的な元で，$q(x)\in K^+\otimes K^+$ とする．$\{b_i\}_{i\in I}$ を K の k 上の基底とすると，$\{b_ix^j\otimes b_{i'}x^{j'}\}$ は $K[x]\otimes K[x]$ の k 上の基底になる．$g=\sum c_{ii'jj'}b_ix^j\otimes b_{i'}x^{j'}\in K[x]\otimes K[x]\,(c_{ii'jj'}\in k)$ のとき，$\mathrm{ht}(g)=\max\{j+j';\ c_{ii'jj'}\neq0\}$ とおくと，次の補題が成り立つ．

補題 4.5.4　$z=\sum_{i=0}^{m}c_ix^i\in K[x]$，$c_i\in K$，$c_m\neq0$ とすると，

(i)　$\mathrm{ht}(q(z))\leqq m$

(ii)　$\mathrm{ht}(q(z))<m\Leftrightarrow m=p^j,\quad c_m\in k.$

証明　(i)　$q(x^i)\in\left(\sum_{j=0}^{i}Kx^{i-j}\otimes Kx^j\right)+\sum_{j+j'<i}Kx^j\otimes Kx^{j'}$ ゆえに，$\mathrm{ht}(q(x^i))\leqq i$ かつ $\mathrm{ht}(q(z))\leqq m$．

(ii)　$c_m\in k$ ならば補題 4.5.3 の証明と同様にして，m が p 巾でなければ $\mathrm{ht}(q(z))=m$．$c_m\notin k$ のとき，H の余根基フィルターを $\{R_m\}_{m\geqq0}$ とし，$c_m\in R_j-R_{j-1}$ とする．このとき，

$$q(c_mx^m)=c_m\otimes x^m+\sum e_i\otimes e_i'x^m+t,\qquad e_i,e_i'\in R_{j-1},$$

t は $b_i\otimes x^m$ なる項を含まない．

一方，$c_m\in R_j-R_{j-1}$，$e_i,e_i'\in R_{j-1}$ だから $c_m\otimes x^m+\sum e_i\otimes e_i'x^m\neq0$．ゆえに，$\mathrm{ht}(q(c_mx^m))=m$．▌

補題 4.5.5　H をユニポテント k ホップ代数で整域とする．$w\in H$，$q(w)\in K[x]^+\otimes K[x]^+$，$z=\sum_{i=0}^{n}c_iw^{p^i}$，$c_i\in k$，$c_n\neq0$，ならば $\mathrm{ht}(q(z))=\mathrm{ht}(q(w))p^n$．

証明　$q(w)=\sum_{j+j'=\mathrm{ht}(q(w))}a_{iji'j'}b_ix^j\otimes b_{i'}x^{j'}+t,\qquad \mathrm{ht}(t)<\mathrm{ht}(q(w))$

とおくと，

$$q(z)=\sum_{l=0}^{n}c_l q(w)^{p^l}=\sum_{l=0}^{n}c_l\sum(a_{iji'j'}b_ix^j\otimes b_{i'}x^{j'})^{p^l}+c_lt^{p^l}$$
$$=c_n(\sum_{j+j'=\mathrm{ht}(q(w))}a_{iji'j'}b_ix^j\otimes b_{i'}x^{j'})^{p^n}+s,\qquad \mathrm{ht}(s)<\mathrm{ht}(q(w))p^n.$$

Hは巾零元をもたず，kが代数的閉体(完全体)だから，$\mathrm{ht}(q(z))=\mathrm{ht}(q(w))p^n$. ▮

定理 4.5.6 $H=k[x_1,\cdots,x_n]$をkホップ代数で整域とする．$x_i\in P(H)$ ($1\leqq i\leqq n$)，$\mathrm{Kdim}\,H=1$ならば$x\in P(H)$を適当にとって，$H=k[x]$となる．

証明 $H=k[x_1,x_2]$としてよい．$\mathrm{Kdim}\,H=1$だから，x_1はk上超越的，x_2は$k[x_1]$上代数的であるとしてよい．補題 4.5.2 から，x_2は$k[x_1]$上整で，$H/k[x_1]^+H$は有限次元k線型空間．ゆえに，

$$z=x_2{}^{p^m}+a_{m-1}x_2{}^{p^{m-1}}+\cdots+a_1x_2{}^p+a_0x_2\in k[x_1]^+H$$

を満たす$a_i\in k$ ($0\leqq i\leqq m-1$)が存在する．$q(z)=\sum_{i=0}^{m}a_iq(x_2)^{p^i}$ ($a_m=1$)だから，$q(z)\in k[x_1]^+\otimes k[x_1]^+$．ゆえに，$k[x_1,z]$は$H$の部分$k$ホップ代数で，$k[x_1,z]^+H=k[x_1]^+H$. 定理 4.4.7 から$k[x_1,z]=k[x_1]$．$z\in P(k[x_1])$だから，補題 4.5.3 により，$z=\sum_{i=0}^{n}b_ix^{p^i}$ ($b_i\in k, 0\leqq i\leqq n$)と書ける．したがって，

$$x_2{}^{p^m}+\sum_{j=0}^{m-1}a_jx_2{}^{p^j}=\sum_{i=0}^{n}b_ix_1{}^{p^i}\qquad (a_j,b_i\in k).$$

ここで，$H=k[x,y]$が$x,y\in P(H)$ ($x,y\neq 0$)でかつ

$$(*)\qquad \sum_{i=0}^{n_0}c_iy^{p^i}=\sum_{j=0}^{m_0}d_jx^{p^j}$$

を満たすとき，このようなx,yでm_0+n_0が可能な最小数になるものを選ぶ．$n_0=m_0=0$ならば$H=k[x]$．$0\neq n_0\geqq m_0$とする．Hは整域だから，d_jがすべて0になることはない．(*)の両辺に，

$$-\sum_{i=0}^{m_0}d_i((c_{n_0}/d_{m_0})^{p^{-m_0}}y^{p^{(n_0-m_0)}})^{p^i}$$

を加えると，$H=k[x-(c_{n_0}/d_{m_0})^{p^{-m_0}}y^{p^{(n_0-m_0)}},y]$について，$n_0+m_0-1$個の項をもつ(*)のような等式がえられる．これは$x,y$の選び方に矛盾するから$x=(c_{n_0}/d_{m_0})^{p^{-m_0}}y^{p^{(n_0-m_0)}}$．ゆえに，$H=k[y]$. ▮

次に，定理 4.5.1 の前半を証明しよう．(この部分はkが完全体であれば成り立つ.)

Hをユニポテントkホップ代数で有限生成整域とする．kが完全体で，$\mathrm{Kdim}\,H=1$ならば$H=k[x]$，$x\in P(H)$であることを示す．

$P(H)$ から生成される H の部分 k ホップ代数を K とおく．H が有限生成 k 代数だから，定理4.2.7により，K は有限生成 k 代数である．定理4.5.6により $K=k[x]$，$x\in P(K)$．このとき，$k[x]=H$ となることを証明しよう．H の余根基フィルターを $\{R_n\}_{n\geqq 0}$ とし，R_n から生成される H の部分 k 代数を A_n とおき，$E_n=k[x]A_n$ とおく．$E_1=k[x]$，$H=E_1$ を示すには，各 E_n について $E_n=E_1$ を示せばよい．n に関する帰納法で $E_{j-1}=E_1$ ならば $E_j=E_1$ を証明しよう．$E_{j-1}=E_1$ として，$y\in R_j^+-R_1$ のとき，$y\in E_1$ を証明するのがこれからの目標である．$E_1\neq k$ だから $E_1^+\cap P(E_1)\neq\{0\}$．実際，もし，$E_1^+\cap P(E_1)=\{0\}$ ならば自然な射影 $\pi: E_1\to E_1/E_1^+$ の $P(E_1)$ への制限は単射．定理2.4.11から π も単射となり，$E_1\neq k$ に矛盾する．したがって，$\mathrm{Kdim}\, E_1=1$ で，H は E_1 上整である．$H/k[x]^+H$ は有限次元 k 線型空間だから，$z=\sum_{i=0}^{s}a_iy^{p^i}\in k[x]^+H$ を満たす $a_i\in k\ (0\leqq i\leqq s)$ が存在する．$y\in R_j$，$R_{j-1}\subset k[x]$，$q(y)\in k[x]^+\otimes k[x]^+$ だから，$K=k[x]+ky+ky^p+\cdots+ky^{p^s}$ とおくと，$q(K)\subset k[x]^+\otimes k[x]^+$．$g=\sum c_{ij}x^i\otimes x^j\in k[x]\otimes k[x]\ (c_{ij}\in k)$ に対して，$\mathrm{ht}(g)=\max\{i+j;\ c_{ij}\neq 0\}$ と定義すると，任意の $z\in K$ について，$\mathrm{ht}(q(z))=0\Leftrightarrow z\in P(H)$．また，$k[x]^+H=k[x,z]^+H$ だから，定理4.4.7により，$k[x]=k[x,z]$．

いま，$k[x,w]=k[x,y]$ でかつ

$$(**)\qquad z=\sum_{i=0}^{n}c_iw^{p^i}=\sum_{j=0}^{m}d_jx^j,\qquad (c_i,d_j\in k)$$

を満たす $w\in K$ の中で，$n+m$ が可能な最小数になるものを選ぶ．$n=0$ または $w\in P(H)$ ならば $w\in k[x]$．ゆえに，$n\neq 0$，$w\notin P(H)$ と仮定する．このとき，$\mathrm{ht}(q(w))\neq 0$．補題4.5.5から $\mathrm{ht}(q(z))=\mathrm{ht}(q(w))p^n$．一方，$\mathrm{ht}(q(z))\leqq m$ ゆえに，$\mathrm{ht}(q(w))p^n\leqq m$．$\mathrm{ht}(q(z))<m$ ならば補題4.5.4により，$m=p^j\ (j\geqq n)$．また，$\mathrm{ht}(q(z))=m$ ならば m は p^n で割り切れる．したがって，いずれの場合も m は p^n で割り切れる．(**)の両辺に，

$$-\sum_{i=0}^{n}c_i((d_m/c_n)^{p^{-n}}x^{mp^{-n}})^{p^i}$$

を加えると，

$$\sum_{i=0}^{n}c_i(w-(d_m/c_n)^{p^{-n}}x^{mp^{-n}})^{p^i}=\sum_{i=0}^{m-1}d_i'x^i,\qquad (d_i'\in k,\ 0\leqq i\leqq m-1).$$

ゆえに，w の代りに，$w'=w-(d_m/c_n)^{p^{-n}}x^{mp^{-n}}$ をとると，$k[x,w']=k[x,y]$

で $w'\in K$ は $m+n-1$ 個の項をもつ(**)と同様の等式を満たす．これは w のとり方に矛盾する．したがって，$w\in P(H)$ または $n=0$．すなわち，$w\in k[x]$ となり，$k[x,y]=k[x]$． ▮

次に，定理 4.5.1 の後半を証明しよう．

H をユニポテント k ホップ代数で有限生成整域，$\mathrm{Kdim}\,H\geqq 1$ だとすると，次の性質を満たす H の部分 k ホップ代数 K と H の元 x が存在することを示す．

(i)　$\mathrm{Kdim}\,H=\mathrm{Kdim}\,K+1$

(ii)　x は K 上超越的で，$q(x)\in K[x]^+\otimes K[x]^+$

(iii)　H は $K[x]$ 上整．

(iv)　H/K^+H は Krull 次元 1 の整域．

$\{R_n\}_{n\geqq 0}$ を H の余根基フィルターとし，A_n を R_n から生成される H の部分 k ホップ代数とする．$\mathrm{Kdim}\,A_{j-1}<\mathrm{Kdim}\,H$, $\mathrm{Kdim}\,A_j=\mathrm{Kdim}\,H$ となる j をとる．H は A_j 上整である．$m_j=\mathrm{Kdim}\,A_j-\mathrm{Kdim}\,A_{j-1}$ とおき，$y_1,\cdots,y_{m_j}\in R_j$ を A_j が $A_{j-1}[y_1,\cdots,y_{m_j}]$ 上整であるようにとる(定理 1.5.3 参照)．$B_1=A_{j-1}[y_1,\cdots,y_{m_j-1}]$ は H の部分 k ホップ代数で，H は $B_1[y_{m_j}]$ 上整，$q(y_{m_j})\in B_1\otimes B_1$．ここで，$\overline{H}=H/B_1{}^+H$ は一般に整域になるとは限らない．そこで，B_1 を定理の条件を満たすように拡大することを考えよう．$\overline{\overline{H}}=\overline{H}/\pi_0(\overline{H})^+\overline{H}$ は整域である．自然な射影を $\rho:H\to\overline{\overline{H}}$ とし，$\mathrm{Ker}\,\rho=\mathfrak{a}$ とおく．$\mathfrak{a}=K^+H$ となる H の部分 k ホップ代数 K をとる(定理 4.4.7 参照)．K と $x=y_{m_j}$ とが定理の条件を満たすことを示そう．H/K^+H は整域である．H は $K[x]$ 上整だから，H/K^+H は $k[\rho(x)]$ 上整．ゆえに，$\mathrm{Kdim}\,H/K^+H\leqq 1$．もし，$\mathrm{Kdim}\,(H/K^+H)=0$ ならば，H/K^+H は有限次元 k 線型空間である．ゆえに，$z=\sum_{i=0}^{n}a_ix^{p^i}\in K^+H$．定理 4.5.6 の証明と同様にして，$z\in K^+$．したがって，$z^{p^s}\in B_1$ を満たす自然数 s が存在する．これは x が B_1 上超越的であることに反する．ゆえに，$\mathrm{Kdim}\,H/K^+H=1$．H は $K[x]$ 上整だから，もし x が K 上代数的ならば $\mathrm{Kdim}\,(H/K^+H)=0$．したがって，$x$ は K 上超越的で $\mathrm{Kdim}\,K<\mathrm{Kdim}\,H$．一方，$B_1\subset K$ だから $\mathrm{Kdim}\,K=\mathrm{Kdim}\,H-1$．これで定理 4.5.1 の証明ができた．

5.2　可解群の分解定理

H を可換分裂 k ホップ代数とすると，アフィン k 群 $G=\boldsymbol{M}_k(H,k)$ の既約表現はすべて 1 次元である．このようなアフィン k 群を**線型的可解群**という．ここでは，次の定理の証明を目標にする．

定理 4.5.7　H を可換分裂 k ホップ代数とすると，$H=\mathfrak{a}\oplus \mathrm{corad}\, H$ になるようなホップイデアル $\mathfrak{a}$ が存在する．

系 4.5.8　H を可換分裂 k ホップ代数とし，$R=\mathrm{corad}\, H$ とおくと，R は H の対角化可能部分 k ホップ代数，$L=H/R^+H$ はユニポテント k ホップ代数である．$i:R\to H$, $p:H\to L$ をそれぞれ自然な埋め込み，自然な射影とすると，R の L による拡大 (H,i,p) は分裂する．——

系 4.5.8 から連結可解 k 代数群は対角化可能 k 群とユニポテント k 群の半直積に分解することがわかる．まず，定理 4.5.7 から系 4.5.8 がみちびかれることを示そう．$R=kG(H)=kG(R)$ だから，R は H の部分 k ホップ代数で対角化可能である．したがって，L が既約であることを示せばよい．$S=\mathrm{corad}\, L$ とおくと，k ホップ代数の可換図式

$$\begin{array}{ccc} H & \xrightarrow{p} & L \\ {\scriptstyle r}\downarrow & & \downarrow{\scriptstyle s} \\ R & \xrightarrow{q} & S \end{array}$$

がえられる．定理 4.5.7 から k ホップ代数の単射 $i:R\to H$, $j:S\to L$ で $r\circ i=1_R$, $s\circ j=1_S$ を満たすものが存在する．$R=k1\oplus R^+$, $\mathrm{Ker}\, p=R^+H$ で $s\circ p$ が全射だから，$S=s\circ p(H)=k1$．ゆえに，L は既約である．このとき前節でみたように，$H\cong R\flat L$ (余半直積) となる．

定理 4.5.7 の証明　H のホップイデアル $\mathfrak{a}$ で，(1) $R\cap\mathfrak{a}=\{0\}$, (2) $\mathfrak{a}+R$ は H の部分 k ホップ代数，(3) $\mathfrak{a}$ は $\mathfrak{a}+R$ のホップイデアル　を満たしているものの全体の集合を $\mathscr{I}$ とおく．包含関係で $\mathscr{I}$ は順序集合で $\{0\}\in\mathscr{I}$ だから $\mathscr{I}\neq\phi$．このとき，$\mathscr{I}$ に Zorn の補題が適用できて，$\mathscr{I}$ には極大元が存在する．その1つを $\mathfrak{a}$ とし，$K=\mathfrak{a}+R$ とおくと，$K=H$ となることを示そう．H の余根基フィルターを $\{R_n\}_{n\geq 0}$ とおく．$K\subsetneqq H$ と仮定すると，$R_{j-1}\subset K$, $R_j\not\subset K$ を満たす自然数 j が存在する．定理 2.3.11 により，H は k 余代数としての分解ができて，H の余イデアル $\mathfrak{b}\supset\mathfrak{a}$ で $H=\mathfrak{b}\oplus R$ となるものが存在する．$G=G(H)$, $\mathfrak{b}_i=\mathfrak{b}\cap R_i$, $\mathfrak{a}_i=\mathfrak{a}\cap R_i$ とおくと，

$$R_i=\sum_{(g,h)\in G\times G} e_g\rightharpoonup R_i\leftharpoonup e_h=\sum_{(g,h)\in G\times G}(e_g\rightharpoonup R\leftharpoonup e_h)\oplus(e_g\rightharpoonup \mathfrak{b}_i\leftharpoonup e_h).$$

ゆえに，j のとり方から，或る $(g,h)\in G\times G$ を適当にとって，$x\in(e_g\rightharpoonup\mathfrak{b}_j\leftharpoonup e_h)$

かつ $x\notin K$ なる H の元 x がとれる．このとき，

$$\Delta x = x\otimes g+h\otimes x+t, \quad t\in \mathfrak{a}_{j-1}\otimes\mathfrak{a}_{j-1}$$

となる．実際，$\sum_{i=0}^{j}R_{j-i}\otimes R_i=R_j\otimes R+R\otimes\mathfrak{b}_j+\sum_{i=1}^{j-1}\mathfrak{b}_{j-i}\otimes\mathfrak{b}_i\subset R_j\otimes R+R\otimes\mathfrak{b}_j+\mathfrak{b}_{j-1}\otimes\mathfrak{b}_{j-1}$．ゆえに，$\Delta x=\sum x_i\otimes g_i+\sum h_i\otimes x_i'+t\,(t\in\mathfrak{b}_{j-1}\otimes\mathfrak{b}_{j-1}, g_i, h_i\in G)$ と書ける．一方，$R_{j-1}\subset K$ だから，$\mathfrak{b}_{j-1}\subset\mathfrak{b}_{j-1}\cap K=\mathfrak{a}_{j-1}$．したがって，$t\in\mathfrak{a}_{j-1}\otimes\mathfrak{a}_{j-1}$．また，$e_{g'}e_{h'}=\delta_{g'h'}e_{g'}\,(g', h'\in G)$ だから，$g_i\neq g$ ならば $0=e_{g_i}e_g\rightharpoonup x=e_{g_i}\rightharpoonup(e_g\rightharpoonup x)=e_{g_i}\rightharpoonup x=x_i$．同様にして，$x_i'\neq x$ ならば $x_i'=0$．ゆえに，$\Delta x=x\otimes g+h\otimes x+t$．さらに，$\mathfrak{a}$ は K のイデアルで $h^{-1}\in K$ だから $h^{-1}\mathfrak{a}_{j-1}\subset R_{j-1}\cap\mathfrak{a}=\mathfrak{a}_{j-1}$．ゆえに，$\Delta h^{-1}x=h^{-1}x\otimes h^{-1}g+1\otimes h^{-1}x+(h^{-1}\otimes h^{-1})t$．したがって，$x$ を $h^{-1}x$ におきかえて，

$$\Delta x = x\otimes g+1\otimes x+t, \quad t\in \mathfrak{a}_{j-1}\otimes\mathfrak{a}_{j-1}$$

としてよい．

補題 4.5.9 $\Delta x=x\otimes g+1\otimes x+t$, $t\in\mathfrak{a}_{j-1}\otimes\mathfrak{a}_{j-1}$ のとき，

(i) $K[x]$ は H の部分 k ホップ代数である．

(ii) x が K 上代数的ならば，x は K 上整である．

証明 (i) $K+kx$ は部分 k 余代数で，$\Delta K[x]\subset K[x]\otimes K[x]$．$0=\varepsilon(x)=\mu(S\otimes 1)\Delta x=S(x)g+x+\mu(S\otimes 1)t$．ゆえに，$S(x)=-g^{-1}x-g^{-1}\mu(S\otimes 1)t\in K[x]$．したがって，$K[x]$ は Δ, S に関して閉じている．すなわち，$K[x]$ は部分 k ホップ代数である．

(ii) $f(X)=\sum_{i=0}^{n}a_iX^i\in K[X]$ を x を根にもつ最小次数の多項式とする．K の余根基フィルターを $\{R_n'\}_{n\geq 0}$ とすると，$a_n\in R_s'-R_{s-1}'$ を満たす自然数 s が存在する．$\Delta a_n\in\sum_{i=0}^{s}R'_{s-i}\otimes R_i'$ だから，$\Delta a_n=\sum_{i=1}^{m}b_i\otimes c_i+r$, $r\in R_s'\otimes R'_{s-1}$, $\{c_i\}_{1\leq i\leq m}$ は R'_{s-1} 上 1 次独立，$b_i\in R$, $b_i\neq 0$ と書ける．任意の $h\in G$ と i について，$hR_i'=R_i'$ だから $\{g^nc_i\}_{1\leq i\leq m}$ は R'_{s-1} 上 1 次独立である．一方，

$$\Delta(a_nx^n) = \Delta a_n(\Delta x)^n \in\left(\sum_{i=0}^{s}R'_{s-i}\otimes R_i'\right)\left(x^n\otimes g^n+1\otimes x^n+\cdots\right).$$

ゆえに，$f_1\in H^*$ を $f_1(R'_{s-1})=0$, $f_1(g^nc_i)=\delta_{1i}$ を満たすようにとると，

$$0 = f_1\rightharpoonup 0 = f_1\rightharpoonup\left(\sum_{i=0}^{n}a_ix^i\right) = b_1x^n+t_1, \quad t_1\in\sum_{i=0}^{n-1}Kx^i.$$

さらに，$b_1=\sum d_ig_i\,(d_i\in k, g_i\in G)$ とおき，$f_2\in H^*$ を $f_2(d_ig_ig^n)=\delta_{1i}$ を満たすよ

うにとると，

$$0 = f_2 \rightharpoonup 0 = f_2 \rightharpoonup (b_1 x^n + t_1) = x^n + t_2, \qquad t_2 \in \sum_{i=0}^{n-1} K x^i.$$

したがって，x は K 上整である．▌

さて，2つの場合に分けて $H=K$ を証明しよう．

(1) x が K 上超越的のとき，$K[x]=R\oplus\left(\mathfrak{a}+\sum_{i=1}^{\infty} Kx^i\right)$．$\mathfrak{a}+\sum_{i=1}^{\infty} Kx^i=\mathfrak{c}$ とおくと，$\mathfrak{c}$ は $K[x]$ のイデアルで余イデアル $\mathfrak{a}+kx$ から生成されるから，$\mathfrak{c}$ は余イデアルでもある．$S(x)=-g^{-1}x-g^{-1}\mu(S\otimes 1)t\in\mathfrak{a}$．ゆえに，$S(\mathfrak{c})\subset\mathfrak{c}$．また $\varepsilon(\mathfrak{c})=0$．したがって，$\mathfrak{c}$ はホップイデアルである．一方，$\mathfrak{a}\subsetneqq\mathfrak{c}$．これは $\mathfrak{a}$ の極大性に矛盾する．ゆえに，$K=H$.

(2) x が K 上代数的のとき，$K[x]=K\oplus Kx\oplus\cdots\oplus Kx^{n-1}$ とおく．$\mathfrak{a}K[x]=\mathfrak{a}\oplus\mathfrak{a}x\oplus\cdots\oplus\mathfrak{a}x^{n-1}$ で $\mathfrak{a}$ は K のホップイデアルだから $\mathfrak{a}[x]$ は $K[x]$ のホップイデアルである．x は K 上整だから，

$$x^n + \sum_{i=0}^{n-1} a_i x^i + \sum_{i=0}^{n-1} a_i' x^i = 0, \qquad a_i \in R,\ a_i' \in \mathfrak{a}$$

と書ける．$K[x]/\mathfrak{a}[x]$ の x を含む同値類を $\bar{x}$ とおくと，

$$K[x]/\mathfrak{a}[x] = K/\mathfrak{a}\oplus(K/\mathfrak{a})\bar{x}\oplus\cdots\oplus(K/\mathfrak{a})\bar{x}^{n-1} \cong R[\bar{x}].$$

このとき，

$$\varDelta\bar{x} = \bar{x}\otimes g + 1\otimes\bar{x}, \qquad \bar{x}^n + \sum_{i=0}^{n-1} a_i \bar{x}^i = 0.$$

$f\in(R[\bar{x}])^*$ を $f\left(\sum_{i=1}^{n-1} R\bar{x}^i\right)=0$ で $h\in G$ のとき $f(h)=\delta_{1h}$ を満たすようにとると，

$$0 = \left(\bar{x}^n + \sum_{i=0}^{n-1} a_i \bar{x}^i\right) \leftharpoonup f = \bar{x}^n + f(\bar{x}^n)g^n + \sum_{i<n} f(a_i)\bar{x}^i + f(a_0).$$

右辺に ε を作用させると，$\varepsilon(\bar{x})=0$，$\varepsilon(g^i)=1$ だから，$f(\bar{x}^n)=-f(a_0)$．$a=f(a_0)$ とおくと，

$$(***) \qquad \bar{x}^n + \sum_{i=0}^{n-1} f(a_i)\bar{x}^i = a(1-g^n).$$

k の標数が 0 ならば，(***) の両辺に $\varDelta$ を作用させた式から $\{\bar{x}^i\otimes\bar{x}^j\}_{1\leq i,j\leq n-1}$ が R 上1次従属であることがわかる．これは $\bar{x},\cdots,\bar{x}^{n-1}$ が R 上1次独立であることに矛盾する．したがって，x は K 上超越的でなければならず (1) に帰着する．k の標数が $p>0$ ならば，同様の理由で，$f(a_i)\neq 0$ ならば i は p 巾でなけ

ればならない．ゆえに $n=p^m$ として，(∗∗∗)は

$$\bar{x}^{p^m}+\sum_{i=0}^{m-1} f(a_i)\bar{x}^{p^i}=a(1-g^{p^m})$$

となる．$f_1\in(R[\bar{x}])^*$ を $f_1\left(\sum_{i=1}^{n-1} R\bar{x}^i\right)=0$，$h\in G$ のとき，$f_1(h)=\delta_{g^{p^m},h}$ を満たすようにとると，

$$\begin{aligned}0=f_1\rightharpoonup 0&=f_1\rightharpoonup\left(\bar{x}^{p^m}+\sum_{i=0}^{m-1} f(a_i)\bar{x}^{p^i}-a(1-g^{p^m})\right)\\&=\bar{x}^{p^m}+\sum_{i=0}^{m-1} f_1(g^{p^i})f(a_i)\bar{x}^{p^i}-a+ag^{p^m}.\end{aligned}$$

f_1 のとり方から $f(a_i)\neq 0$ ならば $g^{p^i}=g^{p^m}$ としてよい．k が代数的閉体だから $b^{p^m}+\sum_{i=0}^{m-1} f(a_i)b^{p^i}=a$ を満たす $b\in k$ が存在する．ここで $u=b-bg$ とおくと，

$$(\bar{x}-u+u)^{p^m}+\sum_{i=0}^{m-1} f(a_i)(\bar{x}-u+u)^{p^i}=a(1-g^{p^m}).$$

ゆえに，

$$\begin{aligned}(\bar{x}-u)^{p^m}+\sum_{i=0}^{m-1} f(a_i)(\bar{x}-u)^{p^i}=0 &\Leftrightarrow u^{p^m}+\sum_{i=0}^{m-1} f(a_i)u^{p^i}=a(1-g^{p^m})\\&\Leftrightarrow (b-bg)^{p^m}+\sum_{i=0}^{m-1} f(a_i)(b^{p^i}-b^{p^i}g^{p^i})=a(1-g^{p^m})\\&\Leftrightarrow b^{p^m}+\sum_{i=0}^{m-1} f(a_i)b^{p^i}=a.\end{aligned}$$

したがって，

$$(x-u)^{p^m}+\sum_{i=0}^{m-1} f(a_i)(x-u)^{p^i}\in\mathfrak{a}[x-u].$$

一方，

$$\begin{aligned}\Delta(x-u)&=x\otimes g+1\otimes x+t-1\otimes b+bg\otimes g\\&=(x-b+bg)\otimes g+1\otimes(x-b+bg)+t\\&=(x-u)\otimes g+1\otimes(x-u)+t.\end{aligned}$$

ゆえに，x を $x-u$ におきかえて，$\mathfrak{a}+kx$ は K の余イデアルである．$\mathfrak{b}=\mathfrak{a}\oplus Kx\oplus Kx^2\cdots\oplus Kx^{p^m-1}$ は K の余イデアルで，$K[x]=R\oplus Kx\oplus Kx^2\cdots\oplus Kx^{p^m-1}=R+\mathfrak{b}$．また，$x^{p^m}+\sum_{i=0}^{m-1} f(a_i)x^{p^i}\in\mathfrak{b}$ だから，$x^{p^m}\in\mathfrak{a}\mathfrak{b}\subset\mathfrak{b}$ で $\mathfrak{b}$ はホップイデアルになる．これは，$\mathfrak{a}$ の極大性に矛盾する．ゆえに $K=H$．∎

§6　完全可約群

H が余半単純アフィン k ホップ代数のとき，アフィン k 代数群 $G=\boldsymbol{M}_k(H,k)$ を完全可約群という．完全可約群は任意の表現が完全可約であるようなアフィン k 代数群である．

体 k の標数が 0 のとき，完全可約群はトーラスと半単純群の半直積に分解し，一般の連結アフィン k 代数群はユニポテント群と完全可約群の半直積に分解する．標数 $p>0$ のときは，全く事情が異なり，連結完全可約群はトーラスになる(永田の定理)．ここでは，この定理の Sweedler による証明を紹介する．

定理 4.6.1　(i)　k の標数を 0 とする．アフィン k ホップ代数 H の余根基 R は H の部分 k ホップ代数である．

(ii)　(i) と同じ記号で，$L=H/R^+H$ は既約 k ホップ代数で，k ホップ代数の完全列 $0\to R\overset{i}{\to}H\overset{p}{\to}L\to 0$ は分裂する．

この定理の詳しい証明は省略する．補題 4.2.10 により，$G=\boldsymbol{M}_k(H,k)$ は H^* の中で稠密だから，右 H 余加群すなわち，有理的左 H^* 加群は G 加群とみてよい．k の標数が 0 だから，M_1, M_2 を完全可約 G 加群とすると，$M_1\otimes M_2$ も完全可約 G 加群である(たとえば，Hochschild[4] 定理 12.2 参照)．D_1, D_2 を H の単純部分 k 余代数とすると，定理 3.1.4 から $D_i=C(M_i)$ $(i=1,2)$ を満たす単純 G 加群 M_1, M_2 が存在する．ゆえに，$D_1D_2=C(M_1)C(M_2)=C(M_1\otimes M_2)\subset R$，すなわち，$R$ は積に関して閉じている．S に関して閉じていることは明らか．ゆえに，R は H の部分 k ホップ代数である．

(ii) については Hochschild[4] 定理 14.2，Takeuchi[12] 参照．

一般に，連結アフィン k 代数群 G の最大連結可解正規部分群を G の**根基**といい $\mathrm{rad}\,G$ と書く．可解群 $\mathrm{rad}\,G$ は閉正規ユニポテント群 U と対角化可能群 T との半直積に分解する(定理 4.5.1 参照)．k の標数が 0 ならば $U=\boldsymbol{M}_k(H/R^+H,k)$ である．U を $\mathrm{rad}_u\,G$ と書き，G の**ユニポテント根基**という．U は G の閉正規部分群である．$\mathrm{rad}_u\,G=\{e\}$ のとき，G を**簡約可能群**といい，$\mathrm{rad}\,G=\{e\}$ のとき，G を**半単純群**という．連結半単純群は完全に分類でき，その型は複素半単純リー群の型と 1 対 1 に対応している(Chevalley[2]，Borel[3] 参照)．

k の標数が 0 ならば簡約可能群は完全可約群であるが，標数 $p>0$ のときは次の定理が成り立つ.

定理 4.6.2 標数$p>0$の体k上の余半単純アフィンkホップ代数Hは$\pi_0(H)=k$ならば余可換で，$H=kG(H)$である.

したがって，連結アフィンk代数群$G=\boldsymbol{M}_k(H,k)$が完全可約群ならば，Gは対角化可能群(トーラス)である. ——

この定理を証明するために，補題を準備しよう. $\mathfrak{a}$をk代数Aのイデアルとするとき，$\mathfrak{a}^0=A$, $\mathfrak{a}^\infty=\bigcap_{n=0}^{\infty}\mathfrak{a}^n$とおく.

補題 4.6.3 $\mathfrak{a}_1,\mathfrak{a}_2,\mathfrak{a}_3$を$k$ホップ代数$H$の両側イデアルとし，$\mathfrak{m}=\mathrm{Ker}\,\varepsilon$とおく.

(i) $\Delta\mathfrak{a}_1\subset\mathfrak{a}_2\otimes H+H\otimes\mathfrak{a}_3$, ${\mathfrak{a}_2}^\infty\subset\mathfrak{m}$ならば${\mathfrak{a}_1}^\infty\subset{\mathfrak{a}_3}^\infty$

(ii) ${\mathfrak{a}_1}^\infty\subset\mathfrak{m}\Leftrightarrow{\mathfrak{a}_1}^\infty\subset\mathfrak{m}^\infty$.

証明 (i) 仮定から,

$$\Delta{\mathfrak{a}_1}^{2n}\subset\sum_{i=0}^{2n}{\mathfrak{a}_2}^{2n-i}\otimes{\mathfrak{a}_3}^i\subset{\mathfrak{a}_2}^n\otimes H+H\otimes{\mathfrak{a}_3}^n.$$

ゆえに，$\Delta{\mathfrak{a}_1}^\infty\subset{\mathfrak{a}_2}^\infty\otimes H+H\otimes{\mathfrak{a}_3}^\infty$. 一方，仮定から$\varepsilon({\mathfrak{a}_2}^\infty)=0$だから，${\mathfrak{a}_1}^\infty=(\varepsilon\otimes1)\Delta{\mathfrak{a}_1}^\infty\subset{\mathfrak{a}_3}^\infty$.

(ii) $(1\otimes\varepsilon)\Delta\mathfrak{a}_1=\mathfrak{a}_1$だから，$\Delta\mathfrak{a}_1\subset\mathfrak{a}_1\otimes H+H\otimes\mathfrak{m}$.

ゆえに，(i)から，${\mathfrak{a}_1}^\infty\subset\mathfrak{m}$ならば${\mathfrak{a}_1}^\infty\subset\mathfrak{m}^\infty$. 逆は明らか. ▮

補題 4.6.4 Hを有限生成可換kホップ代数で，$\pi_0(H)=k$とすると，Hの任意の真のイデアル$\mathfrak{a}$について，$\mathfrak{a}^\infty=\{0\}$.

証明 $\mathfrak{a}$は極大イデアルとしてよい. $H/\mathrm{nil}\,H$は整域で，$\mathrm{nil}\,H\subset\mathfrak{a}$. ゆえに，自然な射影を$p:H\to H/\mathrm{nil}\,H$とおくと，$p(\mathfrak{a})$は$H/\mathrm{nil}\,H$の真のイデアルである. Krullの共通部分定理 1.5.9 から$p(\mathfrak{a})^\infty=p(\mathfrak{a}^\infty)=\{0\}$. したがって，$\mathfrak{a}^\infty\subset\mathrm{nil}\,H\subset\mathfrak{m}=\mathrm{Ker}\,\varepsilon$. 補題 4.6.3(ii)から$\mathfrak{a}^\infty\subset\mathfrak{m}^\infty$. 一方，$H$は有限生成$k$代数だから，Hilbertの零点定理 1.5.5 から，$x\in\boldsymbol{M}_k(H,k)=G$で$\mathrm{Ker}\,x=\mathfrak{a}$となるものが存在する. このとき，$\varepsilon=(x\circ S\otimes x)\Delta$だから，$\mathfrak{b}=\mathrm{Ker}\,x\circ S$とおくと，$\Delta\mathfrak{m}\subset\mathfrak{b}\otimes H+H\otimes\mathfrak{a}$. 一方，$\mathfrak{b}^\infty\subset\mathfrak{m}$. ゆえに，補題 4.6.3(i)により，$\mathfrak{m}^\infty\subset\mathfrak{a}^\infty$. したがって，$\mathfrak{a}^\infty=\mathfrak{m}^\infty=\{0\}$.

系 4.6.5 有限生成可換kホップ代数Hが$\pi_0(H)=k$を満たすならば$\bigcap_n H(H^+)^{(p^n)}=\{0\}$, ここで$(H^+)^{(p^n)}=\{x^{p^n};\ x\in H^+\}$.

証明 $(H^+)^{(p^n)}\subset(H^+)^{p^n}\subset\mathfrak{m}^{p^n}$. 補題4.6.3から$\mathfrak{m}^\infty=\{0\}$だから明らか. ▌

定理4.6.2の証明 (1) Hが有限次元可換局所余半単純kホップ代数のとき. Hの双対kホップ代数$A=H^*$は有限次元余可換既約k余代数で半単純k代数である. ゆえに, $\mathrm{Ker}\,\varepsilon=\mathfrak{m}$は$H$のただ1つの極大イデアル, $k=\mathfrak{m}^\perp$はAのただ1つの単純部分k余代数となる. このとき, Aが可換k代数になることを示せばよい. $\mathfrak{a}_\mathfrak{m}=H(H^{(p^m)})^+$は$H$のホップイデアルで, $A_{[\mathfrak{m}]}=\mathfrak{a}_\mathfrak{m}{}^\perp$は$A$の部分$k$ホップ代数であって, kホップ代数の完全列

$$0\to H^{(p^m)}\to H\to H/\mathfrak{a}_\mathfrak{m}\to 0,\qquad 0\leftarrow A/A(A_{[\mathfrak{m}]})^+\overset{\pi}{\leftarrow} A\leftarrow A_{[\mathfrak{m}]}\leftarrow 0$$

がえられる. ここで, $A_{[\mathfrak{m}]}\cong(H/\mathfrak{a}_\mathfrak{m})^*=\{a\in A;\,(1\otimes\pi)\Delta(a)=a\otimes 1\}$である.

補題4.6.6 Uを既約kホップ代数とする. 可換U加群k代数Aが$\pi_0(A)=A$を満たすならば, 任意の$u\in U$と$a\in A$について, $ua=\varepsilon(u)a$.

証明 $\pi_0(A)=A$ならば$\mathrm{Der}_k(A)=\{0\}$である. 実際, $A=ke_1\oplus\cdots\oplus ke_r$ ($e_ie_j=\delta_{ij}e_i, 1\leqq i,j\leqq r, e_1+\cdots+e_r=1$)と書ける. $D\in\mathrm{Der}_k(A)$ならば$D(e_i)=D(e_i{}^2)=2e_iD(e_i)$. ゆえに, $e_iD(e_i)=0$. 一方, $i\neq j$ならば$0=e_jD(e_ie_j)=e_jD(e_i)$. ゆえに, $D(e_i)=(e_1+\cdots+e_r)D(e_i)=0$となり, $D=0$である. $\{U_n\}_{n\in I}$をUの余根基フィルターとすると, $U_1=k\oplus P(U)$. $P(U)$はAにk導分として作用するから, $P(U)$はAに自明に作用する. ゆえに, $u\in U_1$ならば$ua=\varepsilon(u)a$ $(a\in A)$. nに関する帰納法でU_{n-1}がAに自明に作用していればU_nがAに自明に作用することがわかる. ゆえに, $U=\bigcup_n U_n$がAに自明に作用する. ▌

$a,b\in A$のとき, bのaへの作用を${}^ba=\sum_{(b)}b_{(1)}aS(b_{(2)})$と定義して, Aは左A加群になる. このとき, $A_{[\mathfrak{m}]}$はAの部分A加群になる. 実際, Aが余可換だから,

$$\begin{aligned}\Delta({}^ba)&=\sum(b_{(1)}\otimes b_{(2)})(a_{(1)}\otimes a_{(2)})(S(b_{(4)})\otimes S(b_{(3)}))\\&=\sum b_{(1)}a_{(1)}S(b_{(4)})\otimes b_{(2)}a_{(2)}S(b_{(3)})=\sum {}^{b_{(1)}}a_{(1)}\otimes{}^{b_{(2)}}a_{(2)}.\end{aligned}$$

ゆえに, $a\in A_{[\mathfrak{m}]}$, $b\in A$のとき,

$$\begin{aligned}(1\otimes\pi)\Delta({}^ba)&=\sum {}^{b_{(1)}}a_{(1)}\otimes\pi({}^{b_{(2)}}a_{(2)})=\sum {}^{b_{(1)}}a_{(1)}\otimes{}^{\pi(b_{(2)})}\pi(a_{(2)})\\&=\sum b_{(1)}a_{(1)}S(b_{(2)})\otimes\pi(b_{(3)})\varepsilon(a_{(2)})\pi(S(b_{(4)}))\\&=\sum b_{(1)}aS(b_{(2)})\otimes\varepsilon(b_{(3)})1=\sum b_{(1)}aS(b_{(2)})\otimes 1\\&={}^ba\otimes 1.\end{aligned}$$

したがって, ${}^ba\in A_{[\mathfrak{m}]}$. また, H^*が半単純k代数だから$A_{[\mathfrak{m}]}$も半単純k代数

である．さて，$\dim A=n$ に関する帰納法で A が可換であることを証明しよう．

(i)　$A=A_{[1]}$ のとき，A は $P(A)$ の p 包絡 k 双代数．定理1.3.5から A が半単純ならば $P(A)$ は可換．ゆえに，A は可換．以下，$A_{[1]}\subsetneqq A$ とする．

(ii)　$\dim P(A)>1$ のとき，$A_{[1]}\subsetneqq A$ だから帰納法の仮定により，$A_{[1]}$ は可換．ゆえに，$\bar{H}=H/H(H^{(p)})^+$ は余可換で $\bar{H}$ は分裂的(定理2.3.3)．一方，$\bar{H}$ は余半単純．ゆえに，$\bar{H}=kG(\bar{H})$．ここで $G(\bar{H})$ は可換 p 群．したがって，$\bar{H}\cong\bigotimes k(\boldsymbol{Z}/p\boldsymbol{Z})$ (r 個のテンソル積)，$A_{[1]}\cong\bigotimes_{i=1}^{r} V_i$，ここで，$V_i$ は1次元加法的 k ホップ代数で，V_i は $P(V_i)=kv_i$ で生成され，$\{v_i\}_{1\leqq i\leqq r}$ は $P(A)$ の基底になる．A のホップイデアル $\mathfrak{b}_i=AV_i^+$ をとり，$W_i=A/\mathfrak{b}_i$ とおくと，W_i は半単純既約余可換 k ホップ代数で帰納法の仮定から W_i は可換．$p:A\to W_i$ を自然な射影とし写像 $\phi:A\otimes A\to A$ を

$$\phi: u\otimes v\mapsto \sum u_{(1)}v_{(1)}S(u_{(2)})S(v_{(2)})$$

で定義すると，A が余可換であることから，ϕ は k 余代数射で $\mathrm{Im}\,\phi$ は A の部分 k 余代数．一方，W_i が可換だから $x\in\mathrm{Im}\,\phi$ ならば $p(x)=\varepsilon(x)$，ゆえに，$(p\otimes 1)\Delta x=1\otimes x$．したがって，$V_i\supset\mathrm{Im}\,\phi$．$\dim P(A)=\dim P(A_{[1]})>1$ だから $A_{[1]}=\bigotimes_{i=1}^{r} V_i\ (r>1)$．ゆえに，$\mathrm{Im}\,\phi\subset V_1\cap V_2=k$ で $\varepsilon\circ\phi=\phi$．$a,b\in A$ のとき，

$$ab=\sum\phi(a_{(1)}\otimes b_{(1)})b_{(2)}a_{(2)}=\sum\varepsilon(a_{(1)})\varepsilon(b_{(1)})b_{(2)}a_{(2)}=ba.$$

したがって，A は可換である．

(iii)　$\dim P(A)\leqq 1$ のとき，まず，$A_{[m]}\subsetneqq A$ ならば $A_{[m]}$ は A の中心的部分 k 代数であることを示そう．帰納法の仮定から，$A_{[m]}$ は可換半単純 k 代数．ゆえに，k 代数として有限個の k の直積で $\pi_0(A_{[m]})=A_{[m]}$．$A_{[m]}$ は A 加群 k 代数で補題4.6.6から A は $A_{[m]}$ に自明に作用する．したがって，$a\in A_{[m]}$，$b\in A$ のとき，

$$ba=\sum {}^{b_{(1)}}a b_{(2)}=\sum\varepsilon(b_{(1)})ab_{(2)}=ab.$$

すなわち，$A_{[m]}$ は A の中で中心的である．

$\dim P(A)=0$ ならば $A=k$ は可換．$\dim P(A)=1$ とする．A は除巾列 $\{d_i\}_{0\leqq i\leqq p^s-1}$ の基底をもつ．この基底に関する H の双対基底を $\{x^i\}_{0\leqq i\leqq p^s-1}$ とおくと，

$$\varepsilon(x^i)=\delta_{i0},\qquad x^ix^j=x^{i+j},\qquad 1=x^0.$$

ゆえに，A は x^1 から生成され，$(x^1)^{p^s}=0$. H のイデアル $H(H^+)^{p^{s-1}}$ は $\{x^{p^{s-1}}, \cdots, x^{p^s-1}\}$ を基底にもち，$A_{[p^{s-1}]}$ は $\{d_i\}_{0\leqq i\leqq p^{s-1}-1}$ を基底にもつ．ゆえに，$A_{[p^{s-1}]} \subsetneqq A$，$\dim A_{[p^{s-1}]}=p^{s-1}$. $A_{[p^{s-1}]}$ は A の中心的部分 k 代数だから $B=A_{[p^{s-1}]}\oplus kd_{p^{s-1}}$ から生成される A の部分 k 代数 C は可換で，B が k 余代数だから，C は部分 k 双代数．一方，C は既約だから，C は A の部分 k ホップ代数(定理2.4.27)で可換である．また $\dim C=p^s$.

$$p^{s-1}=\dim A_{[p^{s-1}]}<\dim C\leqq \dim A=p^s.$$

ゆえに，$C=A$ で A は可換．したがって，(1)のときの証明ができた．

(2)　一般のとき，$h\in H$ のとき，h から生成される H の部分 k 余代数を C とおくと，$\dim C<\infty$. 一方，補題4.6.4から $\bigcap_m \mathfrak{a}^m=\{0\}$. ゆえに，$C\cap\mathfrak{a}^m=\{0\}$ を満たす自然数 m が存在する．$H/\mathfrak{a}^m$ は余半単純，可換，有限次元局所 k ホップ代数で(1)により余可換．自然な射影を $p:H\to H/\mathfrak{a}^m$ とおくと，p の C への制限は単射だから，C は余可換．したがって，H は余可換である．▌

第5章　体の理論への応用

体 k 上の有限次元ガロア拡大体 K の k 上のガロア群 $\mathrm{Gal}(K/k)$ を G とおく．k を含む部分体 M(このような体を K/k の中間体という)に対して，

$$F=\{\sigma\in G;\ \sigma(x)=x\ \ \forall x\in M\}$$

は G の部分群になる．逆に，G の部分群 F に対して，

$$M=\{x\in K;\ \sigma(x)=x\ \ \forall\sigma\in F\}$$

は K/k の中間体である．このような対応で，K/k の中間体の全体の族と，G の部分群の全体の族が1対1に対応する(ガロアの基本定理)．K が k 上純非分離拡大体のときはこのような対応をつくることはできない．しかし，K が k 上の指数1の有限次元純非分離拡大体(すなわち，k が標数 $p>0$ の体で $x\in K$ ならば $x^p\in k$ が成り立つ)ならば p-k リー代数 $\mathrm{Der}_k(K)$ の部分 p-k リー代数の全体の族と K/k の中間体の全体の族とが1対1に対応する(Jacobson の定理)．

群 G または p-k リー代数にそれぞれ群 k 双代数または p 包絡 k 双代数が対応している．ここでは k の拡大体 K に或る種の k 双代数を対応させることによって，一般の拡大体 K/k に上記のようなガロア対応をつくる1つの例を紹介する．この章では k は代数的閉体であることを仮定しない．k 上のテンソル積は単に $\otimes$ と書き，その他の場合は $\otimes_K$ などと基礎体を指定する．

§1　K/k 双代数

K を体 k の拡大体とするとき，K 余代数でかつ k 代数であるような代数系を定義し，k 双代数と類似の性質をみちびく．

1.1　K/k 双代数

次の性質を満たす集合 A を K/k **代数**という．

(1)　A は K 線型空間でかつ k 線型空間とみて k 代数の構造をもつ.

(2)　k 線型空間 $A\otimes A$ に K の作用を

$$c(a\otimes b) = ca\otimes b, \quad c\in K,\ a\otimes b\in A\otimes A$$

として，$A\otimes A$ を K 線型空間とみると，k 代数の積写像 $\mu:A\otimes A\to A$ は K 線型写像である.

A, B を K/k 代数とするとき，k 代数射 $f:A\to B$ が K 線型写像ならば f を K/k 代数射という．K/k 代数 A の部分 K 線型空間 B が A の部分 k 代数のとき，B は K/k 代数になる．このような B を A の**部分 K/k 代数**という．k/k 代数は k 代数にほかならない.

例 5.1　K を体 k の拡大体とするとき，K 線型空間 V を k 線型空間とみて V から V への k 線型写像の全体の集合を $A=\mathrm{End}_k(V)$ とおく．$f,g\in A$, $c\in K$ のとき,

$$(f\pm g)(x) = f(x)\pm g(x), \quad (cf)(x) = cf(x),\ x\in V$$

と定義して A は K 線型空間である．また，写像の結合によって，A は k 代数で，$c\in K$, $f,g\in A$ のとき，$c(f\circ g)=(cf)\circ g$ が成り立つから A は K/k 代数である.

例 5.2　体 k の拡大体 K を k 代数とみて，K の k 代数自己同型射の全体のなす群を $\mathrm{Aut}_k(K)$ とおく．$\mathrm{Aut}_k(K)\subset\mathrm{End}_k(K)$ である．G を $\mathrm{Aut}_k(K)$ の部分群とするとき，G から生成される $\mathrm{End}_k(K)$ の部分 K 線型空間 $A=K[G]$ は $\mathrm{End}_k(K)$ の部分 k 代数で，A は $\mathrm{End}_k(K)$ の部分 K/k 代数になる．同様に，K から K への k 導分の全体のなす K リー代数を $\mathrm{Der}_k(K)$ とおく．$\mathrm{Der}_k(K)$ から生成される $\mathrm{End}_k(K)$ の部分 k 代数は $\mathrm{End}_k(K)$ の部分 K/k 代数である.

K/k 代数 H がさらに，K 余代数で次の条件を満たすとき，H を K/k **双代数**という.

(1)　$\Delta(1) = 1\otimes_K 1, \quad \Delta(xy) = \sum_{(x)(y)} x_{(1)}y_{(1)}\otimes_K x_{(2)}y_{(2)}$

(2)　$\varepsilon(1) = 1,\ x, y\in H,\ \varepsilon(y)\in k$　ならば　$\varepsilon(xy) = \varepsilon(x)\varepsilon(y)$.

K/k 双代数 H の部分 K 線型空間 B が部分 k 代数でかつ部分 K 余代数ならば B は K/k 双代数になる．このような B を H の**部分 K/k 双代数**という．k/k 双代数は k 双代数にほかならない.

H, H' を K/k 双代数とするとき，写像 $f:H\to H'$ が k 代数射でかつ K 余代数

射のとき，f を K/k **双代数射**という．B を H の部分 K/k 双代数とするとき，自然な埋め込み $i:B\to H$ は K/k 双代数射である．K/k 双代数 H の部分 K 線型空間 I が k 代数としてのイデアルでかつ K 余代数としての余イデアルのとき，I を K/k **双イデアル**という．このとき，H/I は K/k 双代数で自然な射影 $p:H\to H/I$ は K/k 双代数射である．H, H' を K/k 双代数とし，$f:H\to H'$ を K/k 双代数射とするとき，

$$\mathrm{Ker}\, f = \{x\in H;\ f(x)=0\},\qquad \mathrm{Im}\, f = \{f(x)\in H';\ x\in H\}$$

はそれぞれ H の K/k 双イデアル，H' の部分 K/k 双代数である．このとき，K/k 双代数として，$H/\mathrm{Ker}\, f\cong \mathrm{Im}\, f$ が成り立つ．

C を K 余代数(または K 代数)とするとき，$D\otimes K=C$ を満たす k 余代数(または k 代数) D を C の k **形式**という．K/k 双代数 H の部分 k 線型空間 B が k 代数として H の部分 k 代数でかつ K 余代数として，H の k 形式になっているとき，B を K/k 双代数 H の k 形式という．このとき，B は k 双代数である．k_0 を k の部分体とするとき，B が k 双代数 H の k 代数としてかつ k 余代数としての k_0 形式になっているとき，B を H の k_0 **形式**という．k 双代数の k_0 形式は k_0 双代数である．

例 5.3 K を k の拡大体，G を群とし，KG を G の群 K 余代数とする．群射 $\rho:G\to \mathrm{Aut}_k(K)$ があたえられているとき，KG に積を

$$(ax)(by) = a\rho(x)(b)xy,\qquad a, b\in K,\ \ x, y\in G$$

と定義すると，KG は k 代数でかつ K/k 双代数になる．このとき，G の群 k 双代数 kG は K/k 双代数 KG の k 形式である．

例 5.4 K を標数 $p>0$ の体 k の拡大体とし，p-k リー代数 L の包絡 p-k 双代数 $\overline{U}(L)$ を k 余代数とみて基礎体を K に延長した K 余代数を $\overline{U}(L)_K=K\otimes \overline{U}(L)$ とおく．p-k リー代数射 $\rho:L\to \mathrm{Der}_k(K)$ があたえられているとき，$\overline{U}(L)_K$ に積を

$$(ax)(by) = a\rho(x)(b)y+abxy,\qquad a, b\in K,\ \ x, y\in L$$

と定義すると，$\overline{U}(L)_K$ は k 代数でかつ K/k 双代数になる．このとき，k 双代数 $\overline{U}(L)$ は $\overline{U}(L)_K$ の k 形式である．

例 5.5 標数 $p>0$ の体 k の有限次元純非分離拡大体 K が $K^p\subset k$ を満たすとする．K/k の p 基底 $S=\{x_1, \cdots, x_n\}$ をとると，補題 4.3.7 により，$|S|=\dim_K$

$\mathrm{Der}_k(K)$ で $T_i(x_j)=\delta_{ij}x_j\ (1\leqq i,j\leqq n)$ を満たす $\mathrm{Der}_k(K)$ の元の集合 $\{T_1,\cdots,T_n\}$ は $\mathrm{Der}_k(K)$ の基底である．このとき，$[T_i,T_j]=0$，$T_i{}^p=T_i\ (1\leqq i,j\leqq n)$ が成り立ち，k の素体 P 上 $\{T_1,\cdots,T_n\}$ で張られる P 線型空間 M は $\mathrm{Der}_k(K)$ の P 形式になる．T_i は P 上の分離的多項式 $X^p-X=\prod_{\alpha\in P}(X-a)$ を満たす．

$\alpha\in \mathrm{G}=\boldsymbol{Mod}_P(M,P)$ とするとき，

$$K_\alpha=\{s\in K;\ T(s)=\alpha(T)s\quad \forall T\in M\}$$

とおくと，$K_0=\{s\in K;\ T(s)=0\ \ \forall T\in M\}$ は K の部分体で

$$K=\coprod_{\alpha\in G}K_\alpha,\qquad K_\alpha K_\beta\subset K_{\alpha+\beta}\qquad(\alpha,\beta\in G).$$

さらに，$s_\beta\in K_\beta, s_\beta\neq 0$ ならば $Ks_\beta=K=\sum_{\alpha\in G}K_\alpha s_\beta$, $K_\alpha s_\beta\subset K_{\alpha+\beta}$ だから任意の $\alpha\in G$ について，$K_\alpha s_\beta=K_{\alpha+\beta}$．$\alpha_i(T_j)=\delta_{ij}$ で定義される G の元の集合 $\{\alpha_1,\cdots,\alpha_n\}$ は G の P 上の基底で $\alpha=\sum_{i=1}^{n}n_i\alpha_i\ (0\leqq n_i\leqq p-1)$ ならば $s=\prod_{i=1}^{n}s_i{}^{n_i}\in K_\alpha$．したがって，任意の $\alpha\in G$ について，$K_\alpha\neq 0$ となり $[K:K_0]=|G|$ (G の元の個数) がえられる．G を加法に関する可換群とみて，G の群 k 双代数を kG, kG の双対 k 双代数 $(kG)^*=\mathrm{Map}(G,k)$ を B とおく．$K\otimes B$ は K 余代数の構造をもち，さらに積を

$$(a\otimes x)(b\otimes y)=\sum_{(x)}ax_{(1)}(\alpha)b\otimes x_{(2)}y,\qquad a,b\in K,\ \ b\in K_\alpha,\ \ x,y\in B$$

と定義して，$K\otimes B$ は k 代数になり，かつ K/k 双代数になる．$1\otimes B$ は K/k 双代数 $K\otimes B$ の k 形式である．

例 5.6　体 k の拡大体 K の乗法に関する半群 K_m に関して，第2章2.2で定義したように，K_m 上で定義された K に値をもつ表現関数の全体の集合 $R_K(K_m)$ を K 余代数とみる．K を k 線型空間とみて $\mathrm{End}_k(K)$ は例5.1で定義したように，K/k 代数である．$H(K/k)=R_K(K_m)\cap\mathrm{End}_k(K)$ とおくと，$H(K/k)$ は $\mathrm{End}_k(K)$ の部分 K 線型空間で，$f,g\in H(K/k)$ ならば

$$(f\circ g)(xy)=\sum_{(g)}f(g_{(1)}(x)g_{(2)}(y))=\sum_{(f)(g)}f_{(1)}(g_{(1)}(x))f_{(2)}(g_{(2)}(y))$$

だから，$f\circ g\in H(K/k)$．ゆえに，$H(K/k)$ は $\mathrm{End}_k(K)$ の部分 k 代数になる．さらに，$H(K/k)$ は $R_K(K_m)$ の部分 K 余代数である．実際，$f\in H(K/k)$, $\Delta(f)=\sum_{i=1}^{n}f_i\otimes_K g_i$ とし，$\{g_1,\cdots,g_n\}$ を K 上1次独立であるようにとる．このとき，

$$\Delta(f)((ax+by)\otimes_K z)=\sum_{i=1}^{n}f_i(ax+by)g_i(z)=f((ax+by)z)$$

$$= f(axz+byz) = af(xz)+bf(yz)$$
$$= \sum af_i(x)g_i(z)+\sum bf_i(y)g_i(z)$$
$$= \sum(af_i(x)+bf_i(y))g_i(z), \qquad x, y, z \in K,\ a, b \in k.$$

ゆえに,

$$\sum_{i=1}^{n} f_i(ax+by)g_i = \sum_{i=1}^{n}(af_i(x)+bf_i(y))g_i.$$

$\{g_1, \cdots, g_n\}$ は K 上1次独立だから，任意の $x, y \in K$, $a, b \in k$ について,

$$f_i(ax+by) = af_i(x)+bf_i(y).$$

すなわち，$f_i \in \mathrm{End}_k(K)\,(1 \leqq i \leqq n)$. 同様に，$g_i \in \mathrm{End}_k(K)\,(1 \leqq i \leqq n)$. したがって，$H=H(K/k)$ は k 代数でかつ K 余代数になる．このとき,

(1) $\Delta(1_H)(x \otimes_K y) = 1_H(xy) = xy = 1_H(x)1_H(y)$. ゆえに，$\Delta(1) = 1 \otimes 1$

(2) $\Delta(f \circ g) = \sum_{(f)(g)} f_{(1)} \circ g_{(1)} \otimes_K f_{(2)} \circ g_{(2)}, \qquad f, g \in H(K/k)$

(3) $\varepsilon(1_H)(1) = 1_H(1) = 1$

(4) $f, g \in H(K/k)$, $\varepsilon(g) \in k$ ならば

$$\varepsilon(f \circ g) = f \circ g(1) = f(g(1)) = f(\varepsilon(g)1) = \varepsilon(g)\varepsilon(f).$$

したがって，$H(K/k)$ は K/k 双代数になる．

注意 第2章2.2では $R_K(K_m)$ に積を $(fg)(x)=f(x)g(x)$ $(f, g \in R_K(K_m))$ と定義して，$R_K(K_m)$ を K 双代数とみた．$H(K/k)$ の積は写像の結合で定義されていて，この積とは異なる．

1.2 テンソル積と半直積

H を K/k 双代数，B を k 双代数とするとき，$H \otimes B$ は k 代数でかつ K 線型空間である．また,

$$\Delta(x \otimes y) = \sum(x_{(1)} \otimes y_{(1)}) \otimes_K (x_{(2)} \otimes y_{(2)}), \qquad \varepsilon(x \otimes y) = \varepsilon(x)\varepsilon(y)$$

と定義して，$H \otimes B$ は K 余代数でかつ K/k 双代数になる．これを H と B とのテンソル積という．H が k 双代数ならば $H \otimes B$ は k 双代数のテンソル積にほかならない．

V を K 線型空間とすると，例5.1でみたように，$\mathrm{End}_k(V)$ は K/k 代数である．K/k 代数 B から $\mathrm{End}_k(V)$ への K/k 代数射 $\rho: B \to \mathrm{End}_k(V)$ を K/k 代数 B の V 上の表現という．このとき，K 線型空間 V と K/k 代数 B は,

(1) V, B をそれぞれ k 線型空間，k 代数とみて，V は B 加群である．

(2) $a \in K$, $x \in B$, $b \in V$ としたとき，$a(x \otimes b)=ax \otimes b$ と定義して，$B \otimes V$

を K 線型空間とみると，B 加群 V の構造射 $\varphi: B\otimes V\to V$ は K 線型写像である．

このような K 線型空間 V を K/k-B 加群とよぶ．K/k-B 加群 V をあたえることと，K/k 代数 B の V 上の表現をあたえることとは同値である．

A を K/k 代数とするとき，K 余代数 C から $\mathrm{End}_k(A)$ への K 線型写像 $\rho: C\to\mathrm{End}_k(A)$ が

$$\rho(x)(1_A)=\varepsilon(x)1_A,\ \ \rho(x)(ab)=\sum_{(x)}\rho(x_{(1)})(a)\rho(x_{(2)})(b),\ \ x\in C,\ \ a,b\in A$$

を満たすとき，ρ を K 余代数 C の A 上の表現という．$\rho(x)(a)=x\rightharpoonup a$ とかくと，

$$x\rightharpoonup 1_A=\varepsilon(x)1_A,\qquad x\rightharpoonup(ab)=\sum_{(x)}(x_{(1)}\rightharpoonup a)(x_{(2)}\rightharpoonup b)$$

となる．このとき，$\mathrm{Im}\,\rho=\rho(C)$ は，

$$\varepsilon(\rho(x))=\varepsilon(x)1_A,\qquad \Delta(\rho(x))=\sum_{(x)}\rho(x_{(1)})\otimes_K\rho(x_{(2)}),\qquad x\in C$$

を構造射として，K 余代数になる．

A を K/k 代数，H を K/k 双代数とするとき，K 線型写像 $\rho: H\to\mathrm{End}_k(A)$ が K/k 代数としてかつ K 余代数としての H の A 上の表現になっているとき，ρ を K/k 双代数 H の A 上の表現という．このとき，K/k 代数 A は次の性質をもつ．

(1)　A は K/k-H 加群である．$\varphi: H\otimes A\to A$ をその構造射とする．

(2)　K 線型写像 $\psi=(\varphi\otimes\varphi)(1\otimes\tau\otimes 1)(\Delta_H\otimes 1): H\otimes A\otimes A\to A\otimes A$ を構造射として，$A\otimes A$ は H 加群になる．このとき，A の積写像 $\mu_A: A\otimes A\to A$ は H 加群射である．

(3)　$\varepsilon\otimes\eta_A=\varphi(1\otimes\eta_A)$，すなわち $\varepsilon(x)1=\varphi(x\otimes 1)$，$x\in H$．

このような A を H **加群 K/k 代数**という．とくに，H が k 双代数で A が k 代数ならばこの条件は A が H 加群 k 代数であることにほかならない．H の A 上の表現をあたえることと H 加群 K/k 代数 A をあたえることは同値である．

H を k 双代数，A を H 加群 k 代数とするとき，$H_A=A\otimes H$ は k 線型写像 $\mu_{H_A}: H_A\otimes H_A\to H_A$，$\eta_{H_A}: k\to H_A$ を

$$\mu_{H_A}((a\otimes x)\otimes(b\otimes y))=\sum_{(x)}a(x_{(1)}\rightharpoonup b)\otimes x_{(2)}y$$

$$\eta_{H_A}(1)=\eta_A(1)\otimes\eta_H(1)$$

と定義して，k 代数になる．これを A と H の半直積 k 代数という．

Hをk双代数とし，K/k双代数Bがk代数として，H加群k代数であるとする．$H_B=B\otimes H$とおくと，H_BはBとHとの半直積k代数でかつK線型写像$\Delta_{H_B}:H_B\to H_B\otimes_K H_B$，$\varepsilon_{H_B}:H_B\to K$を

$$\Delta_{H_B}(b\otimes x)=\sum_{(b)(x)}(b_{(1)}\otimes x_{(1)})\otimes_K(b_{(2)}\otimes x_{(2)})$$

$$\varepsilon_{H_B}(b\otimes x)=\varepsilon_B(b)\varepsilon_H(x)$$

と定義して，K余代数でかつK/k双代数になる．これをBとHの半直積K/k双代数という．

HをK/k双代数とする．単位元1を含むHの既約成分$H_1=C$はHの部分既約K余代数で$C_i=\sqcap^{i+1}K1$とおくと，定理2.4.24の証明と同様にして，$C=\bigcup_{i=0}^{\infty}C_i$，$C_iC_j=C_{i+j}$がえられる．したがって，$H_1$は$H$の部分$k$代数でかつ部分$K/k$双代数になる．

K/k双代数HがK余代数として分裂余可換でHの乗法的な元の全体のなす半群$G(H)$が群であるとき，Hを**正規K/k双代数**という．Hが正規K/k双代数ならば，系2.4.28により，HはK余代数として，部分K余代数の直和として$H=\coprod_{x\in G(H)}H_x$と書ける．$kG(H)$はHの部分k双代数で，k線型写像

$$\rho:kG(H)\to \mathrm{End}_k(H_1),\qquad \rho(g)(x)=gxg^{-1},\qquad g\in G(H),\ x\in H_1$$

はk双代数$kG(H)$のH_1上の表現である．実際，

$$\rho(g)(xy)=g(xy)g^{-1}=\rho(g)(x)\rho(g)(y)=\sum_{(g)}\rho(g_{(1)})(x)\rho(g_{(2)})(y)$$

$$\rho(g)(1)=g1g^{-1}=1,\qquad g\in G((H),\ x,y\in H_1.$$

したがって，H_1は$kG(H)$加群k代数になる．H_1と$kG(H)$との半直積K/k双代数を$H_1\otimes kG(H)$とおくと，K線型写像

$$\sigma:H_1\otimes kG(H)\to H,\qquad a\otimes x\mapsto x\rightharpoonup a$$

はK/k双代数同型射になる．（例3.1参照.）

正規K/k双代数HがK余代数として余半単純ならば$H=KG(H)$でK余代数として既約ならば$H=H_1$である．

1.3 変換K/k双代数

K/k双代数HとHのK上の表現$\rho_H:H\to\mathrm{End}_k(K)$との組$(H,\rho_H)$を$K/k$の**変換$K/k$双代数**という．以後，単に変換$K/k$双代数とよぶことにする．$x\in H$，$a\in K$のとき，$\rho_H(x)(a)$を$x\rightharpoonup a$と書き，$x$の$a$への作用という．$(H,\rho_H)$，

$(H', \rho_{H'})$ が変換 K/k 双代数のとき，K/k 双代数射 $f: H \to H'$ が $\rho_{H'} \circ f = \rho_H$ を満たすとき，f を**変換 K/k 双代数射**という．例 5.3 の KG，例 5.4 の $\overline{U}(L)_K$ および例 5.6 の $H(K/k)$ などは自然に K 上の表現が定義できて，変換 K/k 双代数である．(H, ρ_H) を変換 K/k 双代数とすると，$\mathrm{Ker}\,\rho_H = \{x \in H;\ \rho_H(x) = 0\}$ は H の K/k 双イデアルで $H/\mathrm{Ker}\,\rho_H$ は $H(K/k)$ の部分 K/k 双代数と同型になる．$\mathrm{Ker}\,\rho_H = \{0\}$ なる変換 K/k 双代数を忠実であるという．以下の節でみるように，$H(K/k)$ が拡大 K/k に対してガロア群に相当する役割りをはたす．

変換 K/k 双代数 H の部分集合 C について，

$$K^C = \{a \in K;\ x \rightharpoonup (ab) = a(x \rightharpoonup b)\ \ \forall x \in C\ \ \forall b \in K\}$$

は K の部分体である．とくに，C が H の部分 K 余代数ならば，

$$K^C = \{a \in K;\ x \rightharpoonup a = \varepsilon(x)a\ \ \forall x \in C\}$$

である．実際，$a \in K$ について，$x \rightharpoonup (ab) = a(x \rightharpoonup b)\ (\forall x \in C, \forall b \in K)$ ならば $b=1$ とおいて，$x \rightharpoonup a = a(x \rightharpoonup 1) = \varepsilon(x)a$．逆に，$x \rightharpoonup a = \varepsilon(x)a\ (\forall x \in C)$ ならば

$$x \rightharpoonup (ab) = \sum_{(x)} (x_{(1)} \rightharpoonup a)(x_{(2)} \rightharpoonup b) = \sum_{(x)} a(\varepsilon(x_{(1)})x_{(2)} \rightharpoonup b) = a(x \rightharpoonup b).$$

変換 K/k 双代数 H が

$$x(by) = \sum_{(x)} (x_{(1)} \rightharpoonup b)x_{(2)}y, \qquad b \in K,\ \ x, y \in H$$

をみたすとき，H を**半線型的**であるという．

定理 5.1.1 H を k 双代数とする．k の拡大体 K が H 加群 k 代数であるとし，対応する H の K 上の表現を $\rho_H: H \to \mathrm{End}_k(K)$ とおく．$H_K = K \otimes H$ を K と H との半直積 K/k 代数とするとき，K 線型写像 $\rho: H_K \to \mathrm{End}_k(K)$ を $\rho(a \otimes x) = a\rho_H(x)\ (a \in K, x \in H)$ と定義すると，(H_K, ρ) は半線型的変換 K/k 双代数である．

証明 まず，H_K が K/k 双代数であることを示そう．$a, b \in K$, $x, y \in H$ のとき，

$$\begin{aligned}
\Delta((a \otimes x)(b \otimes y)) &= \Delta\Big(\sum_{(x)} a(x_{(1)} \rightharpoonup b) \otimes x_{(2)}y\Big) \\
&= \sum_{(x)(y)} a(x_{(1)} \rightharpoonup b) \otimes x_{(2)}y_{(1)} \otimes x_{(3)}y_{(2)} = \sum_{(x)} (a \otimes x_{(1)} \otimes x_{(2)}) \sum_{(y)} (b \otimes y_{(1)} \otimes y_{(2)}) \\
&= \Delta(a \otimes x)\Delta(b \otimes y).
\end{aligned}$$

また，$x, y \in H_K$，$\varepsilon(y) \in k$ とすると，

$$\varepsilon(xy) = xy \rightharpoonup 1 = x \rightharpoonup (\varepsilon(y)1) = \varepsilon(y)\varepsilon(x) = \varepsilon(x)\varepsilon(y).$$

したがって，H は K/k 双代数である．さらに，$b\in K$ のとき，

$$(a\otimes x)(b(c\otimes y)) = (a\otimes x)(bc\otimes y)$$
$$= \sum_{(x)} a(x_{(1)}\rightharpoonup bc)\otimes x_{(2)}y = \sum_{(x)} a(x_{(1)}\rightharpoonup b)(x_{(2)}\rightharpoonup c)\otimes x_{(3)}y$$
$$= \sum_{(x)} (a(x_{(1)}\rightharpoonup b)\otimes x_{(2)})(c\otimes y).$$

ここで，$\Delta(a\otimes x)=\sum_{(x)} a\otimes x_{(1)}\otimes x_{(2)}$ だから，H は半線型的である．

つぎに，ρ が K/k 双代数 H_k の表現であることを示そう．

$$\rho((a\otimes x)(b\otimes y))(c) = \rho(\sum_{(x)} a(x_{(1)}\rightharpoonup b)\otimes x_{(2)}y)(c)$$
$$= \sum_{(x)} a(x_{(1)}\rightharpoonup b)((x_{(2)}y)\rightharpoonup c) = \rho(a\otimes x)\rho(b\otimes y)(c).$$

ゆえに，ρ は k 代数の表現である．また，

$$(\Delta(a\otimes x))(b\otimes c) = (\sum_{(x)} a\otimes x_{(1)}\otimes x_{(2)})(b\otimes c) = a\sum (x_{(1)}\rightharpoonup b)(x_{(2)}\rightharpoonup c)$$
$$= a(x\rightharpoonup bc) = \rho(a\otimes x)(bc)$$
$$\varepsilon(a\otimes x) = a\varepsilon(x) = a(x\rightharpoonup 1) = (a\otimes x)\rightharpoonup 1.$$

ゆえに，ρ は K 余代数の表現である．したがって，(H_K, ρ) は半線型的変換 K/k 双代数である．▌

注意 $1\otimes H$ は K/k 双代数 H_K の k 形式で，逆に，B を半線型的変換 K/k 双代数とし，H を B の k 形式とすると，K は H 加群 k 代数で $K\otimes H$ は変換 K/k 双代数になる．このとき，写像 $a\otimes x\mapsto(x\rightharpoonup a)\ (a\in K, x\in H)$ によって，$K\otimes H$ は B と同型になる．

1.4 輪環的 k 双代数

k を標数 $p>0$ の体とし，V を k 線型空間とする．$\mathrm{End}_k(V)$ の部分集合 T のすべての元が対角行列になるような V の基底が存在するとき，T を対角化可能であるという．$\mathrm{End}_k(V)$ の半単純元(最小多項式が分離的であるような元)からなる部分 k 線型空間 T が

$$s, t\in T \quad ならば \quad st = ts, \qquad t^p\in T$$

を満たすとき，T を**輪環的**であるという．互いに可換な半単純元からなる $\mathrm{End}_k(V)$ の部分集合 S に対して，k 上 1 と $\{s^{p^e}; e\geqq 0, s\in S\}$ とで張られる部分 k 線型空間 T は輪環的である．T が対角化可能⇔S が対角化可能が成り立つ．

T を $\mathrm{End}_k(V)$ の輪環的部分 k 線型空間とする．k の有限次元ガロア拡大体 L が次の性質を満たすとき，L を T の**分裂体**という．$V_L=L\otimes V$ とおくとき，T で張られる $\mathrm{End}_L(V_L)$ の部分 L 線型空間 T_L が対角化可能な輪環的部分 L

線型空間である．

T を $\mathrm{End}_k(V)$ の部分集合とし，$\alpha\in\mathrm{Map}(T,k)$ に対して，

$$V_\alpha(T)=\{v\in V;\ t(v)=\alpha(t)v\ \ \forall t\in T\}$$

とおく．T が輪環的 k 線型空間ならば $T^*=\boldsymbol{Mod}_k(T,k)$ とおくと，

$$T\text{ が対角化可能}\Leftrightarrow V=\coprod_{\alpha\in T^*}V_\alpha(T)$$

が成り立つ．k の素体を P とおき，$T_P=\{t\in T;\ t^p=t\}$ とおくと，T_P は T の部分 P 線型空間である．$t\in T_P$ の最小多項式は $X^p-X=\prod_{a\in P}(X-a)$ で T_P の元の固有値はすべて P の元で，T_P は対角化可能．したがって，

$$V=\coprod_{\alpha\in(T_P)^*}V_\alpha(T_P)$$

と書ける．

補題 5.1.2　$\mathrm{End}_k(V)$ の輪環的部分 k 線型空間 T が対角化可能$\Leftrightarrow T=kT_P$．ここで kT_P は k 上 T_P で張られる k 線型空間である．

証明　T が対角化可能ならば $V=\coprod_{\alpha\in R}V_\alpha(T)$，$R=\{\alpha\in T^*;\ V_\alpha(T)\neq 0\}$．$R$ は T^* の中で稠密だから，T^* の基底 $\{\alpha_1,\cdots,\alpha_n\}$ を含む．$\{t_1,\cdots t_n\}$ を T の双対基底とすると，$\alpha_i(t_j)=\delta_{ij}$ かつ $\alpha_i(t_j{}^p)=\alpha_i(t_j)=\delta_{ij}$．ゆえに，$R$ が T^* の中で稠密であることから $t_i{}^p=t_i\ (1\leqq i\leqq n)$．したがって，$T=kT_P$．逆に，$T=kT_P$ ならば輪環的な部分 k 線型空間 T が対角化可能であることは明らか．▌

補題 5.1.3　$\mathrm{End}_k(K)$ の輪環的部分 k 線型空間 T の k 上の基底は KT の K 上の基底である．ここで KT は $\mathrm{End}_k(K)$ の中で T で張られる部分 K 線型空間である．

証明　$T^*=\boldsymbol{Mod}_k(T,k)$，$R=\{\alpha\in T^*;\ K_\alpha(T)\neq 0\}$ とおくと，$K=\coprod_{\alpha\in(T_P)^*}K_\alpha(T)$．$R$ は T^* の中で稠密だから，T^* の基底 $\{\alpha_1,\cdots,\alpha_n\}$ を含む．$\{t_1,\cdots,t_n\}$ を T の双対基底とする．$x_i\in K_{\alpha_i}(T)$，$x_i\neq 0$ をとると，$t_i(x_j)=\delta_{ij}x_j$ となり，$\{t_1,\cdots,t_n\}$ は K 上1次独立で KT の K 上の基底になる．▌

$H(K/k)$ の部分 k 双代数(または k 代数，k 余代数)が $\mathrm{End}_k(K)$ の輪環的部分 k 線型空間になっているとき，それを**輪環的**であるという．T を対角化可能輪環的 k 余代数とするとき，

$$G=G(T)=\{\alpha\in T^*;\ K_\alpha(T)\neq 0\}$$

とおくと，$x\in K_\alpha(T)$，$y\in K_\beta(T)$，$x\neq 0$，$y\neq 0$ のとき，

$$t(xy)=\sum_{(t)}t_{(1)}(x)t_{(2)}(y)=\sum_{(t)}\alpha(t_{(1)})\beta(t_{(2)})xy, \qquad t\in T.$$

ゆえに，$\alpha*\beta=\mu\circ(\alpha\otimes\beta)\circ\Delta$ とおくと，$xy\in K_{\alpha*\beta}(T)$．したがって，$G$ は合成積に関して閉じている．すなわち，G は合成積 $*$ に関して，可換半群である．$x_\beta\in K_\beta(T)$，$x_\beta\neq0$ とすると，$K=Kx_\beta=\sum_{\alpha\in G}K_\alpha(T)x_\beta$ かつ $K_\alpha(T)x_\beta\subset K_{\alpha*\beta}(T)$ だから，$K_\alpha(T)x_\beta=K_{\alpha*\beta}(T)$．$G$ は有限半群で右移動は全射だから，$\alpha*\beta=\alpha'*\beta$ ならば $\alpha=\alpha'$ である．また，$\alpha^n=\alpha*\cdots*\alpha$ ($n=0,1,2,\cdots,n$ 個の積)には相等しいものが存在するから $\alpha=\alpha^{d+1}=\alpha*\alpha^d$ を満たす自然数 d が存在する．ゆえに，$\alpha*\beta=\alpha*(\alpha^d*\beta)$ で $\alpha^d*\beta=\beta$ ($\beta\in G$) が成り立つ．したがって，$\alpha^d=e$ は G の単位元である．また，$\alpha^{d-1}*\alpha=e$ が成り立つから α^{d-1} は α の逆元である．ゆえに，G は合成積に関して有限可換群になる．このとき，$K_eK_e\subset K_{e*e}=K_e$．また，$u\in K_e$，$u\neq0$ ならば $K_e=K_eu$ で $u\in K_eu$．ゆえに $1\in K_e$．したがって，K_e は K の部分体である．$\alpha\in G$ ならば $x_\alpha\in K_\alpha(T)$，$x_\alpha\neq0$ をとると，$K_\alpha=K_ex_\alpha$．ゆえに $[K:K_e]=|G|$ (G の位数) となる．

一般に，K を k の有限次拡大体とするとき，有限可換群 G の各元 α に K の部分 k 線型空間 K_α が対応し，$K_\alpha K_\beta\subset K_{\alpha*\beta}$ ($\alpha*\beta$ は α と β の積) を満たし，K の k 線型空間としての直和分解 $K=\coprod_{\alpha\in G}K_\alpha$ となっているとき，G を K/k の**分裂群**とよぶと，以上から次の定理がえられる．

定理 5.1.4 K を k の有限次拡大体とし，$T\subset H(K/k)$ を対角化可能輪環的 k 余代数とする．

$$G=G(T)=\{\alpha\in T^*;\ K_\alpha(T)\neq0\}$$

は合成積に関して，有限可換群で G は K/k の分裂群である．さらに，e を G の単位元とすると，K_e は K の部分体で $[K:K_e]=|G|$．——

逆に，有限可換群 G が有限次元拡大体 K/k の分裂群のとき，G の k 群双代数 kG の双対 k 双代数 $(kG)^*\cong\mathrm{Map}(G,k)$ を T とおくと，対角化可能輪環的 k 双代数 $T(G)\subset H(K/k)$ が次のように構成される．$t\in T$ のとき，$\bar{t}(x)=t(\alpha)x$ ($x\in K_\alpha$) と定義すると，$\bar{t}\in H(K/k)$．k 線型写像 $\rho:T\to H(K/k)$ を $\rho(t)=\bar{t}$ で定義すると，ρ は T の K 上の表現になる．実際，$x\in K_\alpha$，$y\in K_\beta$ のとき，

$$\Delta(\bar{t})(x\otimes y)=\bar{t}(xy)=t(\alpha*\beta)(xy)=\sum_{(t)}t_{(1)}(\alpha)t_{(2)}(\beta)(xy)$$
$$=\sum_{(t)}\bar{t}_{(1)}(x)\bar{t}_{(2)}(y),$$

$$\overline{st}(x) = s(\alpha)t(\alpha)x = \bar{s}(\bar{t}(x)).$$

ゆえに，$\rho(T)$ は $H(K/k)$ の部分 k 双代数になる．これを $T(G)$ とおく．$\hat{\alpha} \in T^*$ を $\hat{\alpha}(\bar{t}) = t(\alpha)$ $(\bar{t} \in T(G))$ で定義すると，

$$K_{\hat{\alpha}}(T(G)) = \{x \in K; \bar{t}(x) = \hat{\alpha}(\bar{t})x = t(\alpha)x \ \ \forall t \in T\} = K_\alpha(T)$$

で，$K = \prod_{\alpha \in G} K_{\hat{\alpha}}(T(G))$．ゆえに，$T(G) \subset H(K/k)$ は対角化可能輪環的 k 双代数になり，$G(T(G)) = G$ が成り立つ．以上をまとめて，

定理 5.1.5　有限可換群 G が k の有限次元拡大体 K の分裂群のとき，$\rho(t)(x) = \bar{t}(x) = t(\alpha)x$ $(x \in K_\alpha, \alpha \in G)$ であたえられる写像

$$\rho : (kG)^* \to H(K/k)$$

は k 双代数 $T = (kG)^*$ の K 上の表現で $\rho(T) = T(G)$ は対角化可能輪環的 k 双代数である．さらに，$G(T(G)) = G$ が成り立つ．——

注意　次の節で $T \subset H(K/k)$ が対角化可能輪環的 k 双代数ならば $T(G(T)) = T$ が証明されて，対応 $G \mapsto T(G)$ および $T \mapsto G(T)$ が K/k の分裂群の全体のなす集合と，$H(K/k)$ の対角化可能輪環的部分 k 双代数の全体の集合との間の1対1対応をあたえることがわかる．

§2　Jacobson の定理

この節では，指数1の純非分離拡大体と p リー代数との間のガロア対応をあたえる Jacobson の定理を証明しよう．

2.1　Jacobson-Bourbaki の定理

K を体 k の拡大体とする．K/k 代数 $\mathrm{End}_k(K)$ の部分 K/k 代数 A に対して，

$$K^A = \{y \in K;\ f(xy) = f(x)y \ \ \forall f \in A \ \ \forall x \in K\}$$

は K の部分体で $A \subset \mathrm{End}_{K^A}(K)$ となる．

例 5.7　G を $\mathrm{Aut}_k(K)$ の部分群とする．$A = K[G]$ を $\mathrm{End}_k(K)$ の中で G から生成される部分 K 線型空間とすると，

$$K^A = K^G = \{y \in K;\ g(y) = y \ \ \forall g \in G\}$$

である．このとき，A は G の群 K 代数 KG と同一視できる．すなわち，G の元は K 上1次独立である．実際，G の元が1次独立でないとして，$\sum_{i=1}^{n} c_i g_i = 0$ とし，$c_i \in K$，$c_i \neq 0$ で $g_i \in G$ $(1 \leqq i \leqq n)$ は互いに相異なるような最小の n $(n > 1)$

とする．$a, b \in K$ ならば，$0=\sum_{i=1}^{n} c_i g_i(ab)=\sum_{i=1}^{n} c_i g_i(a) g_i(b)$．一方，$0=g_n(a)\sum_{i=1}^{n} c_i g_i(b)=\sum_{i=1}^{n} c_i g_n(a) g_i(b)$．ゆえに，

$$\sum_{i=1}^{n-1}(g_i(a)-g_n(a))g_i(b)c_i = 0 \quad \forall b \in K$$

だから，n のとり方により $(g_i(a)-g_n(a))c_i=0\ (1 \leqq i \leqq n-1)$，$c_i \neq 0$．ゆえに，$g_i(a)=g_n(a)\ (\forall a \in K)$．したがって，$g_i=g_n\ (1 \leqq i \leqq n-1)$ となり $g_i\ (1 \leqq i \leqq n)$ が相異なることに矛盾する．——

A を $\mathrm{End}_k(K)$ の部分 K/k 代数とする．$x \in K$ のとき，A から K への K 線型写像 $\hat{x}: A \to K$ を $\hat{x}(f)=f(x)\ (f \in A)$ で定義し，K の部分集合 S に対して，$\hat{S}=\{\hat{x};\ x \in S\}$ とおく．$\hat{K} \subset \boldsymbol{Mod}_K(A, K)=A^*$ は A^* の中で稠密である．

$$A^A = \{g \in A;\ f(xg)=f(x)g \ \ \forall f \in A \ \ \forall x \in K\}$$

とおくと，A^A は A の部分 K^A 線型空間で $\hat{S}$ が A^* の中で稠密ならば

$$A^A = \{g \in A;\ g(S) \subset K^A\}$$

が成り立つ．実際，$\hat{y}(f(xg))=f(xg)(y)=f(xg(y))$．一方，$\hat{y}(f(x)g)=f(x)g(y)$ だから，

$$f(x)g = f(xg) \ \forall f \in A \ \forall x \in K \Leftrightarrow f(xg(y)) = f(x)g(y) \ \forall f \in A \ \forall x \in K.$$

とくに，$A^A=\{g \in A;\ g(K) \subset K^A\}$ である．

定理 5.2.1 $\mathrm{End}_k(K)$ の部分 K/k 代数 A が K 上有限次元ならば A^A は A の K^A 形式で $\dim_K A=[K:K^A]$.

証明 $\hat{K}$ は A^* の中で稠密だから，A^* の K 上の基底として，$\hat{S}=\{\hat{x}_1, \cdots, \hat{x}_n\}$ をとることができる．$\{g_1, \cdots, g_n\}$ を A の K 上の双対基底とする．$g_j(x_i)=\hat{x}_i(g_j)=\delta_{ij}\ (1 \leqq i, j \leqq n)$ だから，$g_j(S) \subset K^A$ で $g_j \in A^A$ となる．$g=\sum_{j=1}^{n} y_j g_j \in A^A$ $(y_j \in K, 1 \leqq j \leqq n)$ ならば $y_i=\sum_{j=1}^{n} y_j g_j(x_i)=g(x_i) \in K^A$．ゆえに，$\{g_1, \cdots, g_n\}$ は A^A の K^A 上の基底である．したがって，A^A は A の K^A 形式である．$\dim_K A=[K:K^A]$ を示すには，$\{x_1, \cdots, x_n\}$ が K の K^A 上の基底であることを示せばよい．$x=\sum_{i=1}^{n} x_i y_i\ (y_i \in K^A)$ ならば，$g_j(x)=\sum_{i=1}^{n} g_j(x_i) y_i = y_j$．一方，$g_j\left(\sum_{i=1}^{n} x_i g_i(x)\right)=\sum_{i=1}^{n} g_j(x_i) g_i(x)=g_j(x)$．ゆえに，$x=\sum_{i=1}^{n} x_i g_i(x)$，$g_i(x) \in K^A$ で K の元は K^A 上 $x_1, \cdots, x_n$ の1次結合として一意的に表現できる．したがって，$\{x_1, \cdots, x_n\}$ は K の K^A 上の基底である．▌

定理 5.2.2 (Jacobson-Bourbaki) $\mathrm{End}_k(K)$ の部分 K/k 代数 A が K 上有限次元ならば $A=\mathrm{End}_{K^A}(K)$.

証明 $A\subset\mathrm{End}_{K^A}(K)$ であることは明らか. 定理 5.2.1 により,

$$\dim_K \mathrm{End}_{K^A}(K) = [K:K^A] = \dim_K A.$$

ゆえに, $A=\mathrm{End}_{K^A}(K)$. ▌

系 5.2.3 体 K の素体を P とおく. K の部分体 k で K が k 上有限次元であるものの全体の族を $\mathscr{K}$ とおき, $\mathrm{End}_P(K)$ の部分 K/P 代数 A で K 上有限次元であるものの全体の族を $\mathscr{A}$ とおくと,

$$k\mapsto \mathrm{End}_k(K), \qquad A\mapsto K^A$$

は $\mathscr{K}$ と $\mathscr{A}$ との間の1対1対応をあたえ, 2つの対応は互いに逆の対応である.

証明 $\mathrm{End}_k(K)$ は $\mathrm{End}_P(K)$ の部分 K/P 代数である. $k\subset K^{\mathrm{End}_k(K)}=k'$ は明らか. 定理 5.2.1 から $[K:k]=\dim_K \mathrm{End}_k(K)=[K:k']$. ゆえに, $k=k'$. また定理 5.2.2 から $A=\mathrm{End}_{K^A}(K)$. したがって, これら2つの対応は互いに逆の対応である. ▌

この定理を応用して, 前節の K/k の分裂群と対角化可能輪環的 k 双代数との間の対応 $G\mapsto T(G)$, $T\mapsto G(T)$ が1対1であることを証明しよう. $\mathrm{End}_k(K)$ の部分集合 T から生成される $\mathrm{End}_k(K)$ の部分 k 代数を $\langle T\rangle$ とおく.

定理 5.2.4 $H(K/k)$ の対角化可能輪環的部分 k 余代数 T に対して, $T(G(T))=\langle T\rangle$. $H(K/k)$ の対角化可能輪環的部分 k 双代数の全体の族を $\mathscr{T}$, K/k の分裂群の全体の族を $\mathscr{G}$ とおくと,

$$G\mapsto T(G), \qquad T\mapsto G(T)$$

は $\mathscr{T}$ と $\mathscr{G}$ との間の1対1対応をあたえ, これら2つの対応は互いに逆の対応である.

証明 T を $H(K/k)$ の対角化可能輪環的部分 k 余代数とし, $t\in T$ とする. $\hat{t}\in kG(T)^*=\mathrm{Map}(G(T),k)$ を $\hat{t}(\alpha)=\alpha(t)$ $(\alpha\in G(T))$ で定義すると, $\rho(\hat{t})(x)=\hat{t}(\alpha)x=\alpha(t)x=t(x)$ $(x\in K_\alpha, \alpha\in G(T))$. ゆえに, $\rho(\hat{t})=t\in T(G(T))$. すなわち, $T\subset T(G(T))$. $T(G(T))$ は k 双代数だから, $\langle T\rangle\subset T(G(T))$. さらに, $G(\langle T\rangle)=G(T)=G(T(G(T)))$ だから, $K^T=K^{\langle T\rangle}=K^{T(G(T))}$. したがって, 系 5.2.3 により, $K\langle T\rangle=KT(G(T))$. 補題 5.1.3 から

$$\dim_k\langle T\rangle = \dim_K K\langle T\rangle = \dim_K KT(G(T)) = \dim_k T(G(T)).$$

ゆえに，$\langle T\rangle=TG(T)$．とくに，T が k 双代数ならば $T=TG(T)$．定理5.1.5により $G=G(T(G))$ だから定理の主張がえられる．▌

定理 5.2.5 K を標数 $p>0$ の体 k の有限次元拡大体とし，k の素体を P とおく．$H(K/k)$ の対角化可能輪環的部分 k 余代数(または k 双代数) T に対して，$G=G(T)$ とおくと，$T_P=\{t\in(kG)^*;\ t(PG)\subset P\}\cong(PG)^*$ は $H(K/P)$ の部分 P 余代数(または P 双代数)で

$$H(K/K^T)=K\langle T\rangle=K\langle T_P\rangle \qquad (\text{または } H(K/K^T)=KT=KT_P).$$

証明 T を $H(K/k)$ の対角化可能輪環的部分 k 余代数(または k 双代数)とすると，補題5.1.2により，T_P の P 上の基底は T の K 上の基底で，$\varepsilon(T_P)=P$．$\{t_1,\cdots,t_n\}$ を T_P の P 上の基底とし，$t\in T_P$ とすると，$t^p=t$ だから，

$$\Delta(t)=\sum_{i=1}^n u_i\otimes t_i=\Delta(t^p)=\sum_{i=1}^n u_i{}^p\otimes t_i{}^p=\sum_{i=1}^n u_i{}^p\otimes t_i.$$

ゆえに，$u_i{}^p=u_i\ (1\leqq i\leqq n)$．したがって，$u_i\in T_P$．すなわち，$T_P$ は P 余代数である．$K^T=K^{T_P}=K^{KT}=K^{\langle T\rangle}=K^{\langle T_P\rangle}=K^{K\langle T\rangle}$ だから，定理5.2.2により，$H(K/K^T)=K\langle T\rangle=K\langle T_P\rangle$．$T$ が積に関して閉じていれば T_P も積に関して閉じている．ゆえに，T が k 双代数のときは，$T=\langle T\rangle$，$T_P=\langle T_P\rangle$ である．▌

A を $\mathrm{End}_k(K)$ の部分 K/k 代数とし，V を K 線型空間で A 加群であるとする．

$$V^A=\{v\in V;\ f(xv)=f(x)v\ \ \forall f\in A\ \ \forall x\in K\}$$

とおく．V^A は V の部分 K^A 線型空間である．

例 5.8 $V=K^n$，$x=(x_1,\cdots,x_n)\in V$，$f\in A$ のとき，$f(x_1,\cdots,x_n)=(f(x_1),\cdots,f(x_n))$ と定義して，V は K/k-A 加群である．このとき，$A^A=(K^A)^n$．一般に，k を K^A の部分体とし，W を k 線型空間とするとき，$V=K\otimes W$ とおき，

$$f\left(\sum_{i=1}^n x_i\otimes w_i\right)=\sum_{i=1}^n f(x_i)\otimes w_i,\qquad f\in A,\ \ x_i\in K,\ \ w_i\in W$$

と定義すると，V は K/k-A 加群で $k=K^A$ ならば $V^A=1\otimes W$ である．

定理 5.2.6 (Jacobson) A を $\mathrm{End}_k(K)$ の部分 K/k 代数とする．A^A が A の K^A 形式ならば，V^A は V の K^A 形式である．とくに，A が K 上有限次元ならば V^A は V の K^A 形式である．

証明 $g\in A^A$，$v\in V$ ならば $f(xg)=f(x)g$ だから，

$$f(xg(v))=f(xg)(v)=f(x)g(v),\qquad f\in A,\ \ x\in K.$$

ゆえに，$g(v)\in V^A$．したがって，$A^A(V)\subset V^A$．仮定により，A^A が A の K^A 形式だから，$1=\sum_{i=1}^{n}x_ig_i\,(x_i\in K,\ g_i\in A^A,\ 1\leqq i\leqq n)$ と書ける．ゆえに，$v=1(v)=\sum_{i=1}^{n}x_ig_i(v)$ で $A^A(V)$ は V を張る．一方，$A^A(V)\subset V^A$ だから，V^A は K 上 V を張る．$\{v_\lambda\}_{\lambda\in\Lambda}$ を V^A の K^A 上の基底とするとき，$\{v_\lambda\}_{\lambda\in\Lambda}$ が K 上の V の基底であることを示そう．$\sum y_\lambda v_\lambda=0\,(y_\lambda\in K)$ とすると，

$$0=g_i(\sum_\lambda y_\lambda v_\lambda)=\sum_\lambda g_i(y_\lambda)v_\lambda,\qquad g_i(y_\lambda)\in A^A(K)\subset K^A.$$

ゆえに，$g_i(y_\lambda)=0\,(1\leqq i\leqq n)$．したがって，$y_\lambda=1(y_\lambda)=\sum_{i=1}^{n}x_ig_i(y_\lambda)=0$．すなわち，$\{v_\lambda\}_{\lambda\in\Lambda}$ は V の K 上の基底で V^A は V の K^A 形式である．定理5.2.1により，A が K 上有限次元ならば V^A は V の K^A 形式である．▌

2.2　Jacobson の定理

標数 $p>0$ の体 k の指数1の純非分離拡大体 K の中間体と，p-k リー代数 $\mathrm{Der}_k(K)$ の部分 p-k リー代数との間のガロア対応をあたえる Jacobson の定理を証明しよう．

K を標数 $p>0$ の体 k の拡大体とする．K 線型空間 L を k 線型空間とみて，L が p-k リー代数の構造をもつとき，L を K/k **リー代数**という．K から K への k 導分の全体のなす p-k リー代数 $\mathrm{Der}_k(K)$ の部分 K/k リー代数 L に対して，

$$\begin{aligned}K^L&=\{y\in K;\ D(xy)=D(x)y\ \ \forall D\in L,\ x\in K\}\\&=\{y\in K;\ D(y)=0\ \ \forall D\in L\}\end{aligned}$$

は K の部分体である．また，$x\in K$，$D\in L$ ならば $D(x^p)=px^{p-1}D(x)=0$ だから $K^p\subset K^L$ である．

補題5.2.7　k を K の部分体で，$K^p\subset k$ とすると，$K^{\mathrm{Der}_k(K)}=k$.

証明　$M=\mathrm{Der}_k(K)$ とおく．$x\in K$ で $x\notin k$ なる元をとり，x を含まない最大の K の部分体を k' とおくと，$k'(x)=K$．実際，$k'(x)\subsetneqq K$ とすると，$y\in K-k'(x)$ が存在する．このとき，$x\in k'(y)$ だから，$k'\subsetneqq k'(x)\subset k'(y)$．$x^p,y^p\in k'$ だから $[k'(y):k']=[k'(x):k']=p$．ゆえに，$k'(x)=k'(y)$ となり，$y\notin k'(x)$ に矛盾する．したがって，$k'(x)=K$．k' 線型写像 $D:K\to K$ を $D(x^i)=ix^i\,(0\leqq i\leqq p-1)$ で定義すると，$D\in\mathrm{Der}_k(K)$．$x\notin K^M$．ゆえに，$K^M\subset k$．$K^M\supset k$ は明らかだから $K^M=k$．▌

L を $\mathrm{Der}_k(K)$ の部分 K/k リー代数とする．$x\in K$ のとき，K 線型写像 $\hat{x}:L$

$\to K$ を $\hat{x}(D)=D(x)$ と定義する．$\hat{K}$ は $L^*=\boldsymbol{Mod}_K(L,K)$ の中で稠密である．

定理 5.2.8 L を K 上有限次元の $\mathrm{Der}_k(K)$ の部分 p-K/k リー代数とすると，互いに可換な P 上対角化可能な導分よりなる L の P 形式 L_P が存在する．また $[K:K^L]=p^{\dim_K L}$ が成り立つ．

証明 L は K 上有限次元で $\hat{K}$ が L^* の中で稠密だから，$\hat{K}$ は L^* の K 上の基底 $\{\hat{x}_1,\cdots,\hat{x}_n\}$ を含む．$D_i\,(1\leqq i\leqq n)$ を $\hat{x}_j(D_i)=\delta_{ij}x_j=D_i(x_j)$ で定義される L の元とすると，$\{D_1,\cdots,D_n\}$ は L の K 上の基底である．このとき，$[D_i,D_j]=0$, $D_i{}^p(x_r)=\delta_{ir}x_r=D_i(x_r)\,(1\leqq i,j,r\leqq n)$ が成り立つ．$\{D_1,\cdots,D_n\}$ で張られる P 線型空間 L_P は L の P 形式で例 5.5 と同様にして，$G=\boldsymbol{Mod}_P(L_P,P)$ とおくと，$[K:K^L]=|G|$．一方，$|G|=p^{\dim_P L_P}$ だから，$[K:K^L]=p^{\dim_K L}$．▌

定理 5.2.9 (Jacobson) K 上有限次元の $\mathrm{Der}_k(K)$ の部分 p-K/k リー代数 L について，$L=\mathrm{Der}_{K^L}(K)$．

証明 $L\subset\mathrm{Der}_{K^L}(K)$ は明らか．定理 5.2.8 により，$p^{\dim_K L}=[K:K^L]=p^{\dim_K \mathrm{Der}_{K^L}(K)}$．ゆえに，$\dim_K L=\dim_K \mathrm{Der}_{K^L}(K)$．したがって，$L=\mathrm{Der}_{K^L}(K)$．▌

系 5.2.10 K を標数 $p>0$ の体とする．K の部分体 k で $K^p\subset k$ かつ K は k 上有限次元であるようなものの全体の族を $\mathcal{P}$，K 上有限次元の $\mathrm{Der}_P(K)$ の部分 p-K/P リー代数の全体の族を $\mathcal{L}$ とおくと，

$$k\mapsto \mathrm{Der}_k(K),\qquad L\mapsto K^L$$

は $\mathcal{P}$ と $\mathcal{L}$ との間の 1 対 1 対応で，2 つの対応は互いに逆の対応である．

証明 $L\in\mathcal{L}$ のとき，$k=K^L\in\mathcal{P}$．補題 5.2.7 により $K^{\mathrm{Der}_k(K)}=k$．また，定理 5.2.9 により，$L=\mathrm{Der}_{K^L}(K)$．ゆえに，2 つの対応は互いに逆の 1 対 1 の対応である．▌

V を K 線型空間，L を $\mathrm{Der}_P(K)$ の部分 K/P-p リー代数とする．$x(D\otimes v)=xD\otimes v\,(x\in K, D\in L, v\in V)$ と定義して，$L\otimes V$ は K 線型空間である．V が p-L 加群でその構造射 $\varphi: L\otimes V\to V$ が K 線型写像のとき，V を p-K/k-L **加群**という．このとき，

$$V^L=\{v\in V;\ D(xv)=D(x)v\ \ \forall x\in K\ \forall D\in L\}$$

は V の部分 K^L 線型空間である．

例 5.9 L が $\mathrm{Der}_k(K)$ の部分 p-K/k リー代数ならば，k リー代数の構造射 $\varphi: L\otimes L\to L$ によって，L は p-K/k-L 加群である．また，$V=K^n$, $v=(x_1,\cdots,$

$x_n)\in V$ のとき，写像 $\varphi: L\otimes V\to V$ を $\varphi(D\otimes v)=(D(x_1),\cdots,D(x_n))\in V(D\in L, v\in V)$ と定義すると，V は p-K/k-L 加群で $V^L=(K^L)^n$ となる．一般に，W を k 線型空間，k を K^L の部分体とし，$V=K\otimes W$ とおいて，写像 $\varphi: L\otimes V\to V$ を $\varphi\left(D\otimes\left(\sum_{i=1}^n x_i\otimes w_i\right)\right)=\sum_{i=1}^n D(x_i)\otimes w_i$ と定義すると，V は p-K/k-L 加群で $V^L=1\otimes W$ となる．

定理 5.2.11　L を K 上有限次元の $\mathrm{Der}_k(K)$ の部分 p-K/k リー代数とする．V を p-K/k-L 加群とすると，V^L は V の K^L 形式である．また，L の P 形式 L_P と $\alpha\in R=\boldsymbol{Mod}_P(L_P,P)$ に対して，

$$K_\alpha=\{x\in K;\ D(x)=\alpha(D)x\ \ \forall D\in L_P\}$$
$$V_\alpha=\{v\in V;\ D(v)=\alpha(D)v\ \ \forall D\in L_P\}$$

とおくと，$K=\coprod_{\alpha\in R}K_\alpha$，$V=\coprod_{\alpha\in R}V_\alpha$，$K_\alpha K_\beta\subset K_{\alpha+\beta}$，$K_\alpha V_\beta\subset V_{\alpha+\beta}$ が成り立つ．

証明　定理 5.2.8 により，L_P の元は P 上対角化可能だから $K=\coprod_{\alpha\in R}K_\alpha$，$V=\coprod_{\alpha\in R}V_\alpha$ と書ける．$D\in L_P$，$x\in K_\alpha$，$y\in K_\beta$，$v\in V_\beta$ ならば，

$$D(xy)=D(x)y+xD(y)=\alpha(D)xy+\beta(D)xy=(\alpha+\beta)(D)(xy)$$
$$D(xv)=D(x)v+xD(v)=\alpha(D)xv+\beta(D)xv=(\alpha+\beta)(D)(xv).$$

ゆえに，$K_\alpha K_\beta\subset K_{\alpha+\beta}$, $K_\alpha V_\beta\subset V_{\alpha+\beta}$．一方，$\coprod_\beta K_\beta=\coprod_\alpha K_0x_\alpha$．$V$ についても同様．$V=\coprod_{\alpha\in R}V_\alpha=\coprod_{\alpha\in R}K_\alpha V_0$．ゆえに，$KV_0=V$．したがって，$K_0$ 線型空間 V_0 の元の集合 $\{v_1,\cdots,v_m\}$ が K_0 上1次独立ならば K 上1次独立であることを示せば V_0 は V の K_0 形式であることがわかる．いま V_0 の元の集合 $\{v_1,\cdots,v_m\}$ が K_0 上1次独立で，K 上1次従属であるとする．m をこのような集合の元の個数の最小値にとる．仮定から $\sum_{i=1}^m x_iv_i=0$，$x_i\in K$，$x_i\neq 0\,(1\leqq i\leqq m)$ と書ける．ここで $x_m=1$ としてよい．$D\in L_P$ に対して，$0=D\left(\sum_{i=1}^m x_iv_i\right)=\sum_{i=1}^{m-1}D(x_i)v_i$．$\{v_1,\cdots,v_{m-1}\}$ は K 上1次独立だから $D(x_i)=0\,(1\leqq i\leqq m-1)$．ゆえに，すべての $D\in L_P$ について，$D(x_i)=0\,(1\leqq i\leqq m)$ となり，$x_i\in K_0\,(1\leqq i\leqq m)$ がえられる．一方，$\{v_1,\cdots,v_m\}$ は K_0 上1次独立だから $x_i=0\,(1\leqq i\leqq m)$．これは $x_m=1$ に矛盾する．したがって，V_0 は V の K_0 形式である．$K_0=K^L$，$V_0=V^L$ だから V^L は V の K^L 形式である．∎

K を k の純非分離拡大体とするとき，$K^{p^m}\subset k$ を満たす最小の m を拡大 K/k の**指数**という．K/k が指数1の純非分離拡大体ならば $K^{\mathrm{Der}_k(K)}=k$ である(系 5.

2.10). $\{x_1, \cdots, x_n\}$ を K/k の p 基底とすると，$D_i(x_j)=\delta_{ij}x_j$ で定義される $\mathrm{Der}_k(K)$ の元の集合 $\{D_1, \cdots, D_n\}$ は $\mathrm{Der}_k(K)$ の K 上の基底になる．実際，$\sum_{i=1}^{n} y_iD_i=0\ (y_i \in K, 1 \leqq i \leqq n)$ ならば $\sum_{i=1}^{n} y_iD_i(x_j)=y_jx_j=0$．$x_j \neq 0$ だから $y_j=0$ $(1 \leqq j \leqq n)$．ゆえに，$\{D_1, \cdots, D_n\}$ は K 上1次独立である．また，任意の $D \in \mathrm{Der}_k(K)$ は $D=\sum_{j=1}^{n} D(x_j)x_j^{-1}D_j$ と書ける．したがって，$\{D_1, \cdots, D_n\}$ は $\mathrm{Der}_k(K)$ の K 上の基底になる．K は k 上 $\{x_1^{d_1} \cdots x_n^{d_n};\ 0 \leqq d_i \leqq p-1\}$ で張られ，$[K:k]=p^{\dim_K \mathrm{Der}_k(K)}=p^n$．一方，$\alpha \in R=\boldsymbol{Mod}_P(L_P, P)$ は $\alpha(D_i)=d_i \in P\ (1 \leqq i \leqq n)$ で一意的にきまる．ゆえに α と $(d_1, \cdots, d_n)\ (0 \leqq d_i \leqq p-1)$ とを同一視すると，$K_\alpha=kx_1^{d_1} \cdots x_n^{d_n}$ で $K=\coprod_{\alpha \in R} K_\alpha$．$A$ を K 上 $D_1^{d_1} \cdots D_n^{d_n}\ (0 \leqq d_i \leqq p-1)$ で張られる $\mathrm{End}_k(K)$ の部分 K 線型空間とすると，A は $\mathrm{End}_k(K)$ の部分 K/k 代数になる．このとき，

$$(xD)(yD') = xD(y)D'+xyDD', \qquad D_i^p = D_i\ (1 \leqq i \leqq n),$$
$$x, y \in K,\ \ D, D' \in L_P$$

が成り立つ．また，$K^A=K^{\mathrm{Der}_k(K)}=k$(定理 5.2.9)だから，定理 5.2.1 により $A=\mathrm{End}_k(K)$ となる．以上をまとめて，

定理 5.2.12 (Jacobson) 体 k の指数1の有限次元純非分離拡大体 K の k 上の p 基底を $\{x_1, \cdots, x_n\}$ とおくと，$\{x_1^{d_1} \cdots x_n^{d_n};\ 0 \leqq d_i \leqq p-1\}$ は K の k 上の基底である．$D_i(x_j)=\delta_{ij}x_j\ (1 \leqq i, j \leqq n)$ で定義される $L=\mathrm{Der}_k(K)$ の元の集合 $\{D_1, \cdots, D_n\}$ は L の K 上の基底で，P 上 $\{D_1, \cdots, D_n\}$ で張られる P 線型空間 L_P は L の P 形式でかつ $K=\coprod_{\alpha \in R} K_\alpha$．ここで，$R=\boldsymbol{Mod}_P(L_P, P)$．また，$\alpha \in R$ が $\alpha(D_i)=d_i\ (1 \leqq i \leqq n, 0 \leqq d_i < p)$ であたえられるとき，$K_\alpha=kx_1^{d_1} \cdots x_n^{d_n}$ となる． ▌

§3 modular 拡大

純非分離拡大のガロア対応と，Sweedler による modular 拡大体の特徴づけを述べる．

3.1 ガロア対応

K を体とし，その素体を P とする．K が k 上有限次元であるような K の部分体 k の全体の族を $\mathcal{K}$, K 上有限次元であるような $\mathrm{End}_P(K)$ の部分 K/P 双代数の全体の族を $\mathcal{H}$ と書く．$k \in \mathcal{K}$ ならば $\mathrm{End}_k(K)=H(K/k)$ である．実際，

$\mathrm{End}_k(K)$ は有限次元 K 線型空間で，$f\in\mathrm{End}_k(K)$, $x\in K$ ならば xf, $fx\in\mathrm{End}_k(K)$. ゆえに $f\in R_K(K_m)$. すなわち，$\mathrm{End}_k(K)=H(K/k)$ がえられる．したがって，系 5.2.3 の対応

$$k\mapsto H(K/k), \qquad A\mapsto K^A$$

は $\mathscr{K}$ と $\mathscr{H}$ との間の互いに逆の 1 対 1 対応をあたえる．

定理 5.3.1 K を k の有限次元拡大体とする．

(1) K/k が正規拡大 $\Leftrightarrow$ $H(K/k)$ が分裂余可換正規 K/k 双代数

(2) K/k がガロア拡大 $\Leftrightarrow$ $H(K/k)$ が分裂余可換余半単純

(3) K/k が純非分離拡大 $\Leftrightarrow$ $H(K/k)$ が分裂余可換既約．

証明 $H=H(K/k)$ とおく．

(2) K/k をガロア拡大とする．$G(H)=\mathrm{Aut}_k(K)$ で $KG(H)$ は $\mathrm{End}_P(K)$ の部分 K/P 双代数である．H は K 上有限次元だから，$K^H=k=K^{G(H)}=K^{KG(H)}$. ゆえに，$KG(H)=H$. したがって，H は分裂余可換余半単純である．逆に，H が分裂余可換余半単純ならば $H=KG(H)$. ゆえに，$k=K^H=K^{G(H)}$. したがって，K/k はガロア拡大である．

(3) K/k を純非分離拡大とする．H の双対 K 代数を $A=H^*$ とおく．$a\in K$ のとき，$\hat{a}\in A$ を $\hat{a}(x)=x(a)$ $(x\in H=\mathrm{End}_k(K))$ と定義すると，$A=K\hat{K}$ である．いま，$M=\left\{\sum_{i=1}^{n}a_i\hat{b}_i;\ n\geqq 1,\ a_i, b_i\in K,\ \sum_{i=1}^{n}a_ib_i=0\right\}$ とおくと，M は A の極大イデアルで巾零である．実際，$f=\sum_{i=1}^{n}a_i\hat{b}_i\in A$ について，$f(1)=0\Leftrightarrow\sum_{i=1}^{n}a_ib_i=0$. ゆえに，$g=f-f(1)1$ とおくと，$g\in M$. したがって，$A=K1+M$ で M は極大イデアルである．また，$f=\sum_{i=1}^{n}a_i\hat{b}_i\in M$, ${a_i}^{p^e}\in k$ $(1\leqq i\leqq n)$ なる e をとって，

$$\left(\sum_{i=1}^{n}a_i\hat{b}_i\right)^{p^e}=\sum_{i=1}^{n}{a_i}^{p^e}{\hat{b}_i}^{p^e}=\sum_{i=1}^{n}\widehat{{a_i}^{p^e}{b_i}^{p^e}}=0.$$

ゆえに，M は巾零イデアルである．したがって，A は局所 K 代数でかつ $\varepsilon\circ\eta_A=1_K$ を満たす K 代数射 $\varepsilon: A\to K$ が存在する．したがって，H は既約である．逆に，H が分裂余可換既約であるとし，$H_i=\sqcap^{i+1}K1$ とおくと，$\{H_i\}_{i\in I}$ は H の余根基フィルターで $H=\bigcup_{i=0}^{\infty}H_i$. K/k は有限次元拡大だから，$H=\bigcup_{i=0}^{n}H_i$ なる自然数 n が存在する．$x\in(H_{i+1})^+$ とすると，

$$\Delta(x)=x\otimes_K 1+1\otimes_K x+\sum_j x_j\otimes_K y_j, \qquad x_j, y_j\in(H_i)^+.$$

ゆえに，$a\in K^{H_i}, b\in K$ ならば，$x(ab)=x(a)b+ax(b)$. ゆえに，$x(a^p)=0$. したがって，$(K^{H_i})^p\subset K^{H_{i+1}}$ が成り立つ．$K=K^{H_0}$ だから，$K^{p^n}\subset K^{H_n}=K^H=k$. ゆえに，$K/k$ は純非分離拡大である．

(1) K/k を正規拡大とすると，K の部分体 $K_{\mathrm{gal}}, K_{\mathrm{rad}}$ で K_{gal}/k がガロア拡大，K_{rad}/k が純非分離拡大でかつ $K=K_{\mathrm{gal}}K_{\mathrm{rad}}$ を満たすものが存在する．$H_{\mathrm{gal}}=KG(H)$, $H_{\mathrm{rad}}=H_1$ とおくと，$H_{\mathrm{gal}}=H(K_{\mathrm{gal}}/k)$ かつ $H_{\mathrm{rad}}=H(K_{\mathrm{rad}}/k)$ となることを示そう．$x\in H(K_{\mathrm{gal}}/k)$, $y\in H(K_{\mathrm{rad}}/k)$ のとき，

$$f: ab\mapsto x(a)y(b), \qquad a\in K_{\mathrm{gal}},\ b\in K_{\mathrm{rad}}$$

で定義される $\mathrm{End}_k(K)$ の元を $x\otimes y$ と書く．k 上 $\{x\otimes y; x\in H(K_{\mathrm{gal}}/k),\ y\in H(K_{\mathrm{rad}}/k)\}$ で張られる $\mathrm{End}_k(K)$ の部分 k 線型空間を H' とおく．H' は $\mathrm{End}_k(K)$ の部分 K/k 代数である．実際，$a\in K_{\mathrm{gal}}$, $b\in K_{\mathrm{rad}}$ のとき，$ab(x\otimes y)=ax\otimes by$. ゆえに，$H'$ は部分 K 線型空間で $x\in H(K_{\mathrm{gal}}/k)$, $y\in H(K_{\mathrm{rad}}/k)$ のとき，

$$\Delta(x\otimes y)=\sum_{(x)(y)}(x_{(1)}\otimes y_{(1)})\otimes_K(x_{(2)}\otimes y_{(2)}).$$

ゆえに，

$$\Delta(x\otimes y)(a\otimes b\otimes_K a'\otimes b')=\sum_{(x)(y)}x_{(1)}(a)y_{(1)}(b)\otimes x_{(2)}(a')y_{(2)}(b').$$

したがって，H' は $\mathrm{End}_k(K)$ の部分 K/k 双代数である．一方，$K^{H(K/k)}=k=K^{H'}$ で $k\mapsto H(K/k)$ が 1 対 1 であることから，$H'=H(K/k)$. (2), (3) より，$H(K_{\mathrm{gal}}/k)\subseteq KG(H)$, $H(K_{\mathrm{rad}}/k)\subseteq H_1$ とみなすことができるから等号が成り立つ．したがって，$H=H(K/k)$ は分裂余可換正規である．

逆に，$H=H(K/k)$ が分裂余可換正規ならば，$H=H_1\otimes kG(H)$ と K/k 双代数の半直積であらわされる．このとき，$H_1=H(K/K^{H_1})$, $KG(H)=H(K/K^{G(H)})$ となる．$K^{G(H)}=K_{\mathrm{rad}}$, $K^{H_1}=K_{\mathrm{gal}}$ とおくと，(2), (3) により，K/K_{rad} はガロア拡大で K/K_{gal} は純非分離拡大である．ゆえに，$K/K_{\mathrm{gal}}K_{\mathrm{rad}}$ はガロアかつ純非分離拡大となり，$K=K_{\mathrm{gal}}K_{\mathrm{rad}}$. 一方，$(K_{\mathrm{gal}})^{KG(H)}\subset K^{G(H)}\cap K^{H_1}=K^H=k$, 同様にして，$(K_{\mathrm{rad}})^{H_1}\subset k$. ゆえに，$K_{\mathrm{gal}}/k$ はガロア拡大で，K_{rad}/k は純非分離拡大である．したがって，K/k は正規拡大になる．∎

注意 標数 0 の体 K 上の分裂既約余可換 K ホップ代数 H_1 は $P(H_1)\neq\{0\}$ ならば $H_1\cong U(P(H_1))$ は K 上無限次元，$H=H(K/k)$ は K 上有限次元だから，体 k の標数が 0 ならば $H_1=K$. したがって，H が分裂余可換ならば H は余半単純で $H=KG(H)$ である．

定理 5.3.2 有限次元純非分離拡大 K/k について，次の条件は同値である．

(i) K が有限個の k の単純拡大体のテンソル積と同型である.

(ii) $K^T=k$ を満たす $H(K/k)$ の対角化可能輪環的部分 k 双代数 T が存在する.

証明 (i)⇒(ii) $K\cong k(x_1)\otimes\cdots\otimes k(x_n)$ とする. 各 $i\,(1\leqq i\leqq n)$ について, $x_i^{e_i}\in k$ なる最小の自然数 e_i をとる. G を位数 e_i の巡回群 $\langle g_i\rangle\,(1\leqq i\leqq n)$ の直積とすると,

$$G = \{g_1{}^{f_1}\cdots g_n{}^{f_n};\ 0\leqq f_i<e_i,\ 1\leqq i\leqq n\}$$

で $|G|=e_1e_2\cdots e_n$. G は有限アーベル群で $\alpha=g_1{}^{f_1}\cdots g_n{}^{f_n}\in G$ のとき, $K_\alpha=kx_1{}^{f_1}\cdots x_n{}^{f_n}$ とおくと, $K=\coprod_{\alpha\in G}K_\alpha$ で G は拡大 K/k の分裂群である. $T=T(G)$ とおくと, $K^T=k$.

(ii)⇒(i) T を $K^T=k$ を満たす $H(K/k)$ の対角化可能輪環的部分 k 双代数とする. K/k の分裂群 $G=G(T)$ の基底を $\{g_1,\cdots,g_n\}$ とし, g_i の位数を e_i とおく. $x_i\in K_{g_i}$, $x_i\neq 0\,(1\leqq i\leqq n)$ をとって固定し, $\alpha=g_1{}^{f_1}\cdots g_n{}^{f_n}\in G\,(0\leqq f_i<e_i)$ に対して $K_\alpha=kx_1{}^{f_1}\cdots x_n{}^{f_n}$ で $K=\coprod_{\alpha\in G}K_\alpha$. 一方, $K^G=K^{T(G)}=K^{KT}=k$ だから, $K\cong k(x_1)\otimes\cdots\otimes k(x_n)$. ▌

3.2 高階導分

A, B を k 代数とし, $A\subset B$ とする. A から B への k 線型写像の列 $D=\{D_0, D_1,\cdots,D_m\}$ (m は自然数または ∞ もゆるす) について, D_0 は自然な埋め込み $A\to B$ でかつ

$$D_n(xy) = \sum_{i=0}^{n} D_i(x)D_{n-i}(y), \qquad x, y\in A,\ 0\leqq n\leqq m$$

を満たすとき, D を**階数** m の A から B への**高階** k **導分**または単に m-k 導分という. $B=A$ のとき, A の m-k 導分という.

例 5.10 体 k 上の1変数多項式環 $k[X]$ を A とおく.

$$D_i(X^n) = \binom{n}{i}X^{n-i} \qquad (n=0, 1, 2\cdots) \quad \text{ただし} \quad \binom{n}{i} = 0 \quad (i>n)$$

と定義すると, A から A への k 線型写像の列 $D=\{D_0, D_1, D_2,\cdots\}$ がえられる. D は A の ∞-k 導分である. 実際, $\sum_{i=0}^{j}\binom{m}{i}\binom{n}{j-i}=\binom{m+n}{j}$ だから,

$$\sum_{i=0}^{j} D_i(X^m)D_{j-i}(X^n) = \binom{m+n}{j}X^{m+n-j}.$$

このとき，D_1 は A の k 導分である．k の標数が 0 ならば，逆に，$D_1 \in \mathrm{Der}_k(A)$ があたえられたとき，$D_i = D_1{}^i/i!$ $(i=0,1,2,\cdots)$ とおいて，∞-k 導分 $D=\{D_0, D_1, D_2, \cdots\}$ がえられる．

例 5.11 例 5.10 と同じように，$A=k[X]$ とおき，A から A への k 線型写像 D_i を

$$D_i(X^n) = \binom{n}{i} X^n \qquad (n=0,1,2,\cdots) \quad \text{ただし} \quad \binom{n}{i} = 0 \quad (i>n)$$

と定義すると，$D=\{D_0, D_1, D_2, \cdots\}$ は A の ∞-k 導分である．X^{m+1} から生成される A のイデアルを $\mathfrak{a}$ とおくと，$D_i(\mathfrak{a}) \subset \mathfrak{a}$ $(i=0,1,2,\cdots)$ だから，各 D_i は $\bar{A} = A/\mathfrak{a}$ の k 線型変換 $\bar{D}_i$ をひきおこし，$\{\bar{D}_0, \cdots, \bar{D}_m\}$ は $\bar{A}$ の m-k 導分になる．

例 5.12 k 上の 1 変数多項式環 $k[X]$ のイデアル (X^{m+1}) による剰余 k 代数を $k[t]$ (t は X を含む剰余類) とおく．A を k 代数とするとき，$B=A \otimes k[t] = A[t]$ とおく．A の m-k 導分 $D=\{D_0, D_1, \cdots, D_m\}$ に対応して，A から B への k 線型写像 $s=s(D)$ を

$$s(a) = \sum_{i=0}^{m} D_i(a) t^i, \qquad a \in A$$

と定義すると，$s(ab)=s(a)s(b)$ $(a, b \in A)$ が成り立ち，s は A から B への k 代数射になる．$\pi: B \to A$ を自然な射影，すなわち

$$\pi(a_0 + a_1 t + \cdots + a_m t^m) = a_0 \qquad (a_i \in A,\ 0 \leqq i \leqq m)$$

とおくと，$\pi \circ s = 1_A$ である．同様に，A の ∞-k 導分 $D=\{D_0, D_1, \cdots\}$ に対応して，A から A 上の 1 変数巾級数環 $B=A[[t]]$ への k 線型写像 $s=s(D)$ を

$$s(a) = \sum_{i=0}^{\infty} D_i(a) t^i, \qquad a \in A$$

と定義すると，s は A から B への k 代数射で，自然な射影 $\pi: B \to A$ に対して，$\pi \circ s = 1_A$ が成り立つ．逆に，$\pi \circ s = 1_A$ を満たす k 代数射 $s: A \to B$ $(B=A[t]$ または $A[[t]])$ があたえられたとき，$s(a) = \sum_{i=0}^{\infty} D_i(a) t^i$ $(a \in A)$ とあらわすと，$D=\{D_0, D_1, D_2, \cdots\}$ は A の m-k 導分 (m は自然数または∞) がえられる．s を m-k 導分に属する k 代数射という．

$$A^D = \{a \in A;\ s(a)=a\} = \{a \in A;\ D_i(a)=0,\ i=1,2,\cdots\}$$

は A の部分 k 代数で，これを D の**定数 k 代数**という．とくに，A が k の拡大体のとき，A^D は A の部分体で，これを D の**定数体**という．

例 5.13　K/k を有限次元拡大体とし，C を K 余代数とする．C の元からなる m 除巾列 $\{c_0, c_1, \cdots, c_m\}$ をとり，これらの元で張られる C の部分 K 線型空間を C' とおくと，C' は C の部分 K 余代数である．$f: C' \to \mathrm{End}_k(K)$ を K 余代数 C' の K 上の表現とすると，$\{f(c_0), \cdots, f(c_m)\}$ は K の m-k 導分である．

k 代数 A の m-k 導分 $D=\{D_0, D_1, \cdots, D_m\}$ が，$D_1=D_2=\cdots=D_{q-1}=0$, $D_q \neq 0$ $(1 \leqq q \leqq m)$ となっているとき，q を D の**位数**といい，$q=1$ のとき，D を**固有**であるという．

定理 5.3.3　K を標数 $p>0$ の体 k の有限次元拡大体とする．D を K の m-k 導分で位数 q とし，$k'=K^D$ を D の定数体とする．$p^e>m/q$ を満たす最小の p 巾を p^e とおくと，K/k' は指数 e の純非分離拡大体である．

証明　D に属する k 代数射を s とおくと，$s(a)=a+D_q(a)t^q+\cdots$ だから，

$$s(a^{p^e}) = s(a)^{p^e} = (a+D_q(a)t^q+\cdots+D_m(a)t^m)^{p^e}$$
$$= a^{p^e}+D_q(a)^{p^e}t^{p^e q}+\cdots = a^{p^e}.$$

ゆえに，$a^{p^e} \in k'$．したがって，K/k' は指数高々 e の純非分離拡大体である．一方，$D_q(a) \neq 0$ なる $a \in K$ をとると，$a^{p^{e-1}} \notin k'$ となるから，K/k' の指数は e である．▌

注意　$D=\{D_0, D_1, \cdots\}$ を K の m-k 導分とすると，$D_0, D_1, \cdots, D_m$ で張られる K 線型空間 C は

$$\Delta(D_n) = \sum_{i=0}^{n} D_i \otimes D_{n-i}, \qquad \varepsilon(D_n) = \delta_{0n} \qquad (0 \leqq n \leqq m)$$

と定義して，$H(K/k)$ の部分 K 余代数で分裂既約余可換である．このことからも，K/k' が純非分離拡大であることがたしかめられる．

$K=k(\alpha)$ を k の単純非分離拡大体とし，$X^{p^e}-a$ を α の k 上の最小多項式とする．k 上の 1 変数多項式環 $k[X]$ の (p^e-1)-k 導分 $D=\{D_0, D_1, \cdots, D_{p^e-1}\}$ を $D_i(X^n)=\binom{n}{i}X^n$ $(1 \leqq i \leqq p^e-1)$ で定義する．このとき，$D_i(X^{p^e}-a)=\binom{p^e}{i}X^{p^e}=0$ $(1 \leqq i \leqq p^e-1)$ だから各 D_i は $k(\alpha) \cong k[X]/(X^{p^e}-a)$ の k 線型変換 $\bar{D}_i$ をひきおこし，$\bar{D}=\{\bar{D}_0, \bar{D}_1, \cdots\}$ は K の (p^e-1)-k 導分になる．このとき，$K^{\bar{D}}=k$ である．実際，$k \subset K^{\bar{D}}=k'$ は明らか．$k \subsetneqq k'$ とすると，α の k' 上の最小多項式は $X^{p^f}-b$ $(b \in k', f<e)$ となる．このとき，$\alpha^{p^f} \in k'$ かつ $\bar{D}_{p^f}(\alpha^{p^f})=\alpha^{p^f} \neq 0$．これは矛盾である．ゆえに，$k=k'$．ここで，$\bar{D}_0, \bar{D}_1, \cdots, \bar{D}_{p^e-1}$ で張られる k 線型空間を T とおいて，

$$\Delta(\bar{D}_n)=\sum_{i=0}^{n}\bar{D}_i\otimes\bar{D}_{n-i},\qquad \varepsilon(\bar{D}_n)=\delta_{0n}\qquad (0\leqq i\leqq n)$$

と定義して，T は対角化可能輪環的 k 余代数になり，$k=K^T$ が成り立つ．

$K=k(\alpha_1)\otimes\cdots\otimes k(\alpha_n)$ を k の単純非分離拡大体の n 個のテンソル積であらわされる k の純非分離拡大体とする．

$$K_i=k(\alpha_1)\otimes\cdots\otimes k(\alpha_{i-1})\otimes k(\alpha_{i+1})\otimes\cdots\otimes k(\alpha_n)$$

とおくと，K/K_i は単純非分離拡大で上記のことから K_i を定数体にもつ K の m_i-k 導分 $D^{(i)}$ が存在する．$k=\bigcap_{i=1}^{n}K_i=\bigcap_{i=1}^{n}K^{D^{(i)}}$ で k は有限個の K の高階 k 導分の集合 $\mathscr{D}=\{D^{(i)};\ 1\leqq i\leqq n\}$ の定数体 $K^{\mathscr{D}}=\bigcap_{D^{(i)}\in\mathscr{D}}K^{D^{(i)}}$ と一致する．単純拡大体のときと同様に，これらの導分から $K^T=k$ を満たす対角化可能輪環的 k 余代数 T がえられる．

3.3 modular 拡大体

標数 $p>0$ の体 k の有限次元純非分離拡大体 K が k の単純拡大体のテンソル積 $k(\alpha_1)\otimes\cdots\otimes k(\alpha_n)$ に同型のとき，K を k の **modular 拡大体**という．

定理 5.3.4 体 k の有限次元拡大体 K について，次の条件は同値である．

(i) K/k は modular 拡大体である．

(ii) $K^T=k$ を満たす $H(K/k)$ の対角化可能輪環的部分 k 双代数 T が存在する．

(iii) K 上の高階 k 導分の集合 $\mathscr{D}=\{D^{(i)};\ 1\leqq i\leqq n\}$ が存在して，$k=\bigcap_{i=1}^{n}K^{D^{(i)}}$.

証明 (i)⇔(ii) は定理 5.3.2 で証明した．(i)⇒(iii) は前節で証明したので (iii)⇒(i) を証明すればよい．まず，補題を準備しよう．

K/k を指数 m の有限次元純非分離拡大体とする．$k^{p^{-i}}\cap K=K_i\ (0\leqq i\leqq r)$ とおくと，K の部分体の列

$$k=K_0\subset K_1\subset\cdots\subset K_m=K$$

がえられる．ここで，K_{i+1} は K_i の指数 1 の純非分離拡大体である．K の K_{m-1} 上の p 基底を 1 つとって，$S_{1,1}$ とおく．$S_{1,1}{}^p=\{\alpha^p;\ \alpha\in S_{1,1}\}$ は K_{m-1} の部分集合で $K_{m-2}(S_{1,1}{}^p)$ の K_{m-2} 上の p 基底を $S_{1,1}{}^p$ の中から選びそれを $S_{2,1}$ とおく．つぎに $S_{2,1}\cup S_{2,2}\ (S_{2,1}\cap S_{2,2}=\phi)$ が K_{m-1} の K_{m-2} 上の p 基底になるように，$S_{2,2}$ をとる．これをつづけて，$K_{m-(i-1)}$ の部分集合 $S_{i,1},\cdots,S_{i,i}$ がえられる．$K_{m-i-1}(S_{i,1}{}^p\cup\cdots\cup S_{i,i}{}^p)$ の p 基底を $S_{i,1}{}^p\cup\cdots\cup S_{i,i}{}^p$ の中から選びそれを S とおく．

$S\cap S_{i,j}{}^p=S_{i+1,j}\,(1\leqq j\leqq i)$ とおき，S に K_{m-i} の部分集合 $S_{i+1,i+1}$ をつけ加えて，$S\cup S_{i+1,i+1}$ が K_{m-i} の K_{m-i-1} 上の p 基底になるようにとる．このようにして，K の部分集合の族

$$\begin{array}{llll} S_{1,1} & & & \\ S_{2,1} & S_{2,2} & & \\ \vdots & & & \\ S_{r,1} & S_{r,2} & \cdots & S_{r,r} \end{array}$$

がえられる．これを拡大体 K/k の図式という．$i\neq j$ ならば $S_{i,i}\cap S_{j,j}=\phi$ である．$N=S_{1,1}\cup\cdots\cup S_{r,r}$ とおき，$\alpha\in S_{i,i}$ ならば $h(\alpha)=m-i+1$ を α の高さといい，$\alpha^{p^j}\in S_{i+j,i}$ を満たす最大の自然数 $j=l(\alpha)$ を α の長さという．つくり方から，

$$\{\prod_{\alpha\in N}\alpha^{e(\alpha)};\ 0\leqq e(\alpha)<p^{l(\alpha)}\}$$

は K の k 上の基底になる．$S_r=S_{r,1}\cup S_{r,2}\cup\cdots\cup S_{r,r}$ は K_1 の k 上の p 基底で $S_r'=\{\alpha^{p^{h(\alpha)-1}};\ \alpha\in N\}\subset S_r$，$S_r'=S_r\Leftrightarrow h(\alpha)=l(\alpha)\ \forall\alpha\in N$ が成り立つ．

補題 5.3.5　$D=\{D_0, D_1, \cdots, D_m\}$ を K の m-k 導分とすると，

$$\left.\begin{array}{ll} i\text{ が }p\text{ で割り切れるならば，} & D_i(a^p)=(D_{i/p}(a))^p \\ i\text{ が }p\text{ と素ならば，} & D_i(a^p)=0. \end{array}\right.\quad a\in K$$

証明　D に属する K から $K[x]=K[X]/(X^{m+1})$ への k 代数射を $s=s(D)$ とおくと，$s(a)=\sum_{i=0}^{m}D_i(a)x^i\ (a\in K)$．$s(a^p)=s(a)^p$ だから

$$\sum_{i=0}^{m}D_i(a^p)x^i=\sum_{i=0}^{m}D_i(a)^p x^{pi}.$$

ゆえに，補題の等式がえられる．▌

補題 5.3.6　k の有限次元純非分離拡大体 K が定理 5.3.4(iii)の条件を満たすとする．k の元の集合 $\{c_1, \cdots, c_r\}$ が $k\cap K^{p^n}$ 上1次独立ならば $\{c_1, \cdots, c_r\}$ は K^{p^n} 上1次独立である．

証明　$k\cap K^{p^n}$ 上1次独立で K^{p^n} 上1次従属な k の元の集合 $\{c_1, \cdots, c_r\}$ が存在すると仮定して，r を可能な最小数になるようにとる．仮定から $r\geqq 2$ で，$c_1a_1+\cdots+c_ra_r=0$ を満たす $a_i\in K^{p^n}\,(1\leqq i\leqq r)$ が存在する．ここで，$a_1=1$，$a_2\notin k\cap K^{p^n}$ としてよい．定理 5.3.4(iii)の条件により，K の高階 k 導分の集合 $\mathscr{D}$ が存在して，$k=\bigcap_{D\in\mathscr{D}}K^D$ となる．$a_2\notin k$ だから，$D=\{D_0, D_1, \cdots, D_m\}\in\mathscr{D}$ で，$D_q(a_2)\neq 0\,(q>1)$ を満たすものが存在する．一方，$D_q(c_1)=0$ だから，

$$c_2D_q(a_2)+\cdots+c_rD_q(a_r)=0.$$

補題5.3.5により，$D_q(a_i)\in K^{p^n}$ $(2\leqq i\leqq r)$．これは r がこのような関係式の可能な最小数であることに矛盾する．▌

定理5.3.4(iii)⇒(i)の証明 $h(\alpha)=l(\alpha)$ $(\forall\alpha\in N)$ を示せばよい．したがって，K_{m-i} 上1次独立な集合 $S=\{\prod_{\alpha\in S_{ii}}\alpha^{e(\alpha)};\ 0\leqq e(\alpha)<p\}$ について，$S^p=\{\prod_{\alpha\in S_{ii}}\alpha^{pe(\alpha)};\ 0\leqq e(\alpha)<p\}$ が K_{m-i-1} 上1次独立であることを示せばよい．もし，S^p が K_{m-i-1} 上1次従属ならば，$S^{p^{m-i}}(\subset k)$ は $K^{p^{m-i}}$ 上1次従属．ゆえに，補題5.3.6により，$S^{p^{m-i}}$ は $k\cap K^{p^{n-i}}$ 上1次従属．したがって，S は $k^{p^{-(m-i)}}\cap K=K_{m-i}$ 上1次従属となり矛盾である．▌

例5.14 P を標数 $p>0$ の素体とする．x,y,z を不定元として，$k=P(x^p,y^p,z^{p^2})$ とおき，$K=k(z,xz+y)$ とおくと，K は k 上の指数2の純非分離拡大体である．K/k が modular 拡大でないことを示そう．このためには，任意の K の高階 k 導分 $D=\{D_0,D_1,\cdots,D_m\}$ に対して，$z^p\in K^D$ であることを示せば充分である．（定理5.3.3参照．）もし，$z^p\notin K^D$ を満たす K の高階 k 導分 $D=\{D_0,D_1,\cdots,D_m\}$ が存在したとし，$D_i(z^p)\neq 0$ であるとする．補題5.3.5により，i は p で割り切れて，$D_i(z^p)=(D_{i/p}(z))^p$．また，$x^p\in k$ だから，

$$x^p(D_{i/p}(z))^p=D_i(x^pz^p)=D_i(x^pz^p+y^p)=(D_{i/p}(xz+y))^p.$$

ゆえに，

$$x^p=(D_{i/p}(xz+y)/D_{i/p}(z))^p \quad \text{すなわち} \quad x=D_{i/p}(xz+y)/D_{i/p}(z).$$

これは $x\notin K$ に矛盾する．したがって，K/k は modudar 拡大でない．K/k は図式 $S_{1,1}=\{z,xz+y\}$，$S_{2,1}=\{z^p\}$，$S_{2,2}=\phi$ であたえられる．一般に，p^3 次元の純非分離拡大体の図式は次の4種がある．

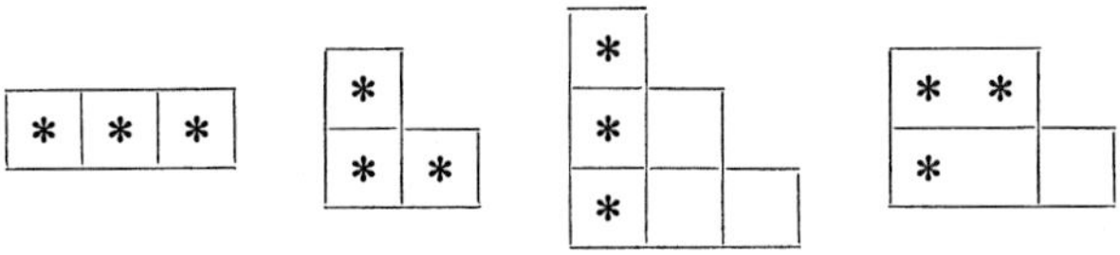

この中で，modular 拡大にならないのは，この例で示した，第4の場合だけである．

例5.15 $k=P(x^{p^2},y^{p^2},z^{p^2})$，$K=k(z,xz+y,x^p,y^p)$ とおくと，K/k の図式は $S_{1,1}=\{z,xz+y\}$，$S_{1,2}=\{z^p,x^pz^p+y^p\}$，$S_{2,2}=\{y^p\}$ となり，K/k は modular

拡大で $K \cong k(z) \otimes k(xz+y) \otimes k(y^p)$. 一方 $K/k(x^p, y^p)$ は modular 拡大ではない.

附録　圏と関手

A.1　圏

圏の理論では，‘群の全体’，‘位相空間の全体’などのようなものの‘集まり’を考える．われわれは無制限にものの集まりを考察の対象にすることはできないが，単に，集合に限定すると，このようなものの集まりをとりあげることができない．集合論では，適当な公理のもとに，集合よりは範囲が広い，このようなものの集まりを領域と呼んでいる．$\mathcal{C}$ が**圏**であるとは，(1) $\mathcal{C}$ の対象と呼ばれるものの集まり(領域) $\mathrm{ob}\,\mathcal{C}$，以下 A が圏 $\mathcal{C}$ の対象であることを単に $A\in\mathcal{C}$ と書く，(2) $A, B\in\mathcal{C}$ に対して，A から B への射と呼ばれるものの集合 $\mathcal{C}(A, B)$，および，(3) $A, B, C\in\mathcal{C}$ と，$u\in\mathcal{C}(A, B)$，$v\in\mathcal{C}(B, C)$ に対して，射 u, v の結合と呼ばれる $v\circ u\in\mathcal{C}(A, C)$ がきまり，次の公理を満たすものをいう．

(i)　$\mathcal{C}(A, B)$ と $\mathcal{C}(A', B')$ とは $A=A'$，$B=B'$ でない限り共通部分をもたない．

(ii)　$A\in\mathcal{C}$ に対して，次の性質をもつ $1_A\in\mathcal{C}(A, A)$ が存在する．任意の $u\in\mathcal{C}(A, B)$ と任意の $v\in\mathcal{C}(B, A)$ に対して，$u\circ 1_A=u$，$1_A\circ v=v$ が成り立つ．

(iii)　$A, B, C, D\in\mathcal{C}, u\in\mathcal{C}(A, B), v\in\mathcal{C}(B, C), w\in C(C, D)$ に対して，$w\circ(v\circ u)=(w\circ v)\circ u$ が成り立つ．

(ii)の 1_A は A に対して一意的にきまり，これを A の**恒等射**という．

たとえば，集合を対象とし，集合の写像を射とし，写像の合成を射の合成としてえられる圏を集合の圏といい，$\boldsymbol{E}$ と書く．同様にして，単位元をもつ半群の圏 ***Mon***，群の圏 ***Gr***，位相空間を対象とし連続写像を射とする圏 ***Top*** などがえられる．

単位元をもつ可換環を対象とし，単位元を単位元にうつす環準同型(これを

第1章で環射とよんだ)を射とし，準同型の合成を射の合成としてえられる圏を可換環の圏といい，$\boldsymbol{M}$ と書く．$k \in \boldsymbol{M}$ のとき，次のような圏がえられる．

$\boldsymbol{Mod}_k$	k 加群の圏	$\boldsymbol{Com}_k$	k 余加群の圏
$\boldsymbol{M}_k$	可換 k 代数の圏	$\boldsymbol{Alg}_k$	k 代数の圏
$\boldsymbol{Cog}_k$	k 余代数の圏	$\boldsymbol{Big}_k$	k 双代数の圏
$\boldsymbol{Hopf}_k$	k ホップ代数の圏	$\boldsymbol{Lie}_k$	k リー代数の圏

圏 $\mathcal{C}$ の射 $u \in \mathcal{C}(A, B)$ と2つの対象 $X, Y \in \mathcal{C}$ に対して，写像

$$h_X(u): \mathcal{C}(X, A) \to \mathcal{C}(X, B)$$

および

$$h^Y(u): \mathcal{C}(B, Y) \to \mathcal{C}(A, Y)$$

をそれぞれ $h_X(u)(v) = u \circ v$，$h^Y(u)(w) = w \circ u$ で定義する．任意の $X \in \mathcal{C}$ に対して，$h_X(u)$ が単射のとき，u を $\mathcal{C}$ **単射**とよび，任意の $Y \in \mathcal{C}$ に対して $h^Y(u)$ が単射のとき，u を $\mathcal{C}$ **全射**とよぶ．u が $\mathcal{C}$ 単射かつ $\mathcal{C}$ 全射であるとき，u を $\mathcal{C}$ **全単射**とよぶ．また，$u \in \mathcal{C}(A, B)$ のとき，$v \in \mathcal{C}(B, A)$ が存在して，$v \circ u = 1_A$ かつ $u \circ v = 1_B$ となるとき，u を $\mathcal{C}$ **同型射**という．このとき，A と B は同型であるといい，$A \cong B$ とかく．1_A は定義から $\mathcal{C}$ 同型射である．$\mathcal{C}$ 同型射は $\mathcal{C}$ 全単射であるが，逆は必ずしも成立しない．$\boldsymbol{E}$ 単射，$\boldsymbol{E}$ 全射は集合の写像の単射，全射と一致する．今後 $\boldsymbol{E}$ 単射，$\boldsymbol{E}$ 全射を，単に単射，全射とよぶことにする．全単射は $\boldsymbol{E}$ 同型射である．一般に，$\mathcal{C}$ 単射，$\mathcal{C}$ 全射，$\mathcal{C}$ 同型射が単射，全射，同型射になるとは限らない．たとえば $\boldsymbol{Top}$ 同型射は位相同型写像で $\boldsymbol{E}$ 同型射，すなわち，全単射が必ずしも $\boldsymbol{Top}$ 同型射とは限らない．また，有理数体の実数体の中への埋め込みは全射ではないが，自然な位相で $\boldsymbol{Top}$ 全射である．

圏 $\mathcal{C}$ があたえられたとき，$\mathcal{C}$ の対象をそのまま対象にとり，射 $u \in \mathcal{C}(A, B)$ を B から A への射とみてえられる圏を $\mathcal{C}$ の**双対圏**といい $\mathcal{C}^0$ と書く．定義から，$\mathcal{C}(A, B) = C^0(B, A)$ で，$u \in \mathcal{C}(A, B)$ が $\mathcal{C}$ 単射であることと，$u \in \mathcal{C}^0(B, A)$ が $\mathcal{C}$ 全射であることとは同値である．

圏 $\mathcal{C}, \mathcal{C}'$ が次の性質をもつとき，$\mathcal{C}'$ は $\mathcal{C}$ の **部分圏**であるという．(1) $\mathrm{ob}\,\mathcal{C}' \subset \mathrm{ob}\,\mathcal{C}$．(2) $A, B \in \mathcal{C}'$ ならば $\mathcal{C}'(A, B) \subset \mathcal{C}(A, B)$ である．(3) $A, B, C \in \mathcal{C}'$ のとき，$u \in \mathcal{C}'(A, B)$，$v \in \mathcal{C}'(B, C)$ の結合 $v \circ u$ は圏 $\mathcal{C}$ での結合と一致する．とくに，$\mathcal{C}'(A, B) = \mathcal{C}(A, B)$ のとき，$\mathcal{C}'$ を $\mathcal{C}$ の**充満部分圏**という．たとえば，$\boldsymbol{M}_k$ は $\boldsymbol{Alg}_k$

の充満部分圏である.

$A \in \mathcal{C}$ とする. 任意の対象 $X \in \mathcal{C}$ に対して, $\mathcal{C}(A, X)$ がただ1つの元からなるとき, A を $\mathcal{C}$ の**始対象**といい, これと双対的に, 任意の対象 $X \in \mathcal{C}$ に対して, $\mathcal{C}(X, A)$ がただ1つの元からなるとき, A を $\mathcal{C}$ の**終対象**という. 圏 $\boldsymbol{Gr}$ で単位元のみからなる群は始対象であり, また終対象でもある. 圏 $\boldsymbol{E}$ でただ1つの元からなる集合は終対象であるが始対象ではない. また, 圏 $\boldsymbol{M}_k$, $\boldsymbol{Alg}_k$ で k は始対象である.

$A, B \in \mathcal{C}$ とするとき, 次の性質(S)を満たす $C \in \mathcal{C}$, $u_1 \in \mathcal{C}(A, C)$ および $u_2 \in \mathcal{C}(B, C)$ の組 (C, u_1, u_2) または単に, C を A と B の**直和**といい, $C = A \amalg B$ と書き, u_1, u_2 を標準的な入射とよぶ.

(S) 圏 $\mathcal{C}$ の対象 X と, 射 $f_1 \in \mathcal{C}(A, X)$, $f_2 \in \mathcal{C}(B, X)$ に対して, 射 $v \in \mathcal{C}(C, X)$ で $f_i = v \circ u_i \ (i=1, 2)$ を満たすものがただ1つ存在する.

ここできまる射 v を (f_1, f_2) と書く. 直和は存在すれば同型を除いて一意的にきまる.

これと双対的に, $A, B \in \mathcal{C}$ とするとき, 次の性質(P)を満たす $C \in \mathcal{C}$, $p_1 \in \mathcal{C}(C, A)$ および $p_2 \in \mathcal{C}(C, B)$ の組 (C, p_1, p_2) または単に C を A, B の**直積**といい, $C = A \times B$ または $A \sqcap B$ と書く. また, p_1, p_2 を標準的な射影という.

(P) 圏 $\mathcal{C}$ の対象 X と射 $f_1 \in \mathcal{C}(X, A)$, $f_2 \in \mathcal{C}(X, B)$ に対して, 射 $v \in \mathcal{C}(X, C)$ で $f_i = p_i \circ v \ (i=1, 2)$ を満たすものがただ1つ存在する.

ここできまる v を $[f_1, f_2]$ と書く. 直積も存在すれば同型を除いて一意的にきまる. 同様にして, 任意の個数の直和や直積も定義される. たとえば, 集合の圏 $\boldsymbol{E}$ では直積は集合の直積, 直和は各集合が共通部分をもっていても別々のものとみての合併集合(disjoint union)である. 群の圏 $\boldsymbol{Gr}$ では直積は群の直積, 直和は自由積で, k 加群の圏 $\boldsymbol{Mod}_k$ では有限個の k 加群の直和と直積はともに, k 加群の直和である. また, 可換 k 代数の圏 $\boldsymbol{M}_k$ では直積は k 代数の直積であるが, 直和は k 上のテンソル積で, k 代数の直和とは一致しない. これと双対的に, 余可換 k 余代数の圏での直積は k 上のテンソル積になる.

A.2 関　手

$\mathcal{C},\mathcal{C}'$ を2つの圏とする．$\mathcal{C}$ の各対象 X に $\mathcal{C}'$ の対象 $F(X)$ を対応させ，$\mathcal{C}$ の各射 $u\in\mathcal{C}(X,Y)$ に $\mathcal{C}'$ の射 $F(u)\in\mathcal{C}'(F(X),F(Y))$ を対応させる法則があって，

(1)　$F(1_X)=1_{F(X)}$

(2)　$F(v\circ u)=F(v)\circ F(u)$

を満たしているとき，F を $\mathcal{C}$ から $\mathcal{C}'$ への**共変関手**といい，$F:\mathcal{C}\to\mathcal{C}'$ と書く．このような関手の全体の集まりを $\mathcal{C}\mathcal{C}'$ と書くことにする．圏 $\mathcal{C}^0$ から $\mathcal{C}'$（または，$\mathcal{C}$ から $\mathcal{C}'^0$）への共変関手を $\mathcal{C}$ から $\mathcal{C}'$ への**反変関手**という．F を $\mathcal{C}$ から $\mathcal{C}'$ への共変関手とするとき，任意の $X,Y\in\mathcal{C}$ に対して，$u\mapsto F(u)$ で定義される写像

$$\mathcal{C}(X,Y)\to\mathcal{C}'(F(X),F(Y))$$

が単射のとき，F を**忠実な関手**，全射のとき，**充満な関手**という．$\mathcal{C}'$ を $\mathcal{C}$ の部分圏とするとき，$\mathcal{C}'$ の対象と射をそれぞれ $\mathcal{C}$ の対象と射とみる対応を F とすると，$F:\mathcal{C}'\to\mathcal{C}$ は忠実な共変関手で，$\mathcal{C}'$ が $\mathcal{C}$ の充満部分圏ならば，F は忠実かつ充満な関手である．とくに，$\mathcal{C}'=\mathcal{C}$ のとき F を $1_{\mathcal{C}}$ とかき，**恒等関手**という．

$F,G\in\mathcal{C}\mathcal{C}'$ のとき，$\mathcal{C}$ の各対象 X に対して，$\mathcal{C}'$ の射 $\varphi(X):F(X)\to G(X)$ を対応させる法則があって，任意の $u\in\mathcal{C}(X,Y)$ に対して，次の図式

$$\begin{array}{ccc} F(X) & \xrightarrow{\varphi(X)} & G(X) \\ {\scriptstyle F(u)}\downarrow & & \downarrow{\scriptstyle G(u)} \\ F(Y) & \xrightarrow{\varphi(Y)} & G(Y) \end{array}$$

が可換であるとき，$\varphi=\{\varphi(X);X\in\mathcal{C}\}$ を F から G への**自然変換**といい，$\varphi:F\to G$ と書く．$F,G,H\in\mathcal{C}\mathcal{C}'$ とし，$\varphi:F\to G$, $\psi:G\to H$ が自然変換のとき，$X\in\mathcal{C}$ に対して，$\psi\circ\varphi(X)=\psi(X)\circ\varphi(X)$ とおくと，$\psi\circ\varphi=\{\psi\circ\varphi(X);X\in\mathcal{C}\}$ は自然変換 $\psi\circ\varphi:F\to H$ をあたえる．

$F\in\mathcal{C}\mathcal{C}'$ のとき，各 $X\in\mathcal{C}$ に対して，恒等射 $1_{F(X)}:F(X)\to F(X)$ を対応させる F から F への自然変換を 1_F とおく．このとき，任意の自然変換 $\varphi:F\to G$, $\psi:G\to F$ に対して，$\varphi\circ 1_F=\varphi$, $1_F\circ\psi=\psi$ が成り立つ．また，自然変換 $\varphi:F\to G$ が次の同値な条件(1)または(2)の1つを満たすとき，φ を自然同型変換という．このとき F と G は同型な関手であるとよび，$F\cong G$ と書く．

(1)　$\psi\circ\varphi=1_F$ かつ $\varphi\circ\psi=1_G$ を満たす G から F への自然変換 ψ が存在する．

(2)　任意の $X\in\mathcal{C}$ について，$\varphi(X):F(X)\to G(X)$ は $\mathcal{C}'$ の同型射である．

問　(1)，(2)が同値であることを証明せよ．

$\mathcal{F}=\mathcal{C}\mathcal{C}'$ の元 F,G に対して，$\mathcal{F}(F,G)$ を F から G への自然変換の全体の集まりとする．$\mathcal{F}$ と $\mathcal{F}(F,G)$ とは圏と同じような性質をもっている．圏 $\mathcal{C}$ を $\mathcal{F}(F,G)$ が集合となるような圏，たとえば，対象の集まりが集合であるような圏(このような圏を**小さい圏**という)ならば，$\mathcal{F}$ の元を対象とし，$\mathcal{F}(F,G)$ の元を F から G への射として圏がえられる．この圏を同じ記号 $\mathcal{F}=\mathcal{C}\mathcal{C}'$ であらわし，以後，圏 $\mathcal{C}\mathcal{C}'$ というときは，圏 $\mathcal{C}$ が上記のような圏であるとする．また，関手の自然変換を**関手射**とよび，自然同型を単に同型とよぶことにする．

$\mathcal{C},\mathcal{C}'$ を2つの圏とするとき，共変関手 $F:\mathcal{C}\to\mathcal{C}'$ および $G:\mathcal{C}'\to\mathcal{C}$ が存在して，$G\circ F\cong 1_{\mathcal{C}}$ かつ $F\circ G\cong 1_{\mathcal{C}'}$ となるとき，$\mathcal{C}$ と $\mathcal{C}'$ は互いに**圏同値**または**同値**であるという．とくに，$G\circ F=1_{\mathcal{C}}$ かつ $F\circ G=1_{\mathcal{C}'}$ となるとき，$\mathcal{C}$ と $\mathcal{C}'$ とは互いに**圏同型**または**同型**であるという．$\mathcal{C}^0$ と $\mathcal{C}'$ とが圏同値(または圏同型)のとき，$\mathcal{C}$ と $\mathcal{C}'$ とは**圏逆同値**(または**圏逆同型**)であるという．

$\mathcal{C}$ を圏とし，$X\in\mathcal{C}$ とするとき，$\mathcal{C}$ から $\boldsymbol{E}$ への対応

$$h^X: Y\to\mathcal{C}(Y,X)$$

$$h_X: Y\to\mathcal{C}(X,Y)$$

を考えよう．$u\in\mathcal{C}(Y,Y')$ に対して，

$$h^X(u):h^X(Y')=\mathcal{C}(Y',X)\to h^X(Y)=\mathcal{C}(Y,X)$$

$$h_X(u):h_X(Y)=\mathcal{C}(X,Y)\to h_X(Y')=\mathcal{C}(X,Y')$$

を $h^X(u)(v)=v\circ u$，$h_Y(u)(w)=u\circ w$ と定義すると，h^X,h_X はそれぞれ $\mathcal{C}$ から $\boldsymbol{E}$ への反変関手または共変関手になる．

$X,X'\in\mathcal{C}$，$w\in\mathcal{C}(X,X')$ とするとき，各 $Y\in\mathcal{C}$ に対して，対応

$$h^w(Y):h^X(Y)\to h^{X'}(Y)$$

を $h^w(Y)(v)=w\circ v$ と定義すると，射の合成が結合律を満たすことから，$u\in\mathcal{C}(Y,Y')$ のとき，次の図式

$$\begin{array}{ccc} h^X(Y') & \xrightarrow{h^X(u)} & h^X(Y) \\ {\scriptstyle h^w(Y')}\downarrow & & \downarrow{\scriptstyle h^w(Y)} \\ h^{X'}(Y') & \xrightarrow{h^{X'}(u)} & h^{X'}(Y) \end{array}$$

が可換になる．すなわち，$h^w:h^X\to h^{X'}$ は関手射である．h^X と h^w とによって，

圏$\mathcal{C}$から圏$\mathcal{C}^0\boldsymbol{E}$への共変関手がえられる．同様にして，各対象$Y\in\mathcal{C}$に対して，対応

$$h_w(Y): h_{X'}(Y) \to h_X(Y)$$

を$h_w(Y)(v)=v\circ w$と定義して，関手射$h_w: h_{X'}\to h_X$がえられ，h_Xとh_wとによって，圏$\mathcal{C}$から圏$\mathcal{C}\boldsymbol{E}$への反変関手がえられる．次の定理は米田の定理とよばれている．

定理 A $\mathcal{C}$を圏とし，$F\in\mathcal{C}^0\boldsymbol{E}$, $X\in\mathcal{C}$とするとき，$\mathcal{C}^0\boldsymbol{E}(h^X, F)$から$F(X)$への自然な全単射が存在する．同様に，$F\in\mathcal{C}\boldsymbol{E}$とするとき，$\mathcal{C}\boldsymbol{E}(h_X, F)$から$F(X)$への自然な全単射が存在する．とくに，$F$が$h^Y$または$h_Y$のとき，

$$\mathcal{C}^0\boldsymbol{E}(h^X, h^Y) \cong \mathcal{C}(X, Y), \qquad \mathcal{C}\boldsymbol{E}(h_X, h_Y) \cong \mathcal{C}(Y, X).$$

したがって，$\mathcal{C}$から$\mathcal{C}^0\boldsymbol{E}$（または$\mathcal{C}\boldsymbol{E}$）への関手$X\mapsto h^X$（または$X\mapsto h_X$）は忠実かつ充満である．また，$X, Y\in\mathcal{C}$に対して，

$$X \cong Y \Leftrightarrow h^X \cong h^Y \qquad (\text{または}\ h_X\cong h_Y).$$

証明 $F\in\mathcal{C}^0\boldsymbol{E}$のときを証明する．$F\in\mathcal{C}\boldsymbol{E}$のときも同様に証明できる．$g\in\mathcal{C}^0\boldsymbol{E}(h^X, F)$とすると，$g(X): h^X(X)=\mathcal{C}(X, X)\to F(X)$だから，写像

$$\alpha: \mathcal{C}^0\boldsymbol{E}(h^X, F) \to F(X)$$

を$\alpha(g)=g(X)(1_X)$と定義する．逆に，$\xi\in F(X)$に対して，関手射$\beta(\xi): h^X\to F$を定義しよう．$v\in\mathcal{C}(Y, X)$のとき，$F(v)\in\boldsymbol{E}(F(X), F(Y))$がきまるから，写像

$$\beta(\xi)(Y): h^X(Y) \to F(Y)$$

を$\beta(\xi)(Y)(v)=F(v)(\xi)$と定義する．$u\in\mathcal{C}(Y, Y')$に対して，$F(v\circ u)(\xi)=(F(u)\circ F(v))(\xi)$であることから，

$$\begin{array}{ccc} h^X(Y) & \xrightarrow{\beta(\xi)(Y)} & F(Y) \\ {\scriptstyle h^X(u)}\uparrow & & \uparrow{\scriptstyle F(u)} \\ h^X(Y') & \xrightarrow{\beta(\xi)(Y')} & F(Y') \end{array}$$

は可換図式になり，$\beta(\xi)$が関手射であることがわかる．このとき，

$$\alpha(\beta(\xi)) = F(1_X)(\xi) = 1_{F(X)}(\xi) = \xi$$

$$\beta(\alpha(g))(Y)(v) = F(v)(g(X)(1_X)) = g(Y)(h^X(v)(1_X)) = g(Y)(v).$$

したがって，α, βは互いに逆の写像で，αは全単射である．∎

A.3 随伴関手

$\mathcal{C}, \mathcal{C}'$ を圏とするとき，$X \in \mathcal{C}$ と $X' \in \mathcal{C}'$ の組 (X, X') を対象とし，$\mathcal{C}(X, Y) \times \mathcal{C}(X', Y')$ の元を (X, X') から (Y, Y') への射とし，射の結合を $(u, u') \circ (v, v') = (u \circ v, u' \circ v')$ で定義してえられる圏を $\mathcal{C}$ と $\mathcal{C}'$ の直積といい，$\mathcal{C} \times \mathcal{C}'$ と書く．$F: \mathcal{C} \to \mathcal{C}'$，$G: \mathcal{C}' \to \mathcal{C}$ を共変関手とするとき，$\mathcal{C}^0 \times \mathcal{C}'$ から $\boldsymbol{E}$ への 2 つの共変関手

$$(X, X') \mapsto \mathcal{C}'(F(X), X'), \qquad (X, X') \mapsto \mathcal{C}(X, G(X'))$$

が同型のとき，F を G の**左随伴関手**，G を F の**右随伴関手**という．または単に F と G とは互いに随伴であるともいう．同様に，$F: \mathcal{C} \to \mathcal{C}'$, $G: \mathcal{C}' \to \mathcal{C}$ が反変関手のとき，これらを共変関手 $F: \mathcal{C} \to \mathcal{C}'^0$, $G: \mathcal{C}'^0 \to \mathcal{C}$ とみて互いに随伴のとき，すなわち，

$$\mathcal{C}'(X', F(X)) \cong \mathcal{C}(X, G(X'))$$

のとき，F, G を互いに随伴であるという．

たとえば第 1 章問 1.7, (1.3), (1.4), (1.5), (1.6), (1.7) などを参照せよ．

A.4 表現可能な関手

$\mathcal{C}$ を圏とする．$F \in \mathcal{C}^0\boldsymbol{E}$ が或る $X \in \mathcal{C}$ を適当にとって $F \cong h^X$ となっているとき，また $G \in \mathcal{C}\boldsymbol{E}$ が或る $Y \in \mathcal{C}$ を適当にとって $G \cong h_Y$ となっているとき，F, G は**表現可能な関手**であるといい，F, G はそれぞれ X, Y で表現されるという．定理 A により，このような X, Y は F, G に対して同型を除いて一意的にきまる．表現可能な関手を使って，集合の圏 $\boldsymbol{E}$ で定義される種々の性質を一般の圏にうつすことができる．このような例をあげてみよう．

終対象と始対象

$\{a\}$ を 1 個の元からなる集合，すなわち，圏 $\boldsymbol{E}$ の終対象とする．$\mathcal{C}$ を圏とするとき，各対象 $X \in \mathcal{C}$ に集合 $\{a\}$ を対応させ，各射 $u \in \mathcal{C}(X, X')$ に $1_{\{a\}}$ を対応させて，関手 $F \in \mathcal{C}^0\boldsymbol{E}$ を定義する．F が表現可能で $E \in \mathcal{C}$ で表現されるならば，任意の $X \in \mathcal{C}$ に対して，$h^E(X) = \mathcal{C}(X, E)$ はただ 1 つの元からなり，E は圏 $\mathcal{C}$ の終対象である．したがって，関手 F が表現可能 $\Leftrightarrow$ 圏 $\mathcal{C}$ に終対象が存在する．始対象についても，同じ対応を $F \in \mathcal{C}\boldsymbol{E}$ とみなすと，関手 F が表現可能 $\Leftrightarrow$ 圏 $\mathcal{C}$ に

始対象が存在する．

直積と直和

$\mathcal{C}$ を圏とし，$A, B\in\mathcal{C}$ とするとき，$\mathcal{C}$ から $\boldsymbol{E}$ への反変関手

$$F: X\mapsto \mathcal{C}(X, A)\times\mathcal{C}(X, B)$$

が表現可能で，$C\in\mathcal{C}$ によって表現されるならば C は A と B の直積にほかならない．このとき，

$$\mathcal{C}(X, A\times B)\cong\mathcal{C}(X, A)\times\mathcal{C}(X, B)$$

で，$X=A\times B$ とおいたとき，$1_{A\times B}$ に対応する元を (p_1, p_2) とすると，p_1, p_2 はそれぞれ $A\times B$ から A, B への標準的射影で，上の全単射は $f\mapsto(f\circ p_1, f\circ p_2)$ であたえられる．したがって，F が表現可能⇔圏 $\mathcal{C}$ で A と B の直積が存在する．同様に，$\mathcal{C}$ から $\boldsymbol{E}$ への共変関手

$$G: X\mapsto\mathcal{C}(A, X)\times\mathcal{C}(B, X)$$

が表現可能のとき，G を表現する $\mathcal{C}$ の対象が A と B の直和になり

$$\mathcal{C}(A\amalg B, X)\cong\mathcal{C}(A, X)\times\mathcal{C}(B, X)$$

となる．

射影的極限と帰納的極限

Λ を順序集合とするとき，Λ の元を対象とし，$\alpha, \beta\in\Lambda$ のとき，α から β への射の集合 $\Lambda(\alpha, \beta)$ を $\alpha\leqq\beta$ のときただ 1 つの元からなる集合，$\alpha\not\leqq\beta$ のとき空集合として，Λ を圏とみることができる．$\mathcal{C}$ を圏とするとき，Λ から $\mathcal{C}$ への反変関手を $\mathcal{C}$ の射影系，Λ から $\mathcal{C}$ への共変関手を $\mathcal{C}$ の帰納系という．すなわち，$\mathcal{C}$ の射影系は $\mathcal{C}$ の対象の族 $\{A_\alpha\}_{\alpha\in\Lambda}$ と $\mathcal{C}$ の射の集合 $\{u_{\alpha\beta}: A_\beta\to A_\alpha\}_{(\alpha,\beta)\in\Lambda\times\Lambda, \alpha\leq\beta}$ との組で $\alpha\leqq\beta\leqq\gamma$ なら $u_{\alpha\gamma}=u_{\alpha\beta}\circ u_{\beta\gamma}$，$u_{\alpha\alpha}=1_{A_\alpha}$ を満たすものである．このような $\mathcal{C}$ の射影系 $\{A_\alpha, u_{\alpha\beta}\}$ に対して，$A\in\mathcal{C}$ と各 $\alpha\in\Lambda$ について $u_\alpha\in\mathcal{C}(A, A_\alpha)$ との組 $\{A, u_\alpha, \alpha\in\Lambda\}$ が存在して，次の性質(P1), (P2)を満たすとき，$\{A, u_\alpha, \alpha\in\Lambda\}$ または単に A を射影系 $\{A_\alpha, u_{\alpha\beta}\}$ の射影的極限といい，$A=\varprojlim_{\alpha} A_\alpha$ と書く．

(P1)　$u_\alpha=u_{\alpha\beta}\circ u_\beta$　　$(\alpha\leqq\beta)$

(P2)　$X\in\mathcal{C}$ と $v_\alpha\in\mathcal{C}(X, A_\alpha)\,(\alpha\in\Lambda)$ との組 $\{X, v_\alpha, \alpha\in\Lambda\}$ があたえられて，$v_\alpha=u_{\alpha\beta}\circ v_\beta\,(\alpha\leqq\beta)$ を満たすならば，各 $\alpha\in\Lambda$ について，$v_\alpha=v\circ u_\alpha$ を満たす $v\in\mathcal{C}(X, A)$ がただ 1 つ存在する．

射影的極限は存在すれば同型を除いて一意的にきまる．$\{A_\alpha, u_{\alpha\beta}\}$ が集合の圏 $\boldsymbol{E}$ の射影系ならば，圏 $\boldsymbol{E}$ では射影的極限が存在し

$$A = \{(a_\alpha)_{\alpha\in\Lambda} \in \prod_{\alpha\in\Lambda} A_\alpha;\ u_{\alpha\beta}(a_\beta) = a_\alpha\ (\alpha \leqq \beta)\}$$

とおき，$u_\alpha: A \to A_\alpha$ を標準的な射影 $\prod_{\alpha\in\Lambda} A_\alpha \to A_\alpha$ の A への制限とすると，$\{A, u_\alpha\}$ は射影系 $\{A_\alpha, u_{\alpha\beta}\}$ の射影的極限である．帰納的極限についても，射の向きを逆にして同様に定義される．帰納系 $\{A_\alpha, u_{\beta\alpha}\}$ の帰納的極限を $A = \varinjlim_\alpha A_\alpha$ と書く．

$\{A_\alpha, u_{\alpha\beta}\}$ を圏 $\mathcal{C}$ の射影系とするとき，$X \in \mathcal{C}$ について，$\{h_X(A_\alpha), h_X(u_{\alpha\beta})\}$ は集合の圏 $\boldsymbol{E}$ の射影系になるから，射影的極限 $\varprojlim_\alpha h_X(A_\alpha)$ が定義できる．このとき，$\mathcal{C}$ から $\boldsymbol{E}$ への反変関手

$$F: X \mapsto \varprojlim_\alpha h_X(A_\alpha)$$

が表現可能で $A \in \mathcal{C}$ で表現されることと，$A = \varprojlim_\alpha A_\alpha$ であることとは同値で

$$\mathcal{C}(X, \varprojlim_\alpha A_\alpha) \cong \varprojlim_\alpha \mathcal{C}(X, A_\alpha)$$

となる．同様に，$\{A_\alpha, u_{\beta\alpha}\}$ を圏 $\mathcal{C}$ の帰納系とするとき，$X \in \mathcal{C}$ について，$\{h^X(A_\alpha), h^X(u_{\beta\alpha})\}$ は集合の圏 $\boldsymbol{E}$ での射影系になるから，$\mathcal{C}$ から $\boldsymbol{E}$ への共変関手

$$G: X \mapsto \varprojlim_\alpha h^X(A_\alpha)$$

が定義できて，G が表現可能で $A \in \mathcal{C}$ で表現されることと $\varinjlim_\alpha A_\alpha = A$ であることとは同値で

$$\mathcal{C}(\varinjlim_\alpha A_\alpha, X) \cong \varprojlim_\alpha \mathcal{C}(A_\alpha, X)$$

となる．

問 圏 $\boldsymbol{Gr}, \boldsymbol{Mod}_k, \boldsymbol{M}_k$ などで射影系，帰納系より，射影的極限，帰納的極限を構成してみよ．

注意 (1) 順序集合 Λ で $\alpha \leqq \beta$ が $\alpha = \beta$ を意味するとき，すなわち，Λ の相異なる2つの元の間には順序がないとき，射影的極限は直積にほかならず，帰納的極限は直和にほかならない．

(2) 順序集合 Λ の任意の有限部分集合が上に有界のとき，すなわち，Λ の任意の有限個の元 $\alpha_1, \cdots, \alpha_n$ に対して，$\alpha_i \leqq \beta\ (1 \leqq i \leqq n)$ を満たす $\beta \in \Lambda$ が存在するとき，Λ を有向集合という．Λ' を有向集合 Λ の部分集合とする．任意の $\alpha \in \Lambda$ に対して，$\alpha \leqq \beta$ を満たす

$\beta\in\Lambda'$ が存在するとき，Λ' を Λ の共終部分集合という．このとき，Λ' は Λ の有向部分集合である．有向集合 Λ 上の射影系(または帰納系) $F:\Lambda\to\mathcal{C}$ の極限と，F を Λ の共終部分集合 Λ' に制限した射影系(または帰納系) $F|_{\Lambda'}:\Lambda'\to\mathcal{C}$ の極限とは存在すれば一致する．

A.5　$\mathcal{C}$ 群と $\mathcal{C}$ 余群

$\mathcal{C}$ が終対象をもち，任意の 2 つの対象の直積が存在する圏とする．$G\in\mathcal{C}$ に対して，$\mu\in\mathcal{C}(G\times G,G)$，終対象 $e\in\mathcal{C}$ および $\eta\in\mathcal{C}(e,G)$ が存在して，

(1)　(結合法則)

$$\begin{array}{ccc} G\times G\times G & \xrightarrow{\mu\times 1} & G\times G \\ {\scriptstyle 1\times\mu}\downarrow & & \downarrow{\scriptstyle\mu} \\ G\times G & \xrightarrow{\mu} & G \end{array}$$

(2)　(単位元の性質)

$$\begin{array}{ccccc} G\times e & \xrightarrow{1\times\eta} & G\times G & \xleftarrow{\eta\times 1} & e\times G \\ & {\scriptstyle\sim}\searrow & \downarrow{\scriptstyle\mu} & \swarrow{\scriptstyle\sim} & \\ & & G & & \end{array}$$

が可換図式のとき，G を $\mathcal{C}$ 半群という．さらに，$S\in\mathcal{C}(G,G)$ が存在して，

(3)　(逆元の性質)

$$\begin{array}{ccccc} G & \xrightarrow{[1,S]} & G\times G & \xleftarrow{[S,1]} & G \\ \downarrow & & \downarrow{\scriptstyle\mu} & & \downarrow \\ e & \xrightarrow{\eta} & G & \xleftarrow{\eta} & e \end{array}$$

が可換図式のとき，G を $\mathcal{C}$ **群**という．ここで，$[1,S]$, $[S,1]$ は直積の定義から $1_G=1\in\mathcal{C}(G,G)$ と $S\in\mathcal{C}(G,G)$ に対して一意的にきまる射をあらわし，$G\to e$ は e が終対象であることからただ 1 つ存在する射である．$\mathcal{C}$ が集合の圏，位相空間の圏ならば $\mathcal{C}$ 群はそれぞれ群，位相群であり，解析的多様体の圏，アフィン k 多様体の圏ならば，それぞれリー群，アフィン k 群である．

これと双対的に，$\mathcal{C}$ が始対象をもち，任意の 2 つの対象の直和が存在する圏とする．$C\in\mathcal{C}$ に対して，$\Delta\in\mathcal{C}(C,C\amalg C)$，始対象 $e\in\mathcal{C}$ および $\varepsilon\in\mathcal{C}(C,e)$ が存在して，

(1)　(余結合律)

$$\begin{array}{ccc} C & \xrightarrow{\Delta} & C\amalg C \\ {\scriptstyle\Delta}\downarrow & & \downarrow{\scriptstyle 1\amalg\Delta} \\ C\amalg C & \xrightarrow{\Delta\amalg 1} & C\amalg C\amalg C \end{array}$$

(2) (余単位元の性質)

$$\begin{array}{ccccc} & \overset{\sim}{\swarrow} & C & \overset{\sim}{\searrow} & \\ & & \downarrow{\scriptstyle\Delta} & & \\ e\amalg C & \xleftarrow{e\amalg 1} & C\amalg C & \xrightarrow{1\amalg e} & C\amalg e \end{array}$$

が可換図式のとき，Cを$\mathcal{C}$余半群という．さらに，$S\in\mathcal{C}(C,C)$があって，

(3) (余逆元の性質)

$$\begin{array}{ccccc} C & \longrightarrow & e & \longleftarrow & C \\ {\scriptstyle\Delta}\downarrow & & \downarrow & & \downarrow{\scriptstyle\Delta} \\ C\amalg C & \xrightarrow{(1,S)} & C & \xleftarrow{(S,1)} & C\amalg C \end{array}$$

が可換図式のとき，Cを$\mathcal{C}$**余群**という．定義から$\mathcal{C}$余群は$\mathcal{C}^0$群で，$\mathcal{C}$群は$\mathcal{C}^0$余群である．

$\mathcal{C}$を圏とするとき，$(\mathcal{C}^0\boldsymbol{E})$群は$\mathcal{C}$から$\boldsymbol{Gr}$への反変関手である．とくに$\mathcal{C}$が終対象をもち，直積をもつ圏のとき，表現可能な$(\mathcal{C}^0\boldsymbol{E})$群$F$が$\mathcal{C}$の対象$G$で表現されるならば，$G$は$\mathcal{C}$群である．実際，$F=h^G$として，$F(X)=\mathcal{C}(X,G)$とみなし，$F$の積を定義する関手射を$\tilde{\mu}:F\times F\to F$とすると，$X\in\mathcal{C}$に対して，

$$\tilde{\mu}(X):\mathcal{C}(X,G)\times\mathcal{C}(X,G)\cong\mathcal{C}(X,G\times G)\to\mathcal{C}(X,G)$$

がえられる．$\tilde{\mu}(G\times G)(1_{G\times G})=\mu$とおくと，$f\in\mathcal{C}(X,G\times G)$のとき，

$$\begin{array}{ccc} \mathcal{C}(X,G\times G) & \xrightarrow{\tilde{\mu}(X)} & \mathcal{C}(X,G) \\ {\scriptstyle F(f)\times F(f)}\uparrow & & \uparrow{\scriptstyle F(f)} \\ \mathcal{C}(G\times G,G\times G) & \xrightarrow{\tilde{\mu}(G\times G)} & \mathcal{C}(G\times G,G) \end{array}$$

が可換図式であることから，$\tilde{\mu}(X)(f)=f\circ\mu$と書ける．同様に，$\tilde{\eta}:e\to F$を単位元を定義する関手射とするとき，$e$を$\mathcal{C}$の終対象と同一視して，$\tilde{\eta}(e)(1_e)=\eta$とおくと，$f\in\mathcal{C}(X,e)$のとき，$\tilde{\eta}(X)(f)=\eta\circ f$と書ける．また，$\tilde{S}:F\to F$を逆元を定義する関手射とするとき，$\tilde{S}(G)(1_G)=S$とおくと，$f\in\mathcal{C}(X,G)$のとき，$\tilde{S}(X)(f)=S\circ f$と書ける．$\mu,\eta,S$は$G$について$\mathcal{C}$群の公理を満たす．

これと双対的に，$(\mathcal{C}\boldsymbol{E})$群は$\mathcal{C}$から$\boldsymbol{Gr}$への共変関手である．とくに，$\mathcal{C}$が始対象と直和をもつ圏のとき，表現可能な$(\mathcal{C}\boldsymbol{E})$群$F$が$\mathcal{C}$の対象$A$によって表現されるとき，$A$は$\mathcal{C}$余群である．

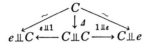

$k \in \boldsymbol{M}$とするとき，$\boldsymbol{M}_k$余半群，$\boldsymbol{M}_k$余群はそれぞれ，k双代数，kホップ代数にほかならない．アフィンk群は表現可能な$\boldsymbol{M}_k\boldsymbol{E}$群で，$\boldsymbol{M}_k$余群すなわち，$k$ホップ代数で表現される．

参 考 文 献

第1章

第1章の話題のさらに詳しい入門書として,

[1] 服部昭: 現代代数学, 朝倉書店, 1968
[2] 永田雅宜: 可換環論, 紀伊国屋書店, 1974
[3] N. Bourbaki : Algèbre, Chap. 2 Algèbre linéaire, Hermann, 1962
[4] N. Bourbaki : Algèbre commutative, Chap. 1–, Hermann, 1961–
[5] C. W. Curtis–I. Reiner : Representation theory of finite groups and associative algebras, Interscience, 1962
[6] N. Bourbaki : Groupes et algèbres de Lie, Chap. 1, Hermann, 1960
[7] J. E. Humphreys : Introduction to Lie algebras and representation theory, Springer, 1972

第2章

[1] M. E. Sweedler : Hopf-algebras, Benjamin, 1969
[2] H. P. Allen : Invariant radical splitting : a Hopf-approach, J. of pure and app. alg. **3** (1973), 1–21
[3] R. G. Hynemann–D. E. Radford : Reflexivity and co-algebras of finite type, J. Alg. **28** (1974), 215–246
[4] R. G. Hynemann–M. E. Sweedler : Affine Hopf-algebras I, II, J. Alg. **13** (1969), 192–241 ; **16** (1970), 271–297
[5] K. Newmann : Sequences of divided powers in irreducible co-commutative Hopf-algebras, Trans. Amer. Math. Soc. **163** (1972), 25–34
[6] D. E. Radford : Coreflexive co-algebras, J. Alg. **26** (1973), 512–535
[7] D. E. Radford : On the structure of ideals of the dual algebra of a co-algebra, Trans. Amer. Math. Soc. **198** (1974), 123–137
[8] S. E. Sweedler : Hopf-algebras with one grouplike element, Trans. Amer. Math. Soc. **127** (1967), 515–526
[9] E. J. Taft : Reflexivity of algebras and co-algebras, Amer. J. Math. **94** (1972), 1111–1130

[1]はホップ代数に関する入門書で読みやすい．[2]以下は第２章にとくに関係の深い論文をあげた．

第3章

ホップ代数の積分については，

[１] R. Larson : Coseparable Hopf-algebras, J. of pure and app. alg. **3** (1973), 261-267

[２] J. B. Sullivan : The uniqueness of integrals for Hopf-algebras and some existence theorem of integrals for commutative Hopf-algebras, J. of Alg. **19** (1971), 426-440

[３] M. E. Sweedler : Integrals for Hopf-algebras, Ann. of Math. **89** (1969), 323-335

コンパクト位相群の双対性については，

[４] G. Hochschild : Structure of Lie groups, Holden-Day, 1965

次に，群とホップ代数との関係を論じている論文をいくつかあげておこう．

[５] S. Takahashi : A characterization of group rings as a special class of Hopf-algebras, Canad. Math. Bull. **8** (1965), 465-475

[６] R. Larson : Cocommutative Hopf-algebras, Canad. J. Math. **19** (1967), 350-360

[７] G. Hochschild : Algebraic groups and Hopf-algebras, Ill. J. Math. **14** (1970), 52-65

[８] G. Hochschild-G. D. Mostow : Complex analytic groups and Hopf-algebras, Amer. J. Math. **91** (1969), 1141-1151

第4章

アフィン代数群については

[１] C. Chevalley : Théorie des groupes de Lie, Hermann, 1968

[２] Séminaire Chevalley : Classification des groupes de Lie algébriques Tom 1, 2 (1956-58)

[３] A. Borel : Linear algebraic groups, Benjamin, 1969

[４] G. Hochschild : Introduction to affine abgebraic groups, Holden Day, 1971

[５] J. E. Humphreys : Linear algebraic groups, Springer, 1975

などがある．[1]は標数０の体上の線型代数群の構造，そのリー代数の理論などを体系的にのべた最初のものである．[2], [3], [5]は任意の標数の体上の代数群の一般論と半単純代数群の分類で[5]が読みやすい．[4]は座標環のなすホップ代数でアフィン代数群を導入している．さらに，群スキームについての本や論文も多いが，ここでは次の１つをあげておくにとどめる．

[６] M. Demazure-P. Gabriel : Groupes algébriques, Tom 1, North-Holland, 1970

次に，ホップ代数の理論をつかって代数群の理論をとりあげた論文で，この章に関係のあるものをあげておく．

[7] M. Takeuchi : A correspondence between Hopf-ideals and sub-Hopf-algebras, Manuscripta Math. **7** (1972), 251–270

[8] K. Newmann : A correspondence between bi-ideals and sub-Hopf-algebras in a co-commutative Hopf-algebras, J. of Alg. **36** (1975), 1–15

[9] J. B. Sullivan : Automorphisms of affine unipotent groups in positive characteristic, J. of Alg. **26** (1973), 140–151

[10] J. B. Sullivan : A decomposition theorem for solvable pro-affine algebraic groups over algebraically closed field, Amer. J. Math. **95** (1973), 221–228

[11] E. Abe–Y. Doi : Decomposition theorems for Hopf-algebras and pro-affine algebraic groups, J. Math. Soc. Japan **24** (1972), 433–447

[12] M. Takeuchi : On a semi-direct product decomposition of affine groups over a field of characteristic 0, Tohoku Math. J. **24** (1972), 453–456

[13] M. E. Sweedler : Connected fully reducible affine group schemes in positive characteristic are abelian, J. Math. Kyoto Univ. **11** (1971), 51–70

[14] G. Hochschild : Coverings of pro-affine algebraic groups, Pacific J. Math. **35** (1970), 399–415

[15] M. Takeuchi : Tangent co-algebras and hyperalgebras I, Jap. J. Math. **42** (1974), 1–143

[16] M. Takeuchi : On coverings and hyperalgebras of affine algebraic groups, Trans. Amer. Math. Soc. **211** (1975), 249–275

第5章

[1] M. E. Sweedler. Structure of inseparable extensions, Ann. of Math. **87** (1968), 401–410, Correction ibid. **88** (1968), 206–207

[2] D. Winter : The structure of fields, Springer 1974

[3] S. U. Chase : On the automorphism scheme of a purely inseparable field extension, Proc. of conf. Ring theory, Utah. Academic press 1972

[4] S. U. Chase–M. E. Sweedler : Hopf-algebras and Galois theory, Spinger Lecture notes **97** (1969)

この章は[2]および[1]による．

[2]は双代数などについて体系的な記述がないため読みにくい．[3]は群スキームによる方法で，[4]は環のガロア理論が展開されている．

索　　引

ア　行

アフィンk群　affine k-group　133

アフィンk代数　affine k-algebra　129

アフィンk代数群 affine algebraic k-group　133

アフィンk代数多様体　affine algebraic k-variety　128

アフィンk多様体　affine k-variety　127

Artin-Rees の補題　41

位数(高階導分の)　degree　202

1次独立　linearly independent　5

一般線型群　general linear group　134

カ　行

階数　rank

　自由加群の――　6

　高階導分の――　200

外積代数　exterior algebra　18

可解群　solvable group　138

可換環　commutative ring　1

加群　module

　可換環上の――　2

　p-K/k リー代数上の――　195

　p リー代数上の――　28

　リー代数上の――　21

加群双代数　module bi-algebra　109

加群代数　module algebra　107

加群余代数　module co-algebra　108

加法群　additive group　135

加法的元(原始元)　primitive element　47

環　ring　1

関手　functor　210

関手射(自然変換)　natural transformation　211

完全可約加群　completely reducible module　6

完全可約余加群　completely reducible co-module　115

完全列　exact sequence　3

簡約可能群　reductive group　174

基底　base　5

　p 基底　p-base　150

帰納系　inductive system　11

帰納的極限　inductive limit　12

既約(または単純)加群　irreducible module　3

既約集合　irreducible set　130

既約成分　irreducible component

　代数的集合の――　130

　余代数の――　75

既約双代数　irreducible bi-algebra　81

既約余代数　irreducible co-algebra　62

逆代数　opposite algebra　24

逆リー代数　opposite Lie algebra　24

強次数余代数　strictly graded co-algebra　71

共変関手　covariant functor　210

局所有限加群　locally finite module　97

Krull 次元　Krull dimension　40

Krull の共通部分定理　41

群的元(乗法的元) group like element 47
形式 form 181
圏 category 207
圏同型, 圏逆同型 isomorphism, anti-isomorphism 211
圏同値, 圏逆同値 equivalent, anti-equivalent 211
原始元(加法的元) primitive element 47
高階導分 higher derivation 200
交換子群 commutator subgroup 137
合成積(たたみ込み) convolution 48
固有高階導分 proper higher derivation 202
固有代数 proper algebra 60
根基 radical
　環の—— 31
　イデアルの—— 39
　k 代数群の—— 174
根基イデアル radical ideal 39

サ 行

Zariski 位相 Zariski topology 129
$\mathcal{C}$ 群 $\mathcal{C}$-group 216
$\mathcal{C}$ 余群 $\mathcal{C}$-cogroup 217
次元 dimension
　アフィン k 多様体の—— 132
　線型空間の—— 6
指数(純非分離拡大の) exponent 196
次数双代数 graded bi-algebra 72
次数代数 graded algebra 16
次数余代数 graded co-algebra 71
始対象 initial object 209
指標群 character group 135
射影系 projective system 10
射影的極限 projective limit 11
斜体 division ring, skew field 33
射有限群 pro-finite group 12
終対象 final object 209
自由加群 free module 5
充満な関手 full functor 210
充満部分圏 full subcategory 208
主開集合 principal open set 130
主逆自己同型 principal anti-automorphism 24
乗法群 multiplicative group 134
乗法的元(群的元) group like element 47
剰余加群 factor module 3
剰余群 factor group 156
剰余双代数 factor bi-algebra 136
剰余ホップ代数 factor Hopf-algebra 136
剰余余代数 factor co-algebra 63
除巾列 sequence of divided powers 94
随伴関手 adjoint functor 213
随伴表現 adjoint representation
　アフィン k 群の—— 148
　リー代数の—— 21
正規 K/k 双代数 normal K/k-bi-algebra 185
正規部分群 normal subgroup 139
正規ホップイデアル normal Hopf ideal 140
生成系 generator 5
積分(ホップ代数の) integral 113
双 1 次写像 bi-linear map 7
双イデアル bi-ideal 135
　K/k 双イデアル K/k-bi-ideal 181
双加群 bi-module 103
双代数 bi-algebra 46
　K/k 双代数 K/k-bi-algebra 180

双対加群　dual module　2
双対圏　dual category　208
双対線型空間の対　pair of dual spaces　52
双対双代数　dual bi-algebra　46
双対代数　dual algebra　43
双対ホップ代数　dual Hopf-algebra　68
双対余代数　dual co-algebra　58

タ　行

対角化可能群　diagonalizable group　135
対合射　antipode　49
対象　object　209
対称代数　symmetric algebra　17
代数　algebra　13
　K/k 代数　K/k-algebra　179
たたみ込み(合成積)　convolution　48
単純代数　simple algebra　33
単純余代数　simple co-algebra　62
忠実な関手　faithful functor　210
稠密　dense　54
超代数　hyperalgebra　62
直積　direct product
　アフィン k 多様体の——　129
　加群の——　4
　圏での——　209
　代数の——　15
直和　direct sum
　加群の——　5
　圏での——　209
テンソル積　tensor product
　加群射の——　10
　加群の——　6
　代数の——　14
　余代数の——　43
テンソル代数　tensor algebra　16
導分　derivation　19

ナ　行

内部的導分　inner derivation　20
中山の補題　32
Noether 空間　Noetherian space　131

ハ　行

Birkhoff-Witt 双代数　—— bi-algebra　94
反射的代数　reflexive algebra　61
半単純環　semi-simple ring　33
半単純群　semi-simple group　174
半直積　semi-direct product
　アフィン k 群の——　162
　ホップ代数の——　110
半直和(リー代数の)　semi-direct sum　23
反変関手　contravariant functor　210
左不変導分　left invariant derivation　147
p 包絡代数　p-universal enveloping algebra　28
被約代数　reduced algebra　39
表現　representation
　アフィン k 群の——　142
　p リー代数の——　28
　リー代数の——　21
表現可能な関手　representable functor　213
表現関数　representative function　56
表現双代数　representative bi-algebra　57
Hilbert の正規化定理　40
Hilbert の零点定理　40
フィルター双代数　filtered bi-algebra　71

フィルター代数 filtered algebra 15
フィルターホップ代数 filtered Hopf-algebra 72
フィルター余代数 filtered co-algebra 71
部分加群 sub module 3
部分双代数 sub bi-algebra 46
部分余加群 sub co-module 96
部分余代数 sub co-algebra 43
分離的アフィン k 群射 separable affine k-group morphism 152
分離的代数 separable algebra 35
分離的に生成される拡大 separably generated extension 150
分離的余根基 separable co-radical 66
分裂既約成分(余代数の) pointed irreducible component 76
分裂群 splitting group 189
分裂体 splitting field 187
分裂余代数 pointed co-algebra 62
閉部分群 closed subgroup 135
巾零群 nilpotent group 138
巾零根基 nilradical 39
変換 K/k 双代数 K-measuring K/k-bi-algebra 185
包絡代数 universal enveloping algebra 21
ホップイデアル Hopf-ideal 139
ホップ代数 Hopf-algebra 49

マ 行

modular 拡大 modular extension 203

ヤ 行

余イデアル co-ideal 63
余可換余自由余代数 co-commutative co-free co-algebra 73
余可換余代数 co-commutative co-algebra 43
余加群 co-module 95
余加群双代数 co-module bi-algebra 109
余加群代数 co-module algebra 108
余加群余代数 co-module co-algebra 107
余根基 co-radical 62
余根基フィルター co-radical filtration 72
余自由余代数 co-free co-algebra 73
余積写像 co-multiplication 42
余代数 co-algebra 42
余単位写像 co-unit 42
余反射的 co-reflexive 60
余半単純余代数 co-semi-simple co-algebra 62
余半直積 smash product 112
余巾零 co-nilpotent 65
有限生成加群 finitely generated module 5
有限生成代数 finitely generated algebra 40
有限生成ホップ代数 finitely generated Hopf algebra 125
有理的加群 rational module 99
ユニポテント k 群 unipotent k-group 164
ユニポテント根基 unipotent radical 174

ラ 行

リー代数 Lie algebra 19
　アフィン k 群の—— 145
　K/k リー代数 194
　p リー代数 27

輪環的双代数　toral bi-algebra　188
輪環的余代数　toral co-algebra　188
連結アフィン k 代数群　connected affine algebraic k-group　136
連結集合　connected set　130
連結成分　connected component
アフィン k 群の単位元の——　141
位相空間の——　130

ワ　行

Wedderburn の構造定理　33

■岩波オンデマンドブックス■

ホップ代数

1977年 4月13日　第1刷発行
2000年 4月20日　第3刷発行
2017年10月11日　オンデマンド版発行

著　者　阿部英一（あべえいいち）

発行者　岡本 厚

発行所　株式会社 岩波書店
〒101-8002 東京都千代田区一ツ橋 2-5-5
電話案内 03-5210-4000
http://www.iwanami.co.jp/

印刷／製本・法令印刷

ISBN 978-4-00-730683-9　　Printed in Japan